THE QUEST OF
THE TRUTH
from A.Einstein to S.W.Hawking

物含妙理总堪寻
从爱因斯坦到霍金
（修订版）

赵峥◎著

清華大學出版社
北京

图书在版编目(CIP)数据

物含妙理总堪寻：从爱因斯坦到霍金/赵峥著. —2版(修订本). —北京：清华大学出版社，2021.12

(原点阅读·理解科学丛书)

ISBN 978-7-302-59460-4

Ⅰ. ①物… Ⅱ. ①赵… Ⅲ. ①物理学—青少年读物 Ⅳ. ①O4-49

中国版本图书馆CIP数据核字(2021)第219221号

责任编辑：朱红莲
封面设计：蔡小波
责任校对：欧 洋
责任印制：杨 艳

出版发行：清华大学出版社
网 址：http://www.tup.com.cn，http://www.wqbook.com
地 址：北京清华大学学研大厦A座 **邮 编**：100084
社 总 机：010-62770175 **邮 购**：010-62786544
投稿与读者服务：010-62776969，c-service@tup.tsinghua.edu.cn
质量反馈：010-62772015，zhiliang@tup.tsinghua.edu.cn
印 装 者：三河市科茂嘉荣印务有限公司
经 销：全国新华书店
开 本：165mm×240mm **印 张**：19 **字 数**：287千字
版 次：2013年12月第1版 2021年12月第2版 **印 次**：2021年12月第1次印刷
定 价：59.00元

产品编号：093107-01

谁家吹笛画楼中，
断续声随断续风。
响遏行云横碧落，
清和冷月到帘栊。

唐·赵嘏

处处中秋此月明，
天涯何处亦群英。
须怜绝学经千载，
莫负男儿过一生。

明·王阳明

绘画：张京

修订版前言

THE
QUEST OF THE TRUTH

自本书第1版于2013年出版以来，相对论天体物理学的研究取得了突出的成就，受到科学界和广大群众越来越多的关注。

最近几年，诺贝尔奖评委会连续把物理学奖颁给这一领域的理论研究和观测进展：2017年把此奖授予引力波的首次直接探测；2019年授予物理宇宙学的创建和太阳系外行星的探索；2020年又授予了黑洞和时空理论的研究，以及黑洞的天文探测。这些发现和进展大都与爱因斯坦的广义相对论有关。

随着经济和科学技术的快速发展，我国在太空探索方面也取得了越来越多的成绩，不仅建成了世界上最大的射电天文望远镜，而且加快了载人航天及月球与行星探索的步伐。中国科学家，不仅成为了人类观测宇宙的尖兵，而且加入了太阳系勘探、开发的行列。

鉴于本书主要介绍相对论天体物理的内容，所以此次做了相应的修订和补充，特别是增加了引力波的理论与探测，彭罗斯对黑洞和时空奇点研究的贡献，以及如何评价彭罗斯和霍金的成就。

感谢清华大学出版社及朱红莲编辑对本书的持续付出。

赵　峥

2021年春于北京

第1版前言

THE
QUEST OF THE TRUTH

作者长期以来在北京师范大学开设科普讲座“从爱因斯坦到霍金的宇宙”，历时二十余载，并在一些院校和单位举办过不同形式的讲座和公开课，重点介绍物理学和天文学领域的科普知识、科研前沿，以及科学发现的曲折历程，目的在于扩展学生的科学视野，增强学生的创新能力。

本书总结历次讲座和公开课的核心，以演讲集的方式呈现给读者，内容主要包含：爱因斯坦与相对论、弯曲的时空、黑洞、宇宙的演化、量子论的创建与争论、原子弹与核能的和平利用、天文学的若干知识、对时间本质的探索等。其中涉及一般读者感兴趣的双生子佯谬、宇宙创生、时空隧道、时间机器、薛定谔猫、量子力学的多次论战、黑洞的神奇性质等问题。

在演讲集中作者力图把科学家们作为有血有肉的人展现在大家面前，通过科学家们千姿百态的人生经历和科学发现，通过他们“山重水复”“柳暗花明”的历程，尽可能使读者看到真实的历史和鲜活的人物形象，从而了解到科学家不一定是完人，但都是创造历史的伟人。

当前中国正处在大发展、大变革的时代，年轻人有着施展才华的无限机遇，也面临着各种无法预料的风险和挑战。

曾子勉励过年轻人：

士不可以不弘毅，
任重而道远。

清代诗人赵翼也说：

江山代有才人出，
各领风骚数百年。

本书书名源于乾隆的一副对联：

境自远尘皆入咏，
物含妙理总堪寻。

这副对联位于颐和园万寿山，铜亭附近的一座石牌坊上。

赵　峥

2013 年初秋于北京

目录

THE
QUEST OF THE TRUTH

第一讲　爱因斯坦与物理学的革命

我们现在开始讲第一讲,《爱因斯坦与物理学的革命》,就是简单介绍爱因斯坦在相对论和量子论建立时的贡献。

请大家看一下图1-1,这张照片跟大家通常看到的那个头发乱糟糟、满脸皱纹、叼个烟斗的爱因斯坦不太一样。大家都觉得,哎呀,那个脑袋聪明得不得了!其实那个头发乱糟糟的脑袋已经不太行了,行的是什么呢?行的是图1-1中的脑袋,是他发表狭义相对论的时候、26岁左右的脑袋。

图1-1　青年爱因斯坦

我觉得现在有很多宣传给年轻人造成一个印象——重大成就都是老头老太太发现的,其实不完全是这样。一般来说,做出重大发现的以中青年人居多,很多还是青年人,他们在二十多岁、三十多岁时就做出了重大贡献。到了四五十岁以后,基本都是学问大了,但是创新性的贡献不太大了,年老了以后,奇思异想少了,闯劲小了,人的创新能力也就大大下降了。所以同学们要努力,要争取在中青年时代做出成就。

1. 量子论的诞生

两朵乌云

好，我们现在就讲一下 20 世纪初的这次物理学革命。当时有一件很有意义的事情，就是 1900 年 4 月 27 日，英国皇家学会为迎接新世纪的来临，开了一次庆祝会。在这个会上，德高望重的物理学权威开尔文勋爵发表了一个很著名的演说，说“物理学的大厦已经建成，未来的物理学家只需要做些修修补补的工作就行了”。这是因为那时牛顿力学已经完美地建立起来，随后发展成拉格朗日的分析力学；牛顿光学也发展起来了，后来又被波动光学所取代；电磁学也发展起来了；热学也已经发展起来了。所以物理学家们充满了信心，认为物理学已经基本完成任务了。

但是另一方面，开尔文还有一双慧眼。他说，现在还存在两个问题。而且他认为这两个问题比较重要。于是他接着说：“现在明朗的天空还有两朵乌云”，一朵与黑体辐射有关，另一朵与迈克耳孙实验有关。直到现在我们仍经常谈起“两朵乌云”，因为开尔文这些话太有名了。在开尔文讲了这段话不久，就从这两朵乌云里面诞生了量子论和相对论。

当年的年底就从第一朵乌云中诞生了量子论，是由普朗克提出来的。五年之后从第二朵乌云中诞生了相对论，是由爱因斯坦提出来的。而且爱因斯坦在那一年把普朗克的量子论发展成光量子理论，也就是今天的光量子理论。所以开尔文说的“两朵乌云”非常有名。今天我们还可以看到一些物理学上的困难，不断地有人说这又是一朵乌云，那又是一朵乌云。其实全都不灵，说的都不对，说明这些预言的人都还没有抓住问题的本质。

黑体辐射之谜

我们现在来看看第一朵乌云。第一朵乌云是黑体辐射。1870 年，普法战争法国战败。法国战败以后，支付给普鲁士一大笔战争赔款，并且把阿尔萨斯和洛林两个省割让给普鲁士。这件事情大家在《最后一课》里可以读到。这两个省对普鲁士至关重要，因为这两个省靠着普鲁士的鲁尔区，鲁尔区产煤，没有铁；而法国这两个省有铁，没有煤，现在都归了普鲁士。同时普鲁士又得到了一大笔战争赔款。当时普鲁士的统治集团还是有所作为的，想把他们的国家搞得富强起来。他们就用这笔钱来发展钢铁工业，力图建立德意志帝国，把普鲁士从一个以生产土豆为主的国家变成一个以生产钢铁为主的国家。但是，炼钢需要控制炉温，炉温怎么控制呢？不能塞一个温度计进去，那一下就烧化了。怎么办呢？就在高炉上开一个小孔，观察从小孔射出来的热辐射，根据这种热辐射在不同波长的能量密度分布，可以得到一些实验点，就是图 1-2 上这一个一个的圆圈点。将这些圆圈点连起来可以形成一条实验曲线，根据这条实验曲线就可以判定炉温。比较著名的是维恩位移定律，这个定律指出，热辐射的能量密度取极大值处的波长，也就是实验曲线的最高点处的波长 λ_m 与温度的乘积是一个常数。

$$T\lambda_{\mathrm{m}} = b \tag{1.1}$$

用这个式子可以很容易地定出炉温。这种热辐射叫作黑体辐射。

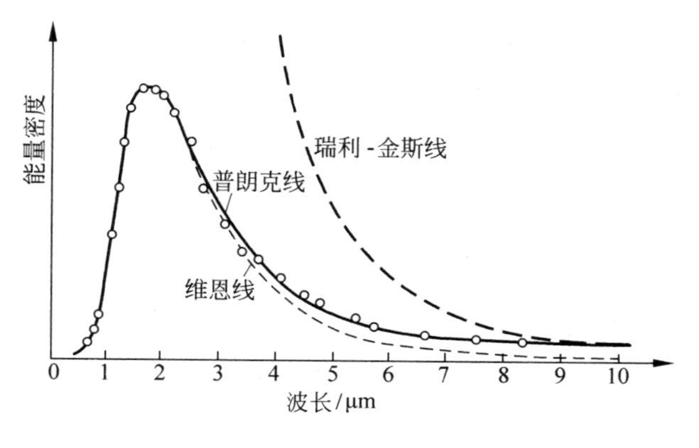

图 1-2　黑体辐射

为什么黑体辐射会表现出这样一条曲线呢？当时物理学家们都搞不清楚。那个时候原子论还没有被大家普遍接受。当时在解释这种黑体辐射的时候，认为每一个原子都像一个谐振子，不承认原子论的人也可以从别的角度来看这个辐射源，反正它都像一个一个的谐振子。它吸收辐射，振动就加剧；它放出辐射，振动就变缓慢。

当时英国正在开展工业革命，也在发展钢铁工业。英国的瑞利和金斯根据这样的一种物理构想，得到了一条曲线。这条曲线在长波波段与实验点符合得很好，但短波波段是无穷大，这就是著名的紫外光灾难。德国的维恩使用的模型跟他们的模型不大一样，但也得到了一条曲线，它在短波波段与实验点符合得不错，而在长波波段偏离了实验点。这就是当年开尔文谈到的黑体辐射困难。不过开尔文的原话实际上不是谈黑体辐射，而是谈固体比热。但固体比热问题大家一般不大熟悉，也不大直观。说到黑体辐射时，你可以简单地告诉别人是怎么回事。实际上黑体辐射和固体比热说的是同一个问题。

普朗克的突破——量子假设

那时德国的理论物理学家普朗克，也在研究这个问题，但始终不能得到一个很好的结果。有一次，他偶然发现，假如认为谐振子放出辐射和吸收辐射是一份一份的，不是连续的，那么就可以得到一条曲线，这条曲线跟实验点很好地相符。但是辐射怎么可能是一份一份的呢？当时已经知道热辐射与光辐射本质相同，它们都是电磁波，都是连续的，怎么可能变成"一份一份"不连续的呢！所以他对自己的这个发现很犹豫，一方面觉得很惊喜，另一方面也很担心。因为他已经是教授了，万一闹个笑话就不大好。

有一次他在学校里给学生作报告介绍自己的这个发现。他讲得非常保守，以至于有一些学生听完了以后觉得今天白来了一趟，普朗克教授什么也没有讲出来。但是，在跟儿子出去散步的时候，普朗克说："你爹我呀，现在做出了一个发现，这个发现如果被证明是正确的，将可以跟牛顿的成就相媲美。"可见他对这个发现是很重视的。因为物理学是一门实验的科学，测量的科学，你的理论再好，如果不能跟实验相符，你的理论肯定被否定。反过来，你的理论让人感到非常牵强，但是能够解释实验，大家就可以接受。所以大家带着很大的怀疑接受了普朗克的这个理论。物理学家们普遍觉得他这个理论尽管可疑，但跟实验一致，还可以勉强接受。

当时，普朗克是这么认为的："热辐射从原子里射出来的时候是一份一份的，吸收的时候也是一份一份的，但是辐射脱离原子之后，在空间中传播的时候还是连续的，不是一份一份的。"他这样解释自己的观点，但大家都听不懂。有一个记者就问他，说："普朗克教授，您一会儿说辐射是连续的，一会儿又说它是不连续的，那么它到底是连续的还是不连续的？"普朗克说："有一个湖，湖里头有很多的水，旁边有一个水缸，里头也有水，有人用小碗把缸里的水一碗一碗地舀到湖里，你说这水是连续的还是不连续的？”我认为这个解答清楚地阐明了他对这个问题的看法。

争论：量子还是光量子？

五年之后，德国的《物理年鉴》，相当于中国的《物理学报》，收到了一个年轻人的论文，是解释光电效应的。这个年轻人叫爱因斯坦，当时大家完全没有听说过他。这篇文章说：光辐射在脱离原子以后依然是一份一份的。普朗克看后，不同意这个观点，但是这个理论能够解释光电效应。普朗克表现出大家风范，一方面同意发表这篇论文，另一方面写信给爱因斯坦，还很虚心地向他请教，问他：你这是怎么回事啊？

爱因斯坦当时是个无名小卒，拿到普朗克这封信的时候，他都不敢相信这真是大物理学家普朗克给他写的。他一想：这准是他“那几个小丑”朋友在捣蛋，跟他开玩笑，冒充普朗克给他写了这封信。此时他的夫人正在洗衣服，把那封信抢过来一看，说：“这封信是从柏林寄出来的。”而那几位朋友当时居住在瑞士，她说：“他们不可能到柏林去给你发这封信，来给你捣蛋啊。”爱因斯坦仔细一看，真是普朗克的！

后来普朗克还派他的助手劳埃来拜访爱因斯坦，跟爱因斯坦讨论这个问题。普朗克一直认为爱因斯坦对量子的解释是不对的。爱因斯坦随后又连续写了几篇论文，包括相对论的论文，都是普朗克审的，普朗克都同意发表了，而且都高度赞扬。只有这一篇论文，普朗克非常有保留。普朗克在给维恩的信里就讲：“当然了，爱因斯坦的这个观点肯定是错误的。”但是他还是支持爱因斯坦这篇论文的发表。直到 1913 年，普朗克推荐爱因斯坦担任德国普鲁士科学院院士的时候，他为其写的推荐信里还在说爱因斯坦做出了很多伟大的成就，等等，之后，他又说：“当然了，我们也不能对一个年轻人有太多的苛求，我们还是应该允许他有一些错误。比如他对光量子的解释好像就是不大对的，但是，这丝毫掩盖不了他的光辉……”。

接着没有过几年，诺贝尔奖评委会开始评奖，大家都认为应该给爱因斯坦发奖，理由是什么？有很多人认为是相对论，但有一些人说相对论根本看不懂啊，万一是错的怎么办呢？于是大家讨论了半天，最后达成一个妥协，以爱因斯坦解释光电效应和在物理学其他方面的成就授予他诺贝尔物理学奖，就没提相对论。而且评委会的秘书在给爱因斯坦写信通知他获奖时还写道："当然了，这次给你授奖，没有考虑你在相对论（即狭义相对论）和引力论（即广义相对论）方面所作出的贡献。"就是说没有因为发现相对论给他授奖。也可能有一些人还准备给他第二次授奖，但后来诺贝尔奖评委会不想给一个人颁两次奖。诺贝尔科学奖真正得过两次的只有两个人，一个是居里夫人，另一个是巴丁。

2. 爱因斯坦的成长历程

家里来的大学生

好，我们现在来看看这个爱因斯坦是怎样一个人。他是个犹太人，父母都很喜欢音乐。他父亲开了个工厂，几百个工人，是一个小企业家。他的堂叔是这个厂的工程师。看来是个家庭企业，在慕尼黑经营。爱因斯坦出生不久，他们家就搬到了慕尼黑。爱因斯坦小时候说话很晚，一直到 3 岁的时候才能跟人讲得比较明白，所以大人都觉得这孩子是不是智力有问题啊！小爱因斯坦也不大注意大人们在谈论什么，他就在那儿摆弄自己的东西。有一次他父亲给他带来一个罗盘，他高兴得不得了，就成天摆弄那个罗盘。他基本不注意别人在干什么，他提的问题常常跟大人们正在谈论的东西没有关系，而是他自己在想的东西。不过，小爱因斯坦喜欢看课外书。当时德国的犹太家庭有一个习惯，中产阶级以上的犹太家庭一般都会在周末的时候，接待一位贫穷的犹太大学生到自己家度周末。他们家也来了一位医学院的学生。这名学生来了以后，爱因斯坦很喜欢他，虽然跟父母谈话不多，但是他跟这个小伙子谈话很多。这个小伙子发现爱因斯坦爱看书，就把各种各样的书都带来给爱因斯坦看，科普的、数学的，甚至哲学的。他很高兴，翻看了很多书，也不知道看懂看不懂，反正是在那儿很专心致志地看，所以他的知识很丰富。看来这个大学生的出现，对爱因斯坦的智力启蒙产生了作用。

不受学校欢迎的学生

小爱因斯坦在学校里是不大受欢迎的，有几个原因，其中之一是他的功课一般。对此老师倒不会对他有什么想法，但他还有两个“短处”：第一，他是犹太人，德国那时有种族歧视，由于犹太人有钱，因此对犹太人是既看不起又羡慕；第二，他是无神论者，不相信上帝，这在当时是个严重的问题。所以学校觉得这个孩子比较烦人。另外，小爱因斯坦看的课外书多，又爱乱想，净问一些老师答不出来的问题，老师觉得很丢面子。当时德国是军国主义教育，老师都是居高临下地对待学生。老师好像什么都懂：“啊，这个你还不会！”结果小爱因斯坦问的问题老师不会。于是老师觉得很下不来台，就比较烦他。

小爱因斯坦上中学以后，他们家买卖做得不行，全家迁往意大利，投奔爱因斯坦家族的亲友，只把小爱因斯坦一个人留在慕尼黑，安排他进入一所重点中学学习。在那里老师们仍然不喜欢他，觉得这个小犹太人功课一般，不相信上帝，还总问老师答不出来的问题，有损老师的面子和学校的声誉。最后爱因斯坦在学校里感觉压力太大，待不下去了，于是他就找到那个经常给他们家看病的社区医生，开了一份患神经衰弱的证明，准备休学半年去纾解一下压力。可他的证明还没拿出来呢，老师就跟他说校长找他。校长一见面就劝他退学，他一听退学，吓了一跳。这怎么跟父母交代啊！后来一想，也好，以后就再也不用来这所学校了。于是他愉快地接受了校长的建议，退学去意大利投奔自己的父母。

阿劳中学——孕育相对论的土壤

在意大利待了一段时间以后，他还是想上大学。爱因斯坦的父亲希望他回德国上，因为他的母语是德语，而且德国的科学技术比意大利先进。但他特别讨厌德国的教育方式，不愿意去。他父亲最后同意了，并建议他去瑞士，瑞士有德语区和法语区。德语区跟德国一样讲德语。于是他就去投考了苏黎世工业大学的师范系，这是一个培养大学和中学数学、物理老师的系。第一年他没有考上，没考上的原因之一是他中学课程没有学完，当然他功课也一般。

爱因斯坦只好准备第二年再考，于是他在瑞士的阿劳州立中学上了一年补习班。爱因斯坦一生对学校都没有好印象，他认为学校的教育都过于呆板，把学生的思想都给束缚死了。他后来回忆说：“我很幸运，我属于少数没有被束缚死的人之一。”爱因斯坦唯独赞扬的就是他上补习班的阿劳中学。瑞士的中学跟德国的中学风格非常不一样，给学生充分的自由，学习上的自由、生活上的自由，老师非常平等地与学生进行讨论。

所以爱因斯坦没有任何压力，度过了愉快的一年，而且思考了一些问题，包括最早引导他走向相对论的那个追光悖论。这个思想实验就是那时候产生的，因为那时他有闲工夫去乱想。要是学习压力太大，学生根本没有时间去思考。但爱因斯坦在阿劳中学有充分的可以自由支配的时间去遐想，他经常想入非非。当时人们已经认识到光是电磁波。有一次他想，假如一个人追上光，跟光一起跑，能看到什么呢？大概能看到一个不随时间变化的波场。可谁也没见过这种状况，这是怎么回事呢？这个思想实验使他认识到光相对于任何人都是运动的，不可能静止。这个思想实验伴随了他十年，最后把他引向相对论的创建。

不平常的大学生涯

上了一年补习班后，爱因斯坦考上了苏黎世工业大学师范系。那时他非常高兴，他很喜欢物理，但听课后却大失所望。讲课的物理教授是韦伯，这个韦伯不是命名为磁学单位的那个韦伯，而是个电工专家。他讲的物理全都是跟实际联系非常密切的，他不大重视理论。可是爱因斯坦对电工不感兴趣，他感兴趣的是比较深的理论问题。爱因斯坦问老师的一些理论问题，韦伯也不会，所以他对韦伯讲的课没有兴趣。韦伯也对他印象不大好，觉得爱因斯坦不但不来听课，而且一点礼貌都没有，不叫他“韦伯教授”，居然叫他“韦伯先生”。那个“先生”估计是“Mr”那种称呼，不是特别尊敬的男士之间的称呼。

教授职位在德国是非常难得的，德国、英国以至整个欧洲，一个系通常就一个教授，这种体制绝对能够保证教授的质量。当然也有弊病，老先生不死，年轻人没法子，升不上去啊！

在那种情况之下，爱因斯坦就不去听韦伯的课了。教数学的是闵可夫斯基，现在理工科的学生在相对论中都看到过闵可夫斯基这个名字，相对论中用到了闵可夫斯基时空。这位闵可夫斯基小时候是个神童，他们弟兄几个都非常聪明。聪明到什么程度呢？在上小学时，他们与那位大数学家希尔伯特是同学。他们聪明到让希尔伯特对自己都没有信心了，回家跟父母讲：我可能不行，他们那哥几个才真聪明呢！结果呢，后来闵可夫斯基兄弟没什么太大的成就，希尔伯特反而成为数学大师。过去一百多年中两个最杰出的数学大师，一个是希尔伯特，另一个是法国的庞加莱。而这位闵可夫斯基还是靠着他的学生爱因斯坦最后出名的。当然，他后来研究爱因斯坦的相对论也有贡献。可见神童不神童不是最重要的。

爱因斯坦不去听课，每天躲在他租的小阁楼里。因为国外的大学通常不提供那么多宿舍，学生大都是在校外租当地居民的房子，学校附近的居民也靠出租房屋作为家庭收入的一部分。

爱因斯坦租了一个小阁楼，买了一些当时德国著名物理学家的著作，比如赫兹、亥姆霍兹这些人的，每天躲在小阁楼里看书。他也不是完全不去学校，一般是下午五点放学后他就去了。去干嘛呢？两件事情，一件事情就是跟同学们到咖啡馆喝咖啡，讨论讨论，问问："你们课堂上听了些什么啊？"同时告诉他们自己看了些什么书，交流交流。另外一个就是到实验室做实验。德国大学和瑞士大学的实验室都是开放的。瑞士在这点上跟德国是很相近的，学生可以随时进来做实验。我们国家现在还没做到这一点，我想我们国家要想成为一个创新型的大国，大学应该做到让学生能够进实验室自主地做实验。

米列娃与格罗斯曼

那么，爱因斯坦不去听课有没有问题呢？有，因为他需要有人帮他记笔记。不过没有关系，他们班唯一的女生米列娃跟他关系很好，也爱听他神侃，愿意帮他记笔记。但是米列娃功课一般，到了考试的时候，单靠米列娃的笔记不行。他们班还有一个优秀的学生叫格罗斯曼，这是一位标准的好学生，每天是西服革履，领带打得非常好，皮鞋锃亮，功课又好，对老师又有礼貌，字也写得漂亮，是爱因斯坦的好朋友。爱因斯坦考试前几个星期就跟他借笔记，他都慷慨地借给爱因斯坦。当过学生的都知道，考试后借笔记一般问题不大，考试前借笔记那我自己还得看呢，所以格罗斯曼还真是不错，每次都借给爱因斯坦。爱因斯坦拿到这个笔记，突击两个星期，然后就去参加考试，一考还就考过了。考过之后，他就跟别人发表感想：这门课简直一点意思都没有。你想，这种学习方式他能感到有意思吗？肯定感觉没有意思。但他还是通过自学学到了很多东西，就这样直到毕业。

生活的辛酸

毕业的时候，格罗斯曼和另外一个同学被闵可夫斯基留下来当数学助教，爱因斯坦想韦伯大概会把他留下来当物理助教了，结果韦伯不要他，也没要他们班的其他几个学生，而是从工科系留了两个同学。

爱因斯坦一时找不到工作，非常狼狈。曾有一个同学帮他找了一份在另外一座城市的、三个月的中学代课老师的工作，爱因斯坦写了一封感谢信，我看过那封信，简直是感激涕零啊！可见他当时真是很困难了。他还在小报上登广告，说自己可以教数学、物理、小提琴，一个小时多少钱，也没什么人找他。

爱因斯坦当时倒霉的事不只是找不到工作，婚姻也成了问题。因为他与米列娃结婚的事遭到他父母的坚决反对。为什么呢？米列娃出身“不好”，不是犹太人，而是属于被压迫民族的塞尔维亚人。再有呢，米列娃有残疾，她腿瘸，先天性的有一些什么病，几本书上写的病不大一样，反正就是瘸得比较厉害。爱因斯坦的父母觉得这个女孩子怎么能配上自己的儿子呢！非常不满意。但是爱因斯坦呢，父母越不满意他越要跟米列娃好，于是就处于一种僵持状态。婚姻上碰壁，工作也解决不了。

3. 爱因斯坦的奇迹年

时来运转

直到 1902 年，终于时来运转了。先是在父亲临终时，爱因斯坦回意大利去看他。他父亲还是很喜欢自己的孩子，既然儿子这么坚持，就算了吧，同意了这门婚事。犹太人跟我们中国过去传统的家庭差不多，父亲是家长，父亲同意了，母亲不同意也没办法。所以，在他母亲很不情愿的情况之下，爱因斯坦获准跟米列娃结婚。

爱因斯坦要结婚了，可是没有钱。这个时候格罗斯曼出面帮爱因斯坦找了份工作。格罗斯曼的父亲有一个朋友，是伯尔尼发明专利局的局长。格罗斯曼就跟他父亲讲：“你那个朋友不是老想找聪明人到他那里工作吗？你看我那个同学爱因斯坦不就很聪明吗？”从现在的资料来看，在爱因斯坦的老师和同学当中，格罗斯曼是第一个看出他聪明的人。结果他父亲真的和那位局长讲了，局长大人就说来面谈吧。一谈，觉得这个年轻人还可以，于是局长说：来吧，给你安排一个工作，三等职员。这是最初等的职员，但是最初等的职员也有一份公务员的薪金，现在我们国家不是也有很多人争着当公务员吗？公务员有“铁饭碗”啊！于是爱因斯坦就跟米列娃结婚了，建立起一个比较稳定的家庭，他们很快有了两个儿子。

爱因斯坦的科学研究是在去专利局之前开始的，到了专利局以后他的研究继续开展，并开始发表论文。1901 年发表一篇论文，1902 年两篇论文，1903 年一篇论文，1904 年一篇论文。论文数量很少，要按照我们国家现在的规定，这样的人可能都被淘汰了，就这么几篇论文，而且这些论文没有什么特别重要的，都是些毛细管之类的东西。但是这些研究大概对爱因斯坦是个很大的锻炼。1905 年是爱因斯坦的丰收年。

为什么要用丰收年这个词？这是因为物理学史上，对牛顿就有一个“丰收年”的说法。牛顿在剑桥大学毕业留校后不久，英国闹鼠疫，于是他躲回家里去了。他 23 岁到 25 岁之间有一年半的时间，在他母亲的庄园里度过。按照牛顿后来的说法，他的力学三定律、万有引力定律，以及微积分的构思、对光学的想法，全都是那时候产生的。所以那一年半时间，被称作牛顿的丰收年。

爱因斯坦的丰收年

爱因斯坦于 1905 年陆续完成了 5 篇论文。除去一篇博士学位论文之外，其余 4 篇都是发表了的：3 月提交，6 月发表了光量子说，就是解释光电效应的论文；4 月他把博士学位论文提交了；然后 7 月发表了用分子运动论解释布朗运动的论文；9 月发表了狭义相对论，这篇论文不叫狭义相对论，相对论的名字不是爱因斯坦取的，这篇文章叫《论运动物体的电动力学》；9 月提交、11 月发表了有关

$$E = mc^2 \tag{1.2}$$

的论文。此外，还有一篇是 1905 年提交，第二年发表的。

现在来看这 5 篇论文，除去那篇博士学位论文以外，其他 4 篇都是可以得诺贝尔奖的，都是非常硬的文章。很多人得诺贝尔奖，其实他们的贡献究竟是什么一般人也不清楚。即使稍微知道一点，过两年也忘了，没有什么太大的意

义。而爱因斯坦这几篇论文都非常重要，影响深远，不是一般获诺贝尔奖的论文比得上的。

专利局——科学发现的摇篮

爱因斯坦的这些杰出工作基本都是在发明专利局做出来的。当他做出成就以后，有的人就开始说：你看，我们的社会有多么不公，爱因斯坦这么伟大的人居然没有一个学校愿意要他，让他在专利局浪费时间！

在这种议论产生以后，他的朋友，数学大师希尔伯特说了一句很重要的话："没有比专利局对爱因斯坦更适合的工作单位了！"为什么呢？就是这个单位事少，清闲！当时德国的学校里老师都得教学，而且教学任务很多、很重，比今天我国重点大学老师的教学任务多多了，要讲许多课。另外呢，还要安排科研任务和科研时间，但只能做上面规定的科研题目，不是自己想研究什么就能研究什么。

而爱因斯坦到专利局后，虽然有时要审查一些永动机之类的"发明"，会浪费掉一些时间，可也还有不少空闲时间。于是他把要看的东西摊放在抽屉里，一看领导不在就拽出来钻研，看到领导来了就把抽屉关上。有几次局长注意到爱因斯坦在看本职之外的东西，但局长觉得这个年轻人很爱思考，就不怎么管他。这种宽容的态度和空闲的环境给爱因斯坦创造了科研的条件。当那位开明的局长听说爱因斯坦发表布朗运动这篇论文，证明了分子的存在之后，还马上给他涨了工资。

爱因斯坦大学毕业时确实曾经向很多大学求职，但人家都不要他。当时爱因斯坦怀疑是韦伯捣的鬼，因为那时教授很少，一个大学就一个物理教授，瑞士也没有几所大学，各校的教授都互相认识。他到一所学校去求职，那里的教授肯定会写信问韦伯："你的这个学生怎么样啊？"爱因斯坦估计韦伯没讲他好话，但此事没有任何证据。前些年有一所大学在整理档案的时候，翻出了当年爱因斯坦的求职信，曾对记者说："你们看啊，当年爱因斯坦到我们这里求过职，我们没有录用他。"

高度评价阿劳中学

爱因斯坦做出成就以后，他曾经回顾在大学和中学受教育的境遇。他高度评价了阿劳中学："这个中学用它的自由精神和那些不依仗外界权势的教师的淳朴热情，培养了我的独立精神和创造精神。正是阿劳中学，成为孕育相对论的土壤。"你看这评价多高，没说他的大学是孕育相对论的土壤，而说这个中学是孕育相对论的土壤。

4. 狭义相对论

好，现在来看狭义相对论，先简单介绍一下狭义相对论的几个重要成就。狭义相对论建立的基础有两个：一个是相对性原理，就是物理规律在所有的惯性系当中都一样；另外一个是光速不变原理，光速在任何一个惯性系中都是同一个常数 c，与观测者相对于光源的运动速度无关。

同时的相对性

在这两条原理的基础上爱因斯坦建立起整个理论的框架。从这个框架能得出什么结论呢？一个是"同时"这个概念是相对的，两件事情是不是发生在同一个地点，这个概念是相对的。比如说有一辆电车开过去，电车上有人递给售票员钱，售票员撕了张票给他，这两个动作是否发生在同一地点？车上的人认为"是"，因为两人都没动窝，你给我钱我给你票。但车下的人认为"不是"，这个乘客给钱的时候车还没开，撕票的时候开出去十几米了，两件事不是在同一地点。所以"同地"，即两件事情是不是发生在同一个地点是相对的，这个概念大家都能接受。但是假如说有两个捣乱的小伙子在车上面放炮，一个在车厢前面，一个在车厢后面，一同"咚～"一声炮响，最后把警察找来了解情况，车上的人会说他们两人"同时"点的炮，车下的人会怎么认为呢？当然也会认为是"同时"点的。对不对？但是爱因斯坦的相对论却告诉我们：当电车的速度接近光速的时候，车上的人认为车头车尾"同时"发生的两件事，车下的人就会认为不是在同一个时间发生的，这就是"同时"的相对性。

动钟变慢

另外一个结论是运动的钟会变慢。如图 1-3 所示，比如说我所在的这个参考系 S'，有一列钟，我把它们互相都对准。你所在的参考系 S，也有一列钟互相对准。这两列钟平行放置，相向运动。这两列钟相对运动的时候，我的任何一

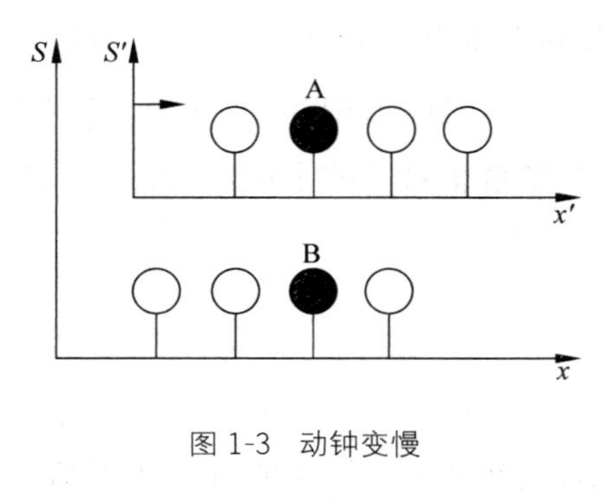

图 1-3　动钟变慢

个指定的钟，跟你的每个钟都只对一次，然后就跑过去了，你那列钟的任何一个，也与我这列钟的每一个只遭遇一次。那么你会觉得我的指定钟慢了。我也会觉得你的指定钟慢了。如式(1.3)所示，当动钟走过 $\mathrm{d}t'$ 时间，静钟走过的时间是 $\mathrm{d}t$。这是相对论的一个结论：即动钟变慢。

$$\mathrm{d}t = \mathrm{d}t' / \sqrt{1 - v^2 / c^2} \tag{1.3}$$

动尺缩短——洛伦兹收缩

同样地，如果双方各有一个尺子静止时长度相同，平行放置，相对运动，如图 1-4 所示。两个尺子这么一下过去，我“同时”量你的尺子就会觉得你的尺子缩短了，你“同时”量我的尺子也会认为我的缩短了。双方都认为对方的钟慢，对方的尺子缩短。如式(1.4)所示，尺子静止时长度为 l_0，以速度 v 运动时，长度缩短为 l。这也是相对论的一个结论：即动尺缩短，又称洛伦兹收缩(详见本讲附录)。

$$l = l_0 \sqrt{1 - v^2 / c^2} \tag{1.4}$$

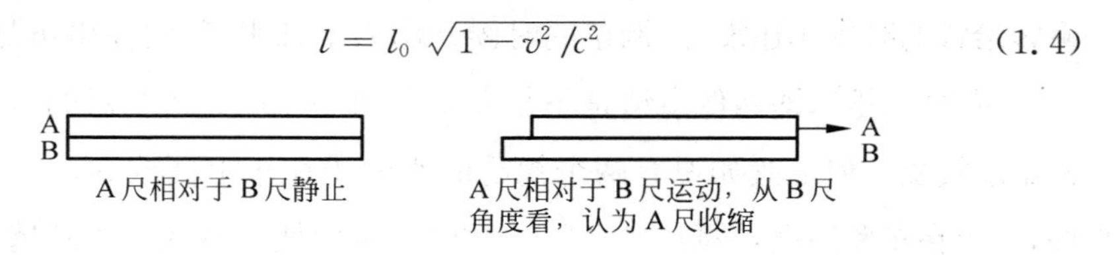

图 1-4　动尺缩短

速度叠加

另外就是相对论是禁止超光速的，相对论的速度叠加公式不是我们通常用的、简单的平行四边形法则。比如说有一列火车(图 1-5)，它的速度是 v，有一个人在火车顶上以速度 u'跑，那么总的速度是多少呢？相对于地面的速度是多少呢？有人以为就是 $u' + v$，但是相对论的公式是这样一个公式：

$$u=\frac{u'+v}{1+\frac{u'v}{c^{2}}} \tag{1.5}$$

这个公式就保证了人和火车跑得再快，即使火车速度达到 $0.9c$，上面相对于火车跑的人的速度也达到 $0.9c$，但是加在一起不是 $1.8c$，而是 $0.9945c$，还是小于 c，再快也超不过光速 c。

图 1-5 速度叠加

动质量算质量吗？

相对论还有一个公式，就是爱因斯坦那个年代，有人提出了一个动质量的概念，如式(1.6)所示的动质量 m，有

$$m=\frac{m_{0}}{\sqrt{1-\frac{v^{2}}{c^{2}}}} \tag{1.6}$$

就是说一个物体静止的时候质量是 m_0，如果它以速度 v 运动的时候，它的质量会增加为 m。不过，动质量这个概念现在有争议。爱因斯坦等人主张使用动质量和静质量的概念，但是朗道等人认为动质量的概念是不必要的，应该只用静质量，只承认静止的那个质量是真正的质量。

朗道是非常杰出的物理学家，杨振宁先生认为朗道是 20 世纪三位最伟大的物理学家之一，另两位是爱因斯坦和狄拉克。朗道能对物理学的所有领域发表重要评论。现在有相当大一批物理学家同意取消“动质量”这个概念，但这种观点将会导致只有能量守恒，不存在质量守恒。为什么呢？比如说电子和正电子相撞湮灭了，变成没有静质量只有动质量的光子，但动质量又不算质量，静质量又没有了，这时候质量就不守恒了。所以要牺牲质量守恒这个概念，只有能量守恒。有人说，爱因斯坦本人也同意了“只有静质量才是质量”这个观点，但是他只是在给别人的私人信件中，很婉转地说这个观点是有道理的。爱因斯坦从来没有公开写过文章说只有静质量才算质量，动质量概念应该取消。所以关于这个问题大家会看到有一些争议，有争议也没有什么关系，说明科学在发展。大家知道动质量的概念用起来还是比较方便的，很多书现在还在用。

质能关系——质量就是能量

还有就是 $E=mc^2$，这个公式是研制原子弹的理论基础之一，它的意思是说任何一个物体都有两种性质，一种是能量，另一种是质量。比如说我这里有个茶杯，我说它有能量，但不是指杯中水的热能，水的热能很少，而是指水和茶杯总质量对应的固有能。这个固有能如果全部释放出来，全部转化为热运动能和光能，可以把北京城全炸掉。所以上面那个公式是研究核能的一个基础。我以后会有单独的讲座专门讲这个问题。

动能表达

还有关于动能的概念，按照相对论，动能应该是动质量对应的能量减去静质量对应的能量。大家看下式

$$T=mc^2-m_0c^2=m_0c^2\left(\frac{1}{\sqrt{1-\frac{v^2}{c^2}}}-1\right)=\frac{1}{2}m_0v^2+\frac{3}{8}m_0\frac{v^4}{c^2}+\cdots \tag{1.7}$$

可是牛顿力学只承认展开的第一项。但当运动速度很高的时候，后边这些高阶项不能忽视，还应该加进来。

5. 神奇的相对论效应

双生子佯谬

最后讲一下双生子佯谬，这是大家都感兴趣的问题。前面谈到两个人在惯性系中作相对运动。双方都说对方的钟慢了，我说你的钟慢了，你说我的钟慢了。这俩钟是再也不碰面了。有人说让其中一个钟“回来”，可一回来它就要偏离惯性运动，不是惯性系中的钟了。

最初相对论只在惯性系当中讨论问题。但是，法国物理学家朗之万讨论了一个问题，就是双胞胎兄弟的问题。比如说哥哥坐火箭作星际旅行，绕了一圈

以后返回来。返回来后，哥哥好像觉得没过几年，而弟弟已经从年轻人变成一位老头了。真是“天上方七日，地下已千年”了，也就是说，去星际航行的人感觉自己的时间似乎变慢了。这种事情是真的吗？这叫双生子佯谬，谬是错误，佯是假的。佯谬就是假错误，假错误当然就是对的。为什么是这样子呢？后来，曾经有很多人进行过讨论。大家都知道，在相对论当中有个四维时空的概念。就是说除去三维空间以外，还加上时间那一维，就是四维时空。我们每一个人在三维空间中前后左右上下一固定，每个人都是一个点。但是在四维时空当中，由于时间在走，你就会描出一根线来。比如说有一个人他不动，指的是他的空间位置没动，但是他必须跟时间一起走，他要随时间发展往前走。有人说我不走，坚持为一个点，那不行。这是不以人的意志为转移的，必须“与时俱进”。如果你在运动，那么你空间坐标也就变了。

比如说地球上的这个人，相对于星际航行的话，地球就算不动了，那么他描出来的线就是 A 线，如图 1-6 所示。星际航行的那个人呢，他先离开了地球，然后又返回来，就是 B 曲线。相对论把这种四维时空中的曲线叫作世界线，每一个观测者经历的时间就是他世界线的长度。你看，留在地球上的人的世界线是 A，出去的人的世界线是 B，两条世界线的长度显然不一样。哪个人的世界线长他就老，哪个人的世界线短他就年轻。

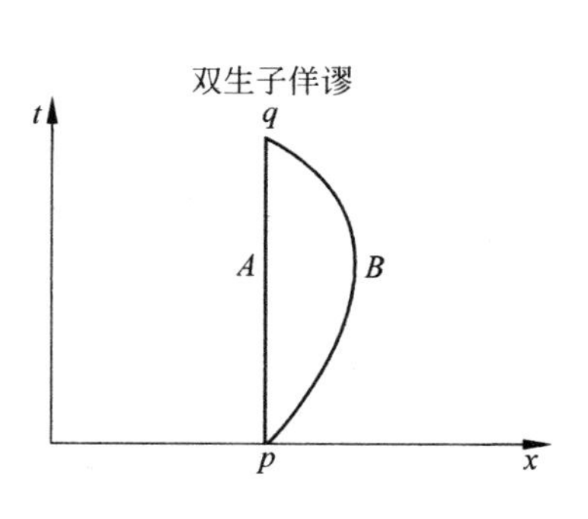

图 1-6 双生子佯谬

大家一看，呦，A 线比 B 线短，似乎地球上这个人年轻。你不是说地球上这个人老吗？那是怎么回事啊？你这是上了伪欧几何的当。欧几里得空间我们都知道，斜边的平方等于两条直角边的平方和，可是闵可夫斯基空间是伪欧几里得空间。时间与空间坐标的长度中间差一个负号，不都是正号，因此斜边的平方等于两条直角边的平方差，导致 B 曲线反而比 A 线短，所以星际航行的那个人年轻，地球上这个人岁数比较大。有人问能年轻多少？

我给大家举个例子，比如说有人去比邻星旅行，比邻星是除去太阳以外离我们最近的一颗恒星，有多远呢？四光年，就是说光走四年就到了，很近。如果有人坐火箭去这颗星旅行，如果他是以三倍的重力加速度加速，有人说以无穷倍的重力加速度加速行不行？无穷倍不行，一下子就把人压扁了。星际航行的宇航员加速时承受的重力很大，你看杨利伟当时起飞的时候，不是有一段时间他都觉得身体要坚持不住了吗？就是因为重力加速度非常大，一般人承受不了。现在研究认为，三倍的重力加速度还可以勉强。所以就假设以三倍的重力加速度加速，加速到每秒 25 万千米以后，就改为惯性运动，关闭发动机出现失重现象。待接近比邻星后，再以三倍的重力加速度减速，直至在比邻星附近的行星上降落。这时必须减速，你不减速就撞上去了，是吧？返回时以同样的方式返回。这样的话，如果有个宇航员坐火箭去了比邻星的行星一趟，火箭上的人觉得往返一共用了 7 年，而地球上的人觉得他走了多长时间呢？走了 12 年。地球上的兄弟 A 感觉自己已经比同胞兄弟 B 老了。

不过，这还不算老得很明显。假如有人想到银河系中心去旅行，我们的地球不在银河系中心，位于偏离银河系中心约 2.8 万光年的宇宙中。银河系的直径有 10 万光年的样子，半径是 5 万光年。从地球到银河系中心附近，距离大概有 3 万光年。设想有人坐火箭到银河系中心附近的一颗行星去旅行，然后再返回来。设计的方案是这样：由于时间太长了，就用两倍的重力加速度而且一直维持不变。如果用三倍的重力加速度加速然后再失重，火箭中的人可能更受不了。假如长期是两倍的重力加速度可能还好受一点。那么就以两倍的重力加速度加速，加速到距目的地中点的时候，再以两倍的重力加速度减速到达那颗星。然后采用同样的方式回来，这时飞船上的人经过了多少年呢？飞船上的人一共经过 40 年，这还可以，是吧？20 岁的小伙子走了，回来 60 岁，还行。那么地球上已过了多少年呢？地球上已过了 6 万年！所以如果有人完成这样一次旅行的话，地球上的人肯定要开一个盛大的庆祝会，欢迎自己 6 万年前的祖宗回来了。我讲的这些是有科学依据的，都是用相对论严格计算出来的。

星际飞船上看到的奇景

另外我还想谈一个问题，除去双生子佯谬之外，星际飞船上的宇航员还会看到什么景象，感受到哪些相对论效应呢？

高速飞行的星际飞船上的宇航员还会看到两种景象，一种是多普勒效应造成的，另一种是光行差效应造成的。

由于多普勒效应，飞船前方的星体射来的光会发生蓝移，后方和侧面星体射来的光会发生红移。因此，宇航员觉得前方的星体颜色变蓝，后方的星体颜色变红。侧面的星体由于横向多普勒效应，也会略微变红。

光行差效应会使宇航员觉得侧面的星体向正前方聚集，后面的星体移向自己的侧面。总之，正前方好像是一个“吸引”中心，随着飞船速度的增加，所有的星体都向那里集中，后方的星体越来越少。从地球起飞，正在远离太阳系的飞船上的宇航员，会觉得太阳系不在飞船的正后方，而在侧后方，飞船越接近光速，太阳系看起来越远离正后方，随着飞船速度的增加，太阳系从自己的侧面向侧前方移动。当飞船的速度非常接近光速时，他将看到太阳系处于自己的侧前方，飞船的后方已经没有任何星体了。飞船正在逃离太阳系，而在宇航员看来，太阳系不是位于飞船的后方，而是位于侧前方，这是多么奇妙的情景啊！

图 1-7 所示为当宇宙飞船向北极星飞去时宇航员看到的景象。当飞船速度远小于光速时，宇航员看到的天象与地面上的人看到的相同，北极星位于正前方，北斗、仙后等星座围绕着它，南天的星座都看不到。当速度达到光速的一半时，飞行员前方的景象大大变化了，北极星周围的星座都在向中央趋近，挤到虚线范围以内，原来出现在飞船后面的天蝎座和天狼星（大犬座 α 星）也都进入前方的视野。当飞船速度加快到 $0.9c$ 时，南天的十字座和老人星等（这些位于南天的星，生活在地球北半球的人原本看不到）也出现在前方了。飞船速度再进

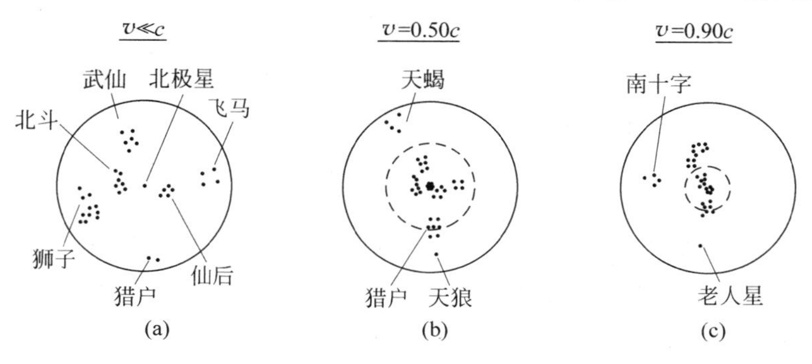

图 1-7　飞船宇航员看到的景象

一步趋近光速时，整个南天的星系就都挤到前面去了。

在本讲附录的图 1-9 和图 1-10 中，我们用打雨伞的人和接雨水的桶来比喻天文学中的光行差现象。从中容易理解，在运动观测者看来，光线（即图中的雨滴）的来源方向会向自己的正前方聚集。所以，高速飞行的飞船上的宇航员，会观察到所有星系都向正前方汇聚的现象。

上述多普勒效应和光行差现象与飞船发动机是否关闭，飞船是否作加速运动无关，只与飞船的运动速度有关。

宇航员除去看到上述两种景象之外，还会感受到其他一些相对论效应，例如失重和双生子佯谬造成的效应。

当飞船关闭发动机、加速度为零时，宇航员会处于完全失重的状态，这时飞船作惯性运动飞行（见第二讲）。当飞船加速时，宇航员将感受到惯性力，飞船转动时，他们将感受到惯性离心力和科里奥利力。由于等效原理，在飞船那样狭小的空间区域内，飞行员无法区分这些惯性效应造成的力和万有引力，因此加速度和转动形成的惯性力，可以视作人造重力来加以利用。例如，在未来的星际航行中，可以制造人造重力来缓解长期失重给宇航员生理机能带来的不利影响。

今天我就讲这么多。我想问问大家有没有什么问题，有没有？勇敢点提出来，没关系。（现场无人提问题）。

20 世纪 20 年代，德国哥廷根大学有一个优秀青年组成的“物质结构研讨班”，是由玻恩领导，希尔伯特参与的。研讨班对量子力学的建立和发展做出过重大贡献，并培养了大批第一流人才，例如泡利、海森堡、奥本海默、狄拉克、康普顿等人。这个班有句名言：“愚蠢的问题不仅允许，而且是受欢迎的。”不要怕闹笑话。（现场还是无人提问题）。

杨振宁先生初到美国的时候，有一次，一位美国物理学家做报告，讲完了以后青年杨振宁没有太听懂，他就问了一个问题，那个美国教授回答了他，随后别人都没有提问题。“哎呀，”杨振宁想，“别人都听懂了，就我没有听懂啊！真是丢面子。”待了一会儿就听见讲课的教授跟主持人讲：“今天的报告特别失败，除去那个中国人听懂了一部分以外，别的人都没听懂。”呵呵，所以大家应该勇敢地问。有没有问题?

问：老师，我想问一个问题。刚才那个双生子佯谬，为什么这个问题我们要用伪欧时空处理呢？斜边的平方等于两条直角边的平方和或差，什么时候用“和”，什么时候用“差”?

答：凡是四维时空都要用伪欧的，因为时间那一项的正负号是跟空间相反的。如果你没有用时间，全是空间坐标的就都是加号，斜边的平方就等于两条直角边的平方和。一旦是四维时空，把时间加进来了，就一定有一个减号，斜边的平方就等于两条直角边的平方差。

问：你说火箭上的人出去转了一圈，他会年轻，那在火箭上的人看来自个儿没动，地球在外头转了一圈回来了。对不对？是不是应该是留在地球上的人年轻，火箭上的人老啊？这个事情是不是应该是相对的?

答：不是相对的而是绝对的。因为火箭上的人真实地感受到了加速，感受到了惯性力。感不感受到惯性力，是真加速和假加速的一个分界线。火箭上的人真加速了，地球上的人没有，所以这是绝对的结果。

第一讲附录　狭义相对论的创立

1. 相对论诞生前夜“以太理论”带来的实验困难

1801年，托马斯·杨的双缝干涉实验表明，光是一种波动。大家都知道，水波的载体是水，声波的载体是空气或其他气态、液态、固态的物质。光既然是波，应该有一种载体。人们想起了古希腊哲学家亚里士多德的以太理论。

亚里士多德主张地球是宇宙的中心。月亮、太阳、水星、金星等天体都围绕地球转动，天体中离地球最近的是月亮。他认为“月下世界”由土、水、火、气四种元素组成，它们组成的万物都是会腐朽的。而比月亮离地球更远的“月上世界”是永恒不变的，充满了轻而透明的“以太”。不过亚里士多德认为，以太只存在于“月上世界”。19世纪的学者们则进一步认为：以太充斥全宇宙。他们认为光就是以太的弹性振动，也就是说光波的载体就是以太。光能从遥远的星体传播到地球，表明以太不仅透明而且弹性极好。

相对论诞生前夜，实验观测引发了与以太理论有关的矛盾。

既然光波是以太的弹性振动，那么以太相对于地球是否运动？当时哥白尼的“日心说”已经被普遍接受，地球不是宇宙的中心。如果认为以太整体相对于地球静止，就等于倒退回“地心说”，大家无法接受这种看法。科学界认为比较合理的设想是：以太相对于牛顿所说的“绝对空间”静止，因而在绝对空间中运动的地球，应该在以太中穿行。这就是说，以太相对于地球应该有一个“漂移”速度。

天文学上的“光行差”现象似乎支持存在以太漂移。然而，迈克耳孙的精确实验却没有测到以太相对于地球的“漂移”速度。也就是说，作为介质的地球似乎带动了周围的以太跟自己一起运动。光行差现象认为地球（介质）运动没有带动以太，迈克耳孙实验又认为带动了以太，这一观测上的重大矛盾，就是开尔文勋爵在 1900 年英国皇家学会迎接新世纪的庆祝会上所谈的，物理学的两朵乌云中的一朵。

此外，斐索的流水实验表明“流水”（运动介质）似乎部分地带动了以太，但又没有完全带动。

总之，光行差现象表明运动介质没有带动以太，迈克耳孙实验表明运动介质完全带动了以太（即以太相对于介质静止），斐索实验则表明运动介质部分地带动了以太，而又没有完全带动。这三个实验的结论相互矛盾。

洛伦兹等众多物理学家注意的是迈克耳孙实验与光行差现象的矛盾。爱因斯坦注意的则是斐索实验与光行差现象的矛盾。应该说，这两个矛盾都可以引导人们去创建相对论。

光行差现象

所谓“光行差”效应（即光行差现象），是天文学家早就注意到的一种现象：观测同一恒星的望远镜的倾角，要随季节作规律性变化（图 1-8）。

此现象很容易理解。比如，不刮风的下雨天，空气不流动，雨滴在空气中垂直下落，站立不动的人应该竖直打伞，跑动的人则应该把伞向跑动的方向倾斜，因为奔跑时空气相对于人运动，形成迎面而来的风，所以雨滴相对于他不再竖直下落，而是斜飘下来（图 1-9）。如果有人想接雨水，无风时他应该把桶静止竖直放置（图 1-10(a)）。如果他抱着桶跑，则必须让桶向运动方向倾斜，雨滴才会落入桶中（图 1-10(b)）。

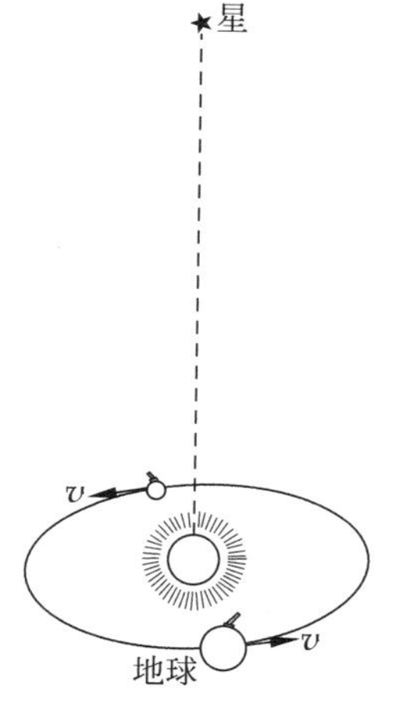

图 1-8　光行差现象

图 1-9　雨中打伞

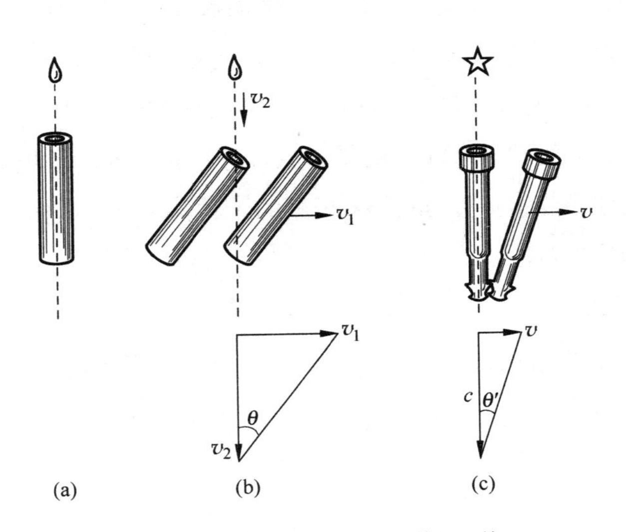

图 1-10　接雨水的桶与观星的望远镜

恒星距离我们十分遥远(除太阳外,最近的恒星离我们也在 4 光年以上),从它们射来的光可以近似看作平行光。星光在以太中运动,就像空气中的雨滴一样。如果地球相对于以太整体静止,望远镜只需一直指向星体的方向看就可以了。然而地球在绕日公转,地球上的望远镜就像运动者手中的雨伞和水桶一样,必须随着地球运动方向的改变而改变倾角(图 1-10(c)),才能保证所观测恒星的光总是落入望远镜筒内。

“光行差”现象早在1728年就已发现，1810年又被进一步确认，此现象似乎表明地球在以太中穿行。当时科学界认为以太相对于“绝对空间”静止，因此地球相对于以太的速度也就是相对于“绝对空间”的速度。人们非常希望精确地知道这一速度，然而“光行差”效应的测量精度不够高，于是美国科学家迈克耳孙试图用干涉仪来精确测量地球相对于以太的运动速度。

迈克耳孙实验引来的乌云

迈克耳孙干涉实验如图1-11所示，A为光源，D为半透明半反射的玻片。入射到D上的光线分成两束，一束穿过D片到达反射镜M_1，然后反射回D，再被D反射到达观测镜筒T。另一束被D反射到反射镜M_2，再从M_2反射回来，穿过D片到达观测镜筒T。把此装置水平放置，v为以太漂移方向(与地球公转方向相反)。DM_1沿着以太漂移的方向，DM_2与以太漂移方向垂直。

在迈克耳孙干涉装置中运动的光波，就像在河中游泳的人一样。如图1-12所示，河水以速度v相对于河岸流动，河宽$AB=l_0$。一个游泳的人从A出发以速度u(相对于河水)游到下游B'点，再返身以同一速度u游回A点，AB'的长度与河宽相等，即$AB'=l_0$。再让同一游泳者以速度u(相对于河水)从A出发游向对岸的B点，到达后再以同一速度游回出发点A。但要注意，由于水往下游流，横渡者的游泳方向不能垂直于河岸，那样的话他将被河水往下冲，不可能

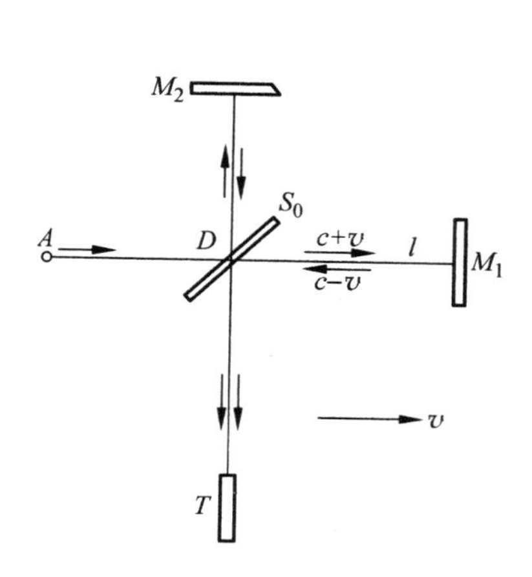

图1-11　迈克耳孙干涉实验示意图

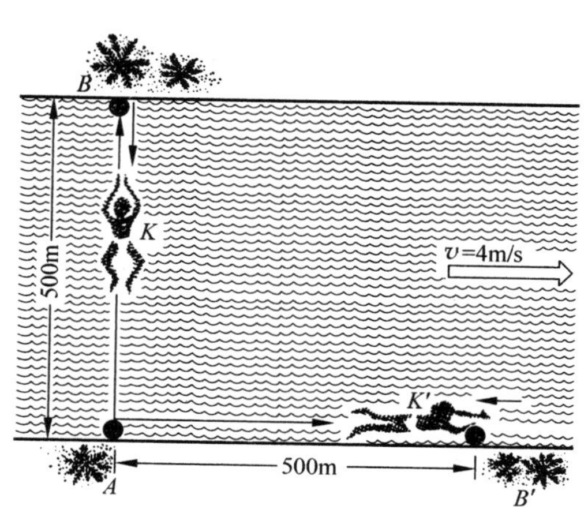

图1-12　在水中游泳的人

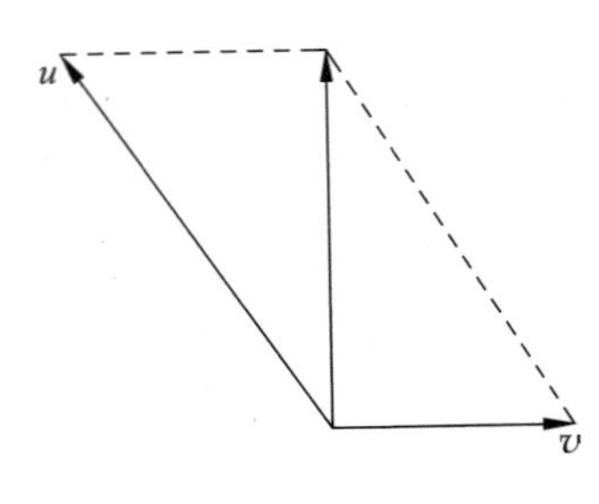

图 1-13 渡河速度合成图

恰好抵达 B 点，返回时也会出现同样的情况。为了从 A 游到 B，游泳者游动的方向必须向上游倾斜一个角度，如图 1-13 所示。所以游泳者垂直渡河的速度应是 $u'=\sqrt{u^2-v^2}$。虽然游泳者横渡的距离与向下游游动的距离都为 l_0，但两种情况所需的时间却不同，时间差为

$$\Delta t=\frac{l_0}{u+v}+\frac{l_0}{u-v}-\frac{2l_0}{\sqrt{u^2-v^2}} \tag{1.8}$$

迈克耳孙干涉仪中的光波，就像上面所说的游泳者，河水好比漂移的以太，河岸相当于地球。河水相对于河岸的流动可类比以太相对于地球的漂移。虽然距离 DM_1 与 DM_2 相同，但光波经过这两段距离所需的时间却由于以太的漂移而不同，用光波相对以太的速度 c 取代 u，我们用同样的分析可知二者的时间差为

$$\Delta t=\frac{l_0}{c+v}+\frac{l_0}{c-v}-\frac{2l_0}{\sqrt{c^2-v^2}}\approx\frac{l_0}{c}\left(\frac{v^2}{c^2}\right) \tag{1.9}$$

这就是说，光经过 DM_1 所需的时间比经过 DM_2 所需的时间要长。

迈克耳孙把干涉仪在水平面上转 90°，让 DM_2 沿以太漂移的方向，DM_1 则垂直以太漂移方向。这时光经过 DM_2 的时间反而比经过 DM_1 的时间长。

仪器装置转动 90°的结果，将使到达观测镜 T 的两束光所经历的时间差了 $2\Delta t$，导致光程差改变

$$2c\Delta t\approx 2l_0\left(\frac{v^2}{c^2}\right) \tag{1.10}$$

这将引起这两束光形成的干涉条纹产生相应的移动。遗憾的是，迈克耳孙没有测出干涉条纹的移动，在误差精度内，条纹的移动是零。迈克耳孙及其助手曾采取多种措施提高实验精度，但结果仍然是零。

“光行差”现象告诉人们，以太相对于地球有漂移，迈克耳孙实验则没有测到这种漂移。这就是相对论诞生前夜物理学遇到的一个严重困难，即开尔文所说的乌云中的一朵。

2. 相对论诞生前夜电磁理论引起的理论困难

相对论诞生的前夜，除去以太理论导致的困难之外，物理理论还遇到了另一个困难：麦克斯韦电磁理论似乎与伽利略变换矛盾。

19 世纪下半叶，麦克斯韦从介质的弹性理论导出了一组电磁场方程，虽然今天我们知道从介质的振动去推导电磁场方程既不正确也无必要，但麦克斯韦所得的结论还是正确的，他对电磁理论的贡献仍是伟大卓越的。

从麦克斯韦电磁方程组出发，可以得到一个重要结论：电磁波以光速传播，人们很快认识到光波实际上就是电磁波。在电磁理论中，真空中的光速是一个恒定的常数。所谓真空，就是只存在以太，不存在其他介质的空间。伽利略相对性原理告诉我们，力学规律在一切惯性系中都是相同的（注意，伽利略论证的相对性原理，仅对力学规律而言，因此又被后人称为力学相对性原理）。如果把这一相对性原理加以推广，使之对电磁学规律也成立，那么麦克斯韦电磁方程组就应在所有惯性系中都一样，这就是说，光速在任何惯性系中都应相同，都应是同一个常数 c。按照牛顿的观点，所有相对于绝对空间静止或作匀速直线运动的参考系都是惯性系，惯性系之间可以差一个相对运动速度 v。依照速度（矢量）叠加的平行四边形法则，电磁波（即光波）的速度如果在惯性系 A 中是 c，那么，在相对于 A 以速度 v 运动的另一个惯性系 B 中，就不应再是 c 了。当 c 与 v 反向时应是 $c+v$，而当 c 与 v 同向时，则应是 $c-v$。但是，麦克斯韦电磁理论明确无误地告诉我们，光速在所有惯性系中都只能是 c，不能是 $c+v$ 或 $c-v$。那么，问题出在哪里呢？

回顾一下上面的讨论，不难看出，我们用了以下一些原理：

① 麦克斯韦电磁理论，它要求真空中的光速只能是常数 c；

② 相对性原理，它要求包括电磁理论在内的所有物理规律在一切惯性系中都相同；

③ 伽利略变换，即作为速度叠加原理的平行四边形法则，它被当作伽利略相对性原理的数学体现。

就是这三条原理导致了上述矛盾。

挽救以太理论的尝试：洛伦兹-斐兹杰惹收缩

相对论诞生之前，"以太"理论在人们的头脑中根深蒂固，虽然物理学理论遇到了重大困难，而且迈克耳孙实验与光行差实验也暴露出深刻的矛盾，绝大多数人（包括洛伦兹、庞加莱这样的物理学、数学大师）仍然不怀疑以太的存在，不怀疑"光波是以太的弹性振动"。

为了保留以太理论，同时克服上述理论困难和实验困难，当时最杰出的电磁学专家洛伦兹决定放弃相对性原理。他想保留麦克斯韦电磁理论，同时解决迈克耳孙实验与光行差实验的矛盾。为此，他提出，以太相对于绝对空间是静止的。麦克斯韦电磁理论只在相对于以太（即绝对空间）静止的惯性系中成立。光波相对于以太（绝对空间）的速度是 c，相对于运动系的速度不再是 c。他又提出一个新效应：相对于绝对空间运动的刚尺，会在运动方向上产生收缩

$$l = l_0 \sqrt{1 - \frac{v^2}{c^2}} \tag{1.11}$$

这一收缩被称为洛伦兹收缩。式中 l_0 是刚尺相对于绝对空间静止时的长度，l 是刚尺相对于绝对空间以速度 v 运动时的长度，c 是真空中的光速。洛伦兹等人认为这种"收缩"是物理学家以前不知道的一种新的物理效应。此效应可以解释为何迈克耳孙实验观测不到地球相对于以太的运动。这是因为沿运动方向放置的干涉仪的臂长发生了洛伦兹收缩，缩短了光程，这一效应抵消了地球相对以太运动带来的光程改变。

$$\Delta t = \frac{l}{c+v} + \frac{l}{c-v} - \frac{2l_0}{\sqrt{c^2 - v^2}} = 0 \tag{1.12}$$

他们认为洛伦兹收缩是物理的，会引起收缩物体内部结构和物理性质的变化。

需要说明的是，洛伦兹是 1892 年提出上述收缩假设的，爱尔兰物理学家斐兹杰惹声称自己早在 1889 年就提出了这一收缩假设，并开始在课堂上对学生讲授。然而当时大家看到的斐兹杰惹的有关论文最早是 1893 年发表的，晚于洛伦兹。斐兹杰惹去世后，他的学生为了给自己的老师讨个公道，翻查各种文献，终于在英国出版的《科学》杂志上查到了 1889 年斐兹杰惹投给该刊的讨论这一收缩的论文。由于斐兹杰惹投稿给《科学》不久，该刊就倒闭了，斐兹杰惹

以为自己的文章没有登出来，事实上此文登在了该刊倒闭前的倒数第二期上。看来，斐兹杰惹发现这一收缩确实早于洛伦兹。所以洛伦兹收缩应该称为洛伦兹-斐兹杰惹收缩。

经典理论的改良：洛伦兹变换的提出

洛伦兹等人进一步认为，作为力学相对性原理数学体现的伽利略变换

$$\begin{cases} x' = x - vt \\ y' = y \\ z' = z \\ t' = t \end{cases} \tag{1.13}$$

应当放弃，而代之以新变换（庞加莱称其为洛伦兹变换）

$$\begin{cases} x' = \dfrac{x - vt}{\sqrt{1 - \dfrac{v^2}{c^2}}} \\ y' = y \\ z' = z \\ t' = \dfrac{t - \dfrac{v}{c^2}x}{\sqrt{1 - \dfrac{v^2}{c^2}}} \end{cases} \tag{1.14}$$

式中，(x,y,z,t)为一个指定的事件在相对于以太（即绝对空间）静止的惯性系中的空间坐标和时间坐标，(x',y',z',t')为同一个事件在运动惯性系中的空间和时间坐标。x' 轴与 x 轴重合，y' 轴与 y 轴、z' 轴与 z 轴分别平行，运动方向沿 x 轴。v 是运动系相对于静止系（绝对空间）的速度，c 是光速。这里，除去公式上的数学差异外，物理上还有一个重要区别：式(1.13)表示的是任意两个惯性系之间的变换，式(1.14)表示的是惯性系相对于绝对空间的变换。即式(1.13)中的速度 v 只是两个惯性系之间的相对速度，与绝对空间无关。而式(1.14)中的 v 却是惯性系相对于绝对空间的绝对速度。式(1.14)中的(x,y,z,t)特指相对于绝对空间静止的惯性系的空间和时间坐标。

从洛伦兹变换可以推出刚尺收缩公式(1.11)。而且麦克斯韦电磁方程在洛伦兹变换下形式不变（不过，洛伦兹认为，用洛伦兹变换算得的、用运动坐标

系标出的电磁量及其他物理量或几何量，都没有测量意义，因而不能看作是真实的量，只是一种表观的量）。伽利略变换不具备这两个优点。洛伦兹等人用式（1.11）和式（1.14）克服了迈克耳孙实验造成的困难，代价是抛弃了相对性原理。

需要补充说明，佛格特早在1887年就提出了类似于洛伦兹变换的变换，但有错误。洛伦兹知道佛格特的工作，但没有足够注意。首先给出洛伦兹变换正确形式的是英国物理学家拉摩，他于1898年给出了这一变换。后来斐兹杰惹也独立给出了洛伦兹变换的正确形式。而洛伦兹本人则是在1904年发表这一变换的，上述事实表明，一个重要的科学结论，在条件接近成熟的时候，往往会被许多学者分别独立地多次发现。

3. 走向狭义相对论

爱因斯坦独辟蹊径

爱因斯坦没有注意洛伦兹等人的工作，也没有注意迈克耳孙实验，他主要抓住的是斐索实验与光行差实验的矛盾。光行差与迈克耳孙实验的矛盾体现在运动介质是否拖动以太上。光行差现象表明，作为介质的地球完全没有拖动以太；迈克耳孙实验则表明，似乎地球完全拖动了附近的以太。斐索实验研究了流水对光速的影响，其结论是作为介质的流水似乎部分地拖动了以太，但又没有完全拖动。这也与光行差现象认为运动介质完全不拖动以太的结论相冲突。爱因斯坦认识到解决上述矛盾最简单的方法就是放弃以太理论，不承认有以太存在。

爱因斯坦深受奥地利物理学家兼哲学家马赫影响。他阅读过马赫的著作《力学史评》，在这本书中，马赫勇敢地批判占统治地位的牛顿的绝对时空观，认为根本就不存在绝对空间和绝对运动，也不存在以太，一切运动都是相对的。爱因斯坦接受马赫相对运动的思想，认为观测不到的东西都不应该轻易相信其存在，哪个实验证明了存在绝对空间？谁看见过以太？因此以太理论和绝对空间概念都应该放弃。他认为伽利略变换不等于相对性原理。他考虑了①麦克斯韦电磁理论（包括真空中的光速 c 是常数的结论），②相对性原理与③伽利略变换之间的矛盾，认为“麦克斯韦电磁理论”和“相对性原理”比伽利略变换更基本。他认识到，如果既坚持“相对性原理”又坚持“麦克斯韦电磁理论”，就必须承认真空中的光速在所有惯性系中都是同一个常数 c，即必须承认“光速不变”。他把“光速不变”看作一条基本原理，称为“光速不变原理”。注意，“光速不变原理”不是说在同一惯性系里真空中的光速处处均匀各向同性，是一个常数 c，而是说在任何惯性系中测量，真空中的光速都是同一个常数 c，光速与光源相对于观测者的运动速度无关。

爱因斯坦得出光速不变原理不是偶然的，而是经历了长时间的思考过程。

他在阿劳中学学习时就考虑过一个思想实验：假如一个观测者以光速运动，追光，这个观测者应该看到一个不依赖于时间的波场。但是谁都没有见过这种情况。这个有趣的问题表明，人似乎不可能追上光，光相对于观测者似乎不会静止，一定有运动速度，通常的速度叠加法则好像对光的传播问题不适用。这个思想实验不时浮现在爱因斯坦的脑海中。

此外，爱因斯坦知道，天文望远镜对双星轨道的观测（图 1-14）支持光速与光源运动无关的观点。如果光速与光源运动速度有关，双星中向着我们运动（趋近）的那颗星和背离我们运动（远离）的那颗星发出的光，飞向地球的速度将不同。这将导致两颗星同时发出的光会一先一后到达我们眼中；或者说我们同时看见的这两颗星的图像，产生的时间不是同一时刻。如果真是这样，我们看到的双星轨道应该产生畸变。但天文观测没有发现这种畸变，双星轨道是正常的椭圆。这支持了光速与光源运动速度无关的看法。

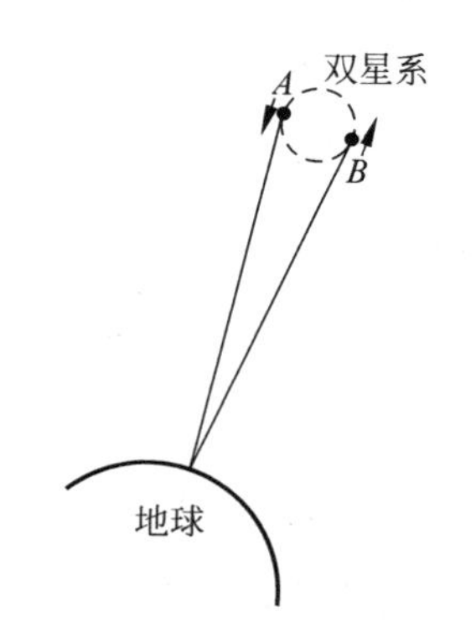

图 1-14　对双星轨道的观测

经过长时期的思考后，爱因斯坦终于解开了这个难解之谜。他认识到速度叠加法则并非物理学的根本原理，这个法则也不等价于“相对性原理”的数学表达。“光速的绝对性”（即光在所有惯性系中的速度都是同一个常数 c）才是一条应该坚持的基本原理，他称其为“光速不变原理”，并把“光速不变原理”和“相对性原理”一起，作为自己的新理论（相对论）的基石。

爱因斯坦是在长时间的反复思考之后，才得出这一原理的。早在他的相对论论文发表之前一年多，他就认识到相对性原理和麦克斯韦电磁理论都是大量实验证实的理论，都应该坚持。但这样导致的“光速不变”结论似乎与建立在伽利略变换基础上的速度叠加法则以及人们的日常观念相矛盾，爱因斯坦觉得“这真是个难解之谜”。

1905 年 5 月的一天，爱因斯坦带着这一问题专门拜访了他的好友贝索（“奥林匹亚”科学院的一名成员）。经过一下午的讨论，爱因斯坦突然明白了，问题出在“时间”上，通常的时间概念值得怀疑。“时间并不是绝对确定的，而是在时间与信号速度之间有着不可分割的联系。有了这个概念，前面的疑难也就迎刃而解了。”他认识到如果坚持把相对性原理和光速不变（即光速与观测者相对于光源的运动速度无关）都看作公理，异地时钟的“同时”将是一个相对的概念。5 周之后，爱因斯坦开创相对论的论文就寄给了杂志社。

贝索是个一事无成者的典型。他一生都在听课、学习，课听了一门又一门，书学了一本又一本。他还喜欢与别人争论，反驳别人的意见，但从不想自己去完成一件独立的工作。这次与爱因斯坦的讨论，大大地启发了爱因斯坦，但他自己并未搞清启发了爱因斯坦什么。当爱因斯坦感谢他在讨论中帮助了自己时，他感到茫然。爱因斯坦在这篇创建相对论的划时代论文的最后感谢了贝索对自己的帮助和有价值的建议。贝索十分激动，说：“阿尔伯特，你把我带进了历史。”

爱因斯坦 1922 年在日本京都的一次演讲中曾提到他与贝索的这次讨论。讨论使他认识到两个地点的钟“同时”，并不像人们通常想象的那样，是一个“绝对”的概念。物理学中的概念都必须在实验中可测量，“同时”这个概念也不例外。而要使“同时”的定义是可测量的，就必须对信号传播速度事先要有一个约定。由于真空中的光速在电磁学中处于核心地位，爱因斯坦猜测应该约定（或者说“规定”）真空中的光速各向同性而且是一个常数，在此基础上来校准两个异地的时钟，即定义异地时间的同时。研究表明，在约定光速并承认光速的绝对性（光速不变原理）的基础上定义的“同时”将是一个相对的概念。我们看到，定义两个地点的钟同时，必须首先约定光速各向同性而且是一个常数。要在作相对运动的所有惯性系中，都用对光速的同一个约定来定义异地时钟的“同时”，则必须假定光速是绝对的。爱因斯坦曾经与贝索等人一起阅读过庞加莱的《科学与假设》，该书就议论过时间测量与光速的内在联系。庞加莱猜测，要测量时间，要校准不同地点的钟，可能首先要对光速有一个约定。与贝索的讨论可能使爱因斯坦想起了庞加莱的观点，不过爱因斯坦未明确指出这一点。此外，与贝索的讨论还可能再次使爱因斯坦想到了他在阿劳中学读书时考虑过的那个思想试验：以光速运动的观测者将看到光是不依赖于时间的波场，但从未有人见过这种情况，所以比较自然的想法是，光不可能相对任何观测者静止，对任何观测者都一定作相对运动。

爱因斯坦能够从纷乱的理论探讨和实验资料中，认识到应该把光速看作绝对的，并毅然提出这一全新的观念，是极其难能可贵的。在光速不变原理和相对性原理的基础上，他推出了两个惯性系之间的坐标变换关系，这个关系就是洛伦兹等人早已得出的变换公式(1.14)。不过，爱因斯坦是在不知道洛伦兹等人的工作的情况下，独立推出这一公式的。更重要的是，爱因斯坦对公式(1.14)的解释与洛伦兹完全不同。洛伦兹认为相对性原理不正确，认为存在绝对空间(以太)，变换式(1.14)中的速度 v 是相对于绝对空间的，因而，变换式(1.14)描述的是相对于绝对空间运动的惯性系与绝对空间静止系之间的关系。爱因斯坦则认为，相对性原理成立，不存在绝对空间，不存在以太，式(1.14)描述的是任意两个惯性系之间的变换，v 是这两个惯性系之间的相对速度，根本与绝对空间的概念没有关系，所以他赞同把自己的理论叫作相对论。

我们看到非常有趣的情况，相对论的最主要的公式洛伦兹变换，是洛伦兹最先给出的，但相对论的创始人却不是洛伦兹而是爱因斯坦。应该说明，这里不存在篡夺科研成果的问题。洛伦兹本人也认为，相对论是爱因斯坦提出的。在一次洛伦兹主持的讨论会上，他对听众宣布，“现在，请爱因斯坦先生介绍他的相对论。”之所以如此，是因为洛伦兹一度反对相对论，他还曾与爱因斯坦争论过相对论的正确性。特别有趣的是，“相对论”这个名字不是爱因斯坦起的，而是洛伦兹起的。在争论中，为了区分自己的理论和爱因斯坦的理论，洛伦兹给爱因斯坦的理论起了个名字——相对论。爱因斯坦觉得这个名字与自己的理论还比较相称，于是接受了这一命名。

建立狭义相对论最困难的思想突破

一般介绍相对论的文章都非常强调爱因斯坦之所以能建立相对论，关键是他坚持了“相对性原理”。在当时的情况下，爱因斯坦正确地认识到“相对性原理”是应该坚持的一条根本性原理，并认识到伽利略变换并不等价于“相对性原理”，然后放弃后者而坚持前者，的确是十分不容易的。洛伦兹和大多数物理学家都没有认识到“相对性原理”是最应该坚持的根本性原理。

但是，应该注意到，关于运动相对性的观念自古以来各国都有。到了 17 世纪，伽利略已经通过对话的形式正确地给出相对性原理的基本内容。牛顿虽然认为存在绝对空间，同时认为转动是绝对运动，但他还是认为各个惯性系是等价的。应该说，牛顿在他的理论中应用了相对性原理。

到了 1900 年前后，虽然洛伦兹等人考虑放弃相对性原理，但由于马赫对牛顿绝对时空观的勇敢批判，深受马赫影响的爱因斯坦还是比较容易认识到应该坚持“相对性原理”的。

然而，仅仅认识到坚持“相对性原理”，还不足以建立相对论。庞加莱已经正确地阐述了“相对性原理”，并认识到了真空中的光速可能是一个常数，甚至认识到光速可能是极限速度，但是他仍未能建立相对论。这是因为建立相对论还必须实现观念上的另一个更为重要的突破：认识到光速的绝对性，即“光速不变原理”。

爱因斯坦曾明确指出，狭义相对论与(伽利略和牛顿建立的)经典力学都满足相对性原理，“因此，使狭义相对论脱离经典力学的并非相对性原理这一假设，而是光在真空中速度不变的假设。它与狭义相对性原理相结合，用众所周知的方法推出了同时的相对性，洛伦兹变换及有关运动物体与运动时钟行为的规律。”

这就是说，承认相对性原理，又承认光速绝对性，必将导致时间观念发生根本变化：“同时”这个概念不再是“绝对”的，而是“相对”的了。同时的相对性与人们的日常观念严重冲突，非常不易被接受。所以认识到“光速的绝对性”，进而认识到“同时的相对性”，是建立相对论过程中最困难也最重要的物理思想突破。

爱因斯坦是相对论的唯一缔造者

1905年前后，许多人都已接近相对论(狭义相对论)的发现，在爱因斯坦的论文发表之前，斐兹杰惹和洛伦兹早已提出洛伦兹收缩，佛格特、拉摩、斐兹杰惹、洛伦兹早已给出洛伦兹变换，拉摩已经给出了运动时钟变慢的公式，洛伦兹已经给出了质量公式(1.6)，庞加莱已经正确地阐述了相对性原理，并推测真空中的光速可能是常数，而且可能是极限速度。此外，在一些特殊的情况下，质能关系式也已有人探讨。

但是，提出“光速不变原理”的人是爱因斯坦，而不是其他人。正是“光速不变原理”，而不是“相对性原理”，形成了相对论与经典力学的分水岭。另外，只有爱因斯坦抛弃了以太理论，从而彻底抛弃了“绝对空间”，因而最彻底地坚持了“相对性原理”。而且首先正确阐述相对论，认识到它是一个时空理论，并给出完整理论体系和几乎全部结论的也是爱因斯坦，而不是别人。所以说，爱因斯坦是相对论的唯一发现者。

事实上，在相对论发表之后，洛伦兹和庞加莱都曾反对它。洛伦兹后来接受了相对论，庞加莱则至死都未发表过赞同相对论的言论。

洛伦兹抱住绝对空间和以太概念不放，甚至主张放弃相对性原理。庞加莱虽然坚持相对性原理，主张放弃绝对空间，但他没有放弃“以太”。而承认“以太”实质上还是承认绝对空间的存在。

有一点需要解释一下。在相对论诞生之前，庞加莱于1900年在《时间的度量》一文中曾经谈到：“光具有不变的速度，尤其是，光速在所有方向都是相同的。这是一个公设，没有这个公设，便不能试图度量光速。”这句话中“光具有不变的速度”，似乎是指“光速不变原理”。但从上下文看，庞加莱这句话是针对测量光速说的。众所周知，测量光速并不需要“光速不变原理”，但需要用“光速各向同性而且是一个常数”这一约定。他在这里强调的是同一个参考系中光速是点点均匀且各向同性的，即光速是一个常数 c。而“光速不变原理”指的不是这一点，而是指光速在不同惯性系中相同。庞加莱从来没有在任何一个地方明确指出过“不同惯性系中的光速相同”。而且，承认“光速不变原理”就将直接导致

“同时相对性”的概念，庞加莱也没有在任何地方谈到过“同时的相对性”。因此不能依据这句话，认为庞加莱在相对论发表之前就已认识到了“光速不变原理”。

1900年前后，庞加莱已是一位举世闻名的数学大师，爱因斯坦不过是一名初出茅庐的青年学者。庞加莱为相对论的诞生做了许多重要的基础性工作。他正确指出时间的测量依赖于对信号传播速度的约定。具体来说就是他认为“测量时间”需要首先“约定”（或者说“规定”）光速，他建议约定真空中的光速各向同性而且是一个常数。庞加莱正确地阐述了相对性原理，指出了洛伦兹理论的不足。一些学者认为相对论应是庞加莱与爱因斯坦共同创建的。

爱因斯坦与庞加莱只在学术会议上见过一次面。青年爱因斯坦当时非常渴望庞加莱支持相对论。那次会面回来后，爱因斯坦很沮丧，告诉他的朋友：“庞加莱根本不懂相对论。”事实上，庞加莱直到去世也未发表过赞同“相对论”的意见。

庞加莱对爱因斯坦的评价不太高。他去世前不久，应苏黎世工业大学的邀请，对爱因斯坦申请教授职位发表了以下意见：“爱因斯坦先生是我所知道的最有创造思想的人物之一，尽管他还很年轻，但已经在当代第一流科学家中享有崇高的地位。……不过，我想说，并不是他的所有期待都能在实验可能的时候经得住检验。相反，因为他在不同方向上摸索，我们应该想到他所走的路，大多数都是死胡同。不过，我们同时也应该希望，他所指出的方向中会有一个是正确的，这就足够了。”后来的研究表明，历史与这位数学大师开了一个极大的玩笑：爱因斯坦在1905年指出的所有方向都是正确的。

杨振宁教授指出，洛伦兹与庞加莱都曾非常接近相对论的发现。但是洛伦兹只有近距离的眼光，没有远距离的眼光，他只重视实验与观测，缺乏哲学思考；庞加莱只有远距离的眼光，缺乏近距离的眼光，他只重视数学和哲学思考，但忽视实验与观测。爱因斯坦既有近距离眼光，又有远距离眼光；既重视实验与观测，又重视哲学思考。最终，洛伦兹与庞加莱都没有发现相对论，只有爱因斯坦发现了它。

不过，爱因斯坦也承认许多人已经接近了狭义相对论的发现。他后来说：“如果我不发现狭义相对论，5年之内就会有人发现。”

第二讲　弯曲的时空——广义相对论

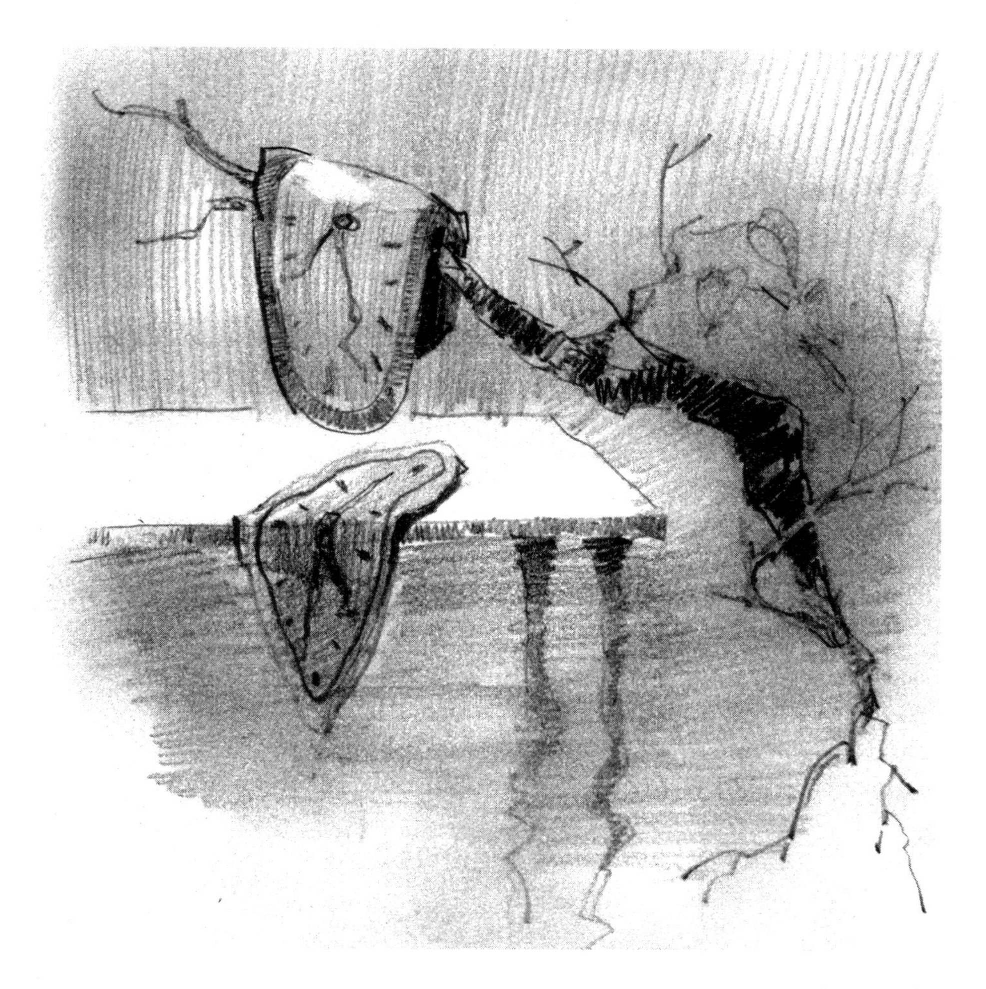

绘画：张京

这一讲介绍爱因斯坦一生最得意的成就——广义相对论。

首先要说明,相对论这个名字不是爱因斯坦起的,而是洛伦兹起的。因为洛伦兹在爱因斯坦之前就提出了洛伦兹变换,但他完全是依据绝对空间得到的。爱因斯坦的理论出来以后,得到的惯性系之间的坐标变换公式与洛伦兹变换相同,但是物理解释却很不一样。洛伦兹为了在辩论的时候分清楚我的理论和你的理论,就给爱因斯坦的理论取了个名字叫"相对论",爱因斯坦觉得这名字还可以用,就接受了。以后"相对论"这个名字就留下来了。但当时所说的相对论指的是狭义相对论,就是上一讲的那一部分内容,是讨论高速运动的物体会有什么特点的理论。

1. 狭义相对论的困难

牛顿的力学完成的时候,物理学界都感到一片明朗,好像什么问题都搞清楚了,所以英国的一位诗人——波普,写了一首诗赞扬牛顿,说:

自然界与自然界的规律隐藏在黑暗中,
上帝说:"让牛顿去吧!"
于是一切成为光明。

可是相对论出来以后,这些感到光明的人大部分都感到糊涂,弄不懂相对论,当时能够听懂相对论的人是凤毛麟角。一般人都弄不懂,有的人就有疑问。但是大的物理学家们,一般不敢说得很难听。因为相对论出来以后,就有几位著名的物理学家说它是对的,比如德国的普朗克、能斯特、劳埃,法国的居里夫人、朗之万,还有英国的爱丁顿,这些都不是吃干饭的,都是很棒的物理学家,他们都说相对论正确,而且予以很高的评价。所以那些自己觉得相对论不对的人,也不敢说得太难听,但是确实很怀疑。另一位诗人就把波普的诗给续了一段:

但不久,魔鬼说:"让爱因斯坦去吧。"
于是一切又回到黑暗中。

爱因斯坦的相对论到底有没有问题呢?当时的情况是这样,凡是觉得它有问题的人，说的那些问题其实都不是问题，都是自己没有弄懂相对论造成的。但是相对论真的有问题。爱因斯坦本人意识到了他的相对论有问题。

惯性系无法定义

那么爱因斯坦觉得他的相对论有什么问题呢？他的相对论建立在相对性原理和光速不变原理这两条原理的基础之上，它用到一个很基本的概念，就是惯性系。他知道自己的理论建立在惯性系的基础上，可是惯性系却无法定义。

为什么无法定义呢？牛顿认为存在一个绝对空间，牛顿说凡是相对于绝对空间静止或者作匀速直线运动的参考系就是惯性系。现在没有绝对空间了，那么惯性系就不好定义了。最初的一些人，甚至后来的很多人都认为，似乎可以用牛顿第一定律来定义惯性系：如果一个不受力的质点，在参考系中保持静止或者匀速直线运动的话，这个参考系就是一个惯性系。也就是说用牛顿第一定律来定义惯性系。很多人认为可以，其实不行。

爱因斯坦很快就意识到了这个定义不行。为什么不行呢？如果人家问你：你怎么知道这个质点没有受力呢？你要给"没受力"下个定义啊！有人可能会说，没有与其他物体挨着就是没受力啊！那不一定，像电磁力可以作用在带电或磁的物体上，但却是看不见的。较好的一个定义是说，在惯性系当中，一个质点保持静止或者匀速直线运动状态，它就"不受力"。但是这种定义方式，定义"惯性系"要用到"不受力"这个概念，定义"不受力"又要用到"惯性系"这个概念，这是一个逻辑循环，所以是不行的。爱因斯坦意识到惯性系的定义有了问题，这使相对论的基础变得可疑了，这个问题必须解决。

爱因斯坦反复思考惯性系如何定义，百思不得其解。有的人可能一辈子就琢磨这个定义了。但爱因斯坦的思路确实跟别人不一样。他开始想别的办法了。爱因斯坦想：惯性系既然不好定义，我就干脆不要惯性系了。我把相对性原理推广，推广到任意参考系。不是说物理规律在所有的惯性系当中都一样，而是说物理规律在所有的参考系中都一样。不要惯性系，定义惯性系的困难自然就不存在了。他这个想法很好。但是，不要惯性系，马上就有一个问题。惯性力怎么办？所有的非惯性系都存在惯性力，比如说一个转动的参考系，它有惯性离心力，有科里奥利力。一个加速系中的所有物体，都会受到反方向的惯性力。这些惯性力怎么处理？爱因斯坦觉得这仍然是个问题。

万有引力定律放不进相对论的框架

爱因斯坦注意到，自己的“相对论”还存在另外一个问题，就是万有引力定律写不进相对论的框架。当时只知道两种力，电磁力和万有引力，电磁学是跟相对论一致的，但万有引力却放不进相对论的框架，爱因斯坦觉得很遗憾。所以他也一直考虑这个问题，想把万有引力定律加进相对论的框架。努力了一段时间，但始终加不进去。

不过，爱因斯坦很快就注意到，万有引力和惯性力有相同的地方。什么地方呢？就是都与质量成正比。别的力不一定和质量成正比，只有万有引力和惯性力这两种力是跟质量成正比的。他觉得这两种力好像有点什么关系。他觉得自己所认为的相对论的两个困难，一个与惯性系有关，另一个与万有引力有关。这两个困难莫非本质上是同一困难？于是他开始把这两个困难联系起来考虑。

当时已有人对惯性力的起源作过一些猜想。大家都知道，除去惯性力以外所有的力都起源于相互作用，都有对应的反作用力。但是惯性力不起源于相互作用，它不满足牛顿第三定律，不存在对应的反作用力。

有绝对空间吗？

为什么会有惯性力呢？牛顿认为存在一个“绝对空间”，当一个物体相对于绝对空间加速的时候，就会受到惯性力，如果它不相对于绝对空间加速就不会受到惯性力。牛顿是在存在绝对空间的前提下来解释惯性力的。后来奥地利有一位物理学家马赫，这人是个三流的物理学家，他的贡献主要是“马赫数”，空气动力学中的“马赫数”，当然这也是贡献，能把名字留下来就算不简单。马赫虽然对物理学的具体贡献不是太大，但他对爱因斯坦有重大影响。你别看他是三流的物理学家，他敢说祖师爷不对。他批判牛顿，认为牛顿说的绝对空间根本就不存在，所有的运动都是相对的。爱因斯坦在大学刚毕业时看过马赫的书，“呀，马赫讲得太对了，所有的运动都是相对的，根本就不存在绝对空间。”所以爱因斯坦不愿意放弃相对性原理。马赫的这一思想引导他建立了狭义相对论。

牛顿的水桶实验

牛顿当时为了论证绝对空间的存在，也为了论证惯性力起源于相对于绝对空间的加速，曾经提出过一个思想实验，叫水桶实验。如图 2-1 所示，他设想有一个桶，里面装有水。桶静止，水也静止的时候，水面是平的(见图 2-1(a))；然后让水桶以角速度 ω 转起来，刚开始的时候由于桶壁的摩擦力小，水没有带动起来，桶转水不转，水面还是平的(图 2-1(b))；然后水慢慢被带动起来了，跟桶一块转，这时候水面就成凹的了，这是第三种情况(图 2-1(c))；第四种情况，桶突然停止，水还在转，这时候水面仍然保持凹形(图 2-1(d))。为什么呢？牛顿说三、四这两种情况水受到了惯性离心力，而一、二这两种情况水没有受到惯性离心力。

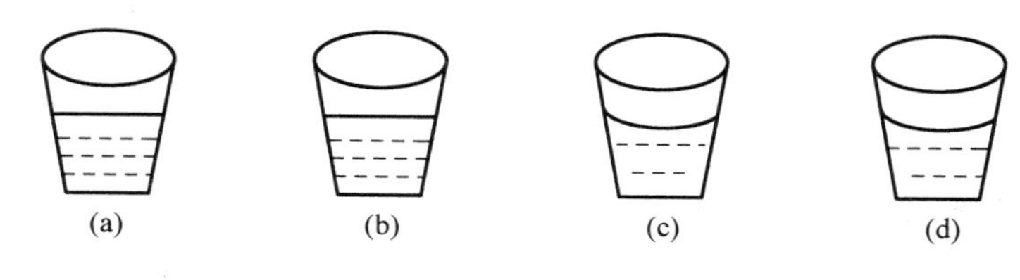

图 2-1　水桶实验

一、三这两种情况水相对于桶都是静止的，但情况一水没有受到惯性离心力，情况三受到了惯性离心力。二、四这两种情况水相对于桶都是转动的，但情况二水未受到惯性离心力，情况四却受到了惯性离心力。看来受不受到惯性力跟水相对于桶的转动无关。

牛顿说，这个实验表明，受不受到惯性力跟水相对于桶的转动无关。那么跟什么有关呢？牛顿说，水桶实验表明存在一个绝对空间，只有相对于绝对空间的加速才是真加速，相对于绝对空间的转动才是真转动，才会受到惯性离心力。当时的物理学家都知道牛顿的水桶实验。牛顿用水桶实验论证了绝对空间的存在，同时也说明了转动是一种绝对运动。

马赫对牛顿的反驳

马赫出来说："牛顿不对。"他就要面对这个实验。马赫反驳牛顿，说根本没有绝对空间，所有的运动都是相对的，那惯性力怎么起源的呢？马赫说水受不受到惯性力，跟水相对于桶的转动关系不大，他没说完全没有关系，但是说关系不大。他认为，惯性力是宇宙中所有作相对加速的物质施加的作用。比如说水如果相对于宇宙中所有物质转动的话，就相当于水不动，宇宙中所有物质反着转，那么这些反向旋转的物质都对水施加一种作用，水就会受到惯性离心力。桶有没有影响？有，但桶的质量跟整个宇宙的质量相比是可以忽略的，所以桶对水的影响可以忽略。因此他认为，惯性力起源于相对于宇宙中所有物质的加速或者转动，起源于作相对加速运动的物质施加的作用。爱因斯坦看过马赫的书后，觉得马赫讲得真是太对了。按照马赫的这个思想，惯性力也起源于相互作用，这种相互作用跟万有引力有某种类似，都与物质的成分和结构无关，只与它们的质量有关。马赫的思想加深了爱因斯坦的猜测：万有引力和惯性力之间可能有内在关系。

2. 等效原理

引力质量与惯性质量相等

这时候爱因斯坦进一步思考了一个问题，就是质量定义的问题。牛顿的《自然哲学之数学原理》是一部很完备的书，里面没有大的漏洞，逻辑关系非常严密。牛顿谈到了质量的定义，说“质量就是物质的量，质量等于体积和密度的乘积”，“质量正比于重量”，这些是他的原话。所以，“质量是物质的量”其实指的是物质的万有引力效应。牛顿在那本书的另外一个地方谈到质量是跟物体的惯性成正比的，那是跟牛顿第二定律有关的。牛顿意识到了用惯性效应来定义的质量和用引力效应来定义的质量可能不是一个东西。也就是说，质量有两种，一种是惯性质量 m_{I}，另一种是引力质量 m_{g}。这个 g 代表引力，牛顿的万有引力。

根据牛顿的判断，他觉得这两种质量不是一个东西。但实验表明呢，这两种质量可能是相等的。为什么呢？大家来看自由落体定律。自由落体运动，按照牛顿的理论，是在万有引力作用下的加速运动。万有引力可以用引力场强 g 乘以引力质量得到：

$$F = G\frac{Mm_{\mathrm{g}}}{r^2} = m_{\mathrm{g}}g \tag{2.1}$$

牛顿第二定律是

$$F = m_{\mathrm{I}}a \tag{2.2}$$

这两个相等,就是

$$m_{\mathrm{g}}g = m_{\mathrm{I}}a \tag{2.3}$$

自由落体定律告诉我们,不管任何物体,加速度 a 都是等于 g 的,所有的物体不管质量,不管化学成分,它们的加速度都是一样的。如果加速度 a 与 g 恒相等,那么 m_{I} 与 m_{g} 就相等。所以自由落体定律告诉我们,引力质量和惯性质量是相等的。

但是这个实验太粗糙了,于是牛顿又想用单摆实验来检验它。大家通常看到的单摆公式都是

$$T = 2\pi\sqrt{\frac{l}{g}} \tag{2.4}$$

实际上你们注意,在用微分方程推导的时候,质量 m 出现在方程的两边,一边代表引力质量,另一边代表惯性质量。只不过我们在学习的时候,在讲理论力学的时候,不区分这两种质量,于是就给消掉了。其实这两个质量定义不一样。牛顿注意到了这一点。如果你把这两个 m 保留的话,单摆周期公式就成为这样的

$$T = 2\pi\sqrt{\frac{m_{\mathrm{I}}l}{m_{\mathrm{g}}g}} \tag{2.5}$$

如果这两个质量对于不同的物体有差异,$m_{\mathrm{I}}/m_{\mathrm{g}}$ 对各种物体不是同一个常数的话,单摆运动的周期,对不同物体就会有所不同。但牛顿没有观测到这种不同。他在千分之一的精度范围内证明了引力质量等于惯性质量。

爱因斯坦那个时代有个匈牙利物理学家 Eötvös,中国人翻译成厄阜,他用扭摆实验在 10^{-8}的精度之内没有观察到引力质量和惯性质量的差异。相对论发表以后,Dicke 做到 10^{-11},俄罗斯的布拉金斯基做到 10^{-12},都严格地证明了引力质量和惯性质量相等。在爱因斯坦那个时代,精度最高的是 Eötvös 那个实验。爱因斯坦研究引力理论时知道这个实验。

等效原理:万有引力与惯性力等效

那时候爱因斯坦成天反复思考着引力与惯性力的问题。他当时还在专利

局工作。有一天，他坐在办公桌旁，一边看蓝天白云，一边思考。他突然想：假如有一个人从楼上掉下来会是什么感觉呢？他想这个人可能是失重的感觉，没有重量。爱因斯坦后来说，这是他思想上的一次大的突破，这件事情引导他走向了广义相对论。

很快，爱因斯坦就提出了等效原理。这个原理是什么意思呢？就是万有引力和惯性力是等效的，是没法区分的。他说，如果有一个升降机(图 2-2)，外边是封闭的，里面的人看不见外面。升降机停在地球的表面上，里面的人具有重量。如果这个人拿着一个苹果，一松手这个苹果就落地。同样的，假如他处在远离所有星球的宇宙空间当中，在一个火箭里面，虽然他没有受到重力，但是火箭在以加速度 a 加速，他也同样会感觉有重量，而且苹果会落地。也就是说，如果这个升降机是封闭的。他没法区分自己究竟是在一个有引力的星球表面上静止不动呢，还是在一个远离星球的地方作加速运动。再有一种情况，假如电梯的绳子断了，在地球重力场当中自由下落，自由落体，电梯里的人就会有失重的感觉。假如他在远离所有星球的地方作惯性运动的话，他是不是也会感受到失重？现在我们知道星际宇航员就是这样的，他会感受到失重。他没法区分自己究竟是在引力场中自由下落呢，还是在不存在引力的空间中作惯性运动。因此引力场和惯性场是等效的，是不能区分的，这叫等效原理。

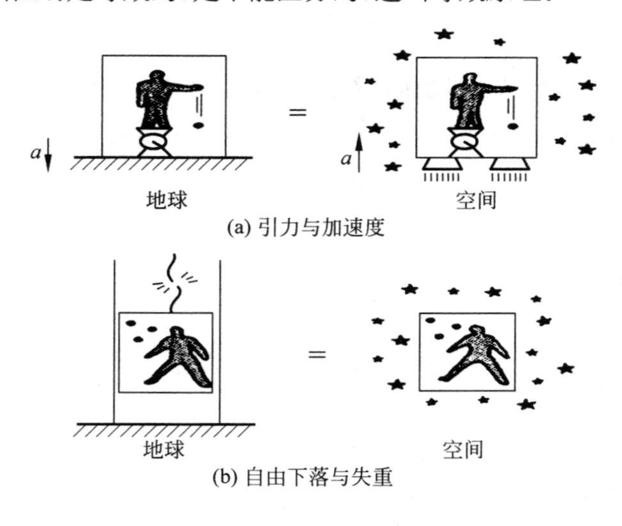

图 2-2　爱因斯坦升降机

不过，引力场和惯性场的等效只在时空点的一点的邻域成立。只有在升降机无穷小的时候，引力场和惯性场才是不能区分的。假如升降机有一定大小，例如我们通常的电梯都有一定的大小，如果你在电梯地板的每一点都摆一个重力仪的话，你就会感觉到力线有一个向地心的汇聚效应。而你要在星际航行的火箭上摆上重力仪的话，力线就是平行的，所以在空间不是无穷小的情况下，还是能区分引力场和惯性力场的。这是学习等效原理最应该注意的一点。等效原理还分弱等效原理、强等效原理，由于时间关系我们就不说了。

思想的飞跃：引力可能是几何效应

爱因斯坦到这个时候，物理上的思考已经开始有了眉目。他觉得：第一，为了克服惯性系定义的困难，可以把相对性原理推广为广义相对性原理，就是说不用惯性系了，认为在所有的参考系中物理规律都一样。不过这时候会出现惯性力的困难。此时，他认识到了惯性力的困难跟万有引力的困难可能是同一个困难。而且这个时候他思想产生了一次重大的飞跃，就是认为万有引力可能不是真正的力，而是一种几何效应。他为什么会这么想？因为对于自由落体定律，任何物体不管质量、化学成分和物质结构，下落规律都一样。如果只看自由落体定律，还看不清楚的话，你还可以考虑斜抛物体。在真空当中以某一个角度斜抛一个物体，不管是个金球、铁球还是个木头球，如果抛射角度保持不变，球脱离弹射器时的初速也保持不变，那么它们描出的轨迹就全一样。跟它们的成分、质量、物理性质和化学性质都毫无关系。这跟所有的物理定律都不一样，一般物理定律和化学定律都是跟物质的成分、结构、质量等有关的。但自由落体和斜抛物体是完全在单纯的万有引力作用下按照牛顿定律运动，这类运动的规律跟物质的成分和质量都没有关系。这时爱因斯坦突然想到这类运动会不会是一种几何效应，因为几何效应肯定与物体的质量、成分无关。这是非常非常大胆的、思想上的飞跃。

所有的创新性的发现都不是靠着逻辑推理推出来的。逻辑推理推出的只会是已有结论的另一种表现形式，或者一些特殊情况下的例子。所有真正的科学发现都是猜出来的，然后用实验去验证。

3. 神奇的黎曼几何

爱因斯坦猜测万有引力可能是时空弯曲的表现，那么这时候他就要用到弯曲时空当中的几何学了。于是爱因斯坦找他的同学格罗斯曼帮忙。格罗斯曼留在苏黎世工业大学以后，主要搞数学，当时已是数学物理系主任。他查了一些资料后告诉爱因斯坦，现在有些意大利人正在研究黎曼几何，可能这个东西对你有用。后来，格罗斯曼也参加了爱因斯坦的研究，所以爱因斯坦探索广义相对论的早期论文有些是跟格罗斯曼合作的。

那时候已经有了黎曼几何，其实爱因斯坦对黎曼几何不是完全生疏的。爱因斯坦在专利局工作期间，与几个年轻人自发组织了一个读书俱乐部，他们取了个名字叫“奥林匹亚科学院”，就那么三四个人，有学物理的，有学数学的，有学工程的，还有学哲学的。大家在一起读一些科学、数学、哲学或其他方面的书，边读边议论。他们经常在爱因斯坦家里读书。爱因斯坦的夫人米列娃常常坐在那儿，但是她一般不发言，只是静静地听他们讨论。他们当时看过马赫的《力学史评》，还看过庞加莱的《科学与假设》，庞加莱在这本书里用科普的方式提到了一点黎曼几何。

“平行公理”导致的疑难

为了让大家更清楚地了解弯曲时空中的几何学，我们简单说几句黎曼几何的创建。我们先说欧几里得几何。公元前 300 多年，埃及被希腊人占领，当时埃及的国王是希腊人，姓托勒密，不是搞地心说的那个托勒密，只是同一个姓。托勒密一世和二世国王非常喜欢科学和建设，他们建了一个亚历山大科学院，就在埃及北部的海港城市亚历山大。还设立了科学基金资助科学家们进行研究。欧几里得就在那个地方工作，他把古埃及人研究大地测量、研究尼罗河泛滥后平分土地、修建金字塔等积累的几何知识总结成一本书，就是介绍欧几里得几何的名著《几何原本》。欧几里得之前的人的贡献已经不清楚了。他那个时候集其大成。

欧几里得几何里面有很多公设，就是公理。从这些公理可以推出所有的定理和推论。其中有个第五公设，就是平行公理。我们大家都知道，就是过直线外一点能引一条并且只能引一条直线跟原直线平行。很多人觉得这个公理有点长，是不是可以从其他的公理推出来。于是就有许多数学家在那儿推导，推了一千多年、两千年的样子，所有的人都推不出来。或者有时候高兴一下，说："哎哟，推出来了，你只要假设三角形三内角之和是 180°就可以推出来。"但是，这是一个同等的假设，假设三角形三内角和为 180°，跟假设平行公理是一个事情，反正得假设一个，所以还是没有证出来。很多人为此耗费了自己的毕生精力。

鲍耶与高斯的探索

最早对平行公理的研究做出突破性贡献的人之一，是匈牙利年轻数学家鲍耶。鲍耶当时在一个数学系学习，他父亲是高斯的同学。鲍耶在证明平行公理的时候使用了反证法，他想，假如过直线外的一点可以引两条以上的直线跟它平行，那会怎么样呢？原本他想推出错误来，结果总也推不出来。他突然产生一个思想飞跃，这个飞跃非常重要。他考虑是不是可以建立另外一种几何，假定过直线外的一点可以引两条以上的平行线，这样就能建立一套完备的新几何。他把自己的想法告诉了父亲，他父亲一听儿子在研究这个，简直难过极了，说："我的儿子，你可千万别干这个了，你爹我就是因为研究这个，最后几乎一辈子一事无成啊！你可千万别走这条路了。"后来，他父亲仔细看了鲍耶写的东西，觉得儿子的研究还真有点道理，于是挺高兴，就把这些东西写信告诉高斯。高斯看了以后说："我实在没法赞扬你的儿子，因为赞扬他就等于赞扬我自己，其实你儿子的想法我前些年就有了。"鲍耶听了以后非常生气，觉得高斯是想用自己的名望来篡夺他的研究成果，一气之下不干了。他父亲最后把儿子的成果作为附录，附在自己出版的一本数学教科书后面。由此世人才知道鲍耶做出过重大贡献。

罗巴切夫斯基的奋斗

不过最早提出并建立完整的新几何的人，不是鲍耶而是俄罗斯喀山大学的教授罗巴切夫斯基。他也在研究平行公理，也是用反证法，最后他也想到，会不会过直线外一点可以引一条以上的平行线，那样的话是不是可以得到一种新几何。他就把论文寄给圣彼得堡科学院，圣彼得堡科学院的院士们一看，这个教授简直是稀里糊涂，过直线外一点怎么可以引两条平行线啊！这不是胡说八道嘛！不久，罗巴切夫斯基又来信了，又发来论文了。科学院的人说这个教授怎么回事啊，这点事情都不明白还当教授？然后圣彼得堡科学院的几个数学家就做了一个决议，说是以后凡是罗巴切夫斯基先生有关这方面的论文，我们都可以不必审稿了，肯定不要。罗巴切夫斯基只好把论文发表在喀山大学学报上，这些论文比鲍耶的工作还要早两年。由于在国内得不到支持，罗巴切夫斯基后来就到欧洲去周游交流，看看大家的反应怎么样。结果没有一个人表态支持他。他到德国发表了演讲，高斯听了演讲，没有说什么，当时高斯已经很老了。高斯只是建议德国科学院授予他通讯院士的称号，但是没有提他创建新几何的事。高斯在自己的日记和给朋友的信中说："我相信，当时在会场上只有我一个人听懂了罗巴切夫斯基先生在讲什么内容。"但是高斯不敢表态。为什么呢？因为欧几里得几何是教会支持的，哥白尼、布鲁诺他们的前车之鉴，使高斯顾虑很大，他想：我还是少插这一脚吧，反正我干的事多了，也不在乎这点东西。所以他不掺和。高斯去世以后，这些东西才披露出来。罗巴切夫斯基从欧洲回去以后，因为德国人也承认了他的学术水平，后来当上了喀山大学的校长，继续研究新几何。但是俄罗斯国内还是没有人承认。罗巴切夫斯基晚年双目失明，最后靠着口述，他的学生记载，把他的新几何搞了出来，这就是罗氏几何。

黎曼集其大成

过了些年以后，又有一个年轻的数学家黎曼提出：过直线外一点一条平行线也引不出来，以这条公理为基础建立起另一套几何，这就是黎氏几何。黎曼又把欧式几何、罗氏几何、黎氏几何综合起来统一成黎曼几何。他用上述工作在哥廷根大学做了一个求职报告，争取一个讲师位置。由此可以想见，哥廷根大学的数学水平有多高了！

什么是黎曼几何？

实际上，黎氏几何是一种正曲率空间的几何，在二维情况下，就是球面几何(图 2-3(a))；罗氏几何是一种负曲率空间的几何(图 2-3(b))，在二维情况下，就是伪球面和马鞍面上的几何；而欧几里得几何是一种零曲率空间的几何，在二维情况下，就是平面上的几何。它们描述不同曲率的空间，如表 2-1 所列，三种几何都对。

表 2-1　三种几何的对比

	空间曲率	平行线	三角形三内角之和	圆周率	例
黎氏几何	正	无	＞180°	＜π	球面
欧氏几何	零	一条	＝180°	＝π	平面
罗氏几何	负	两条以上	＜180°	＞π	伪球面

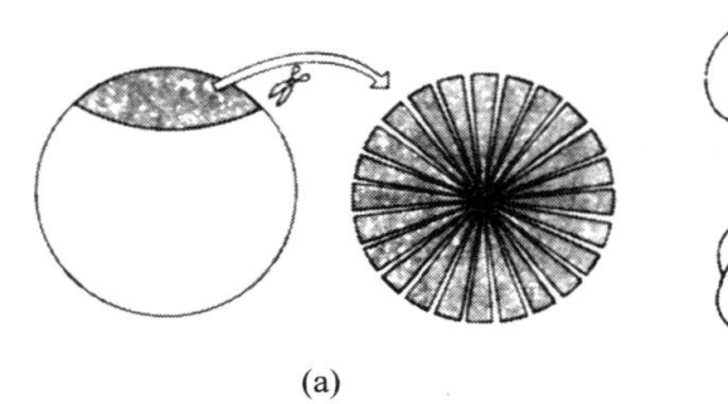

(a)

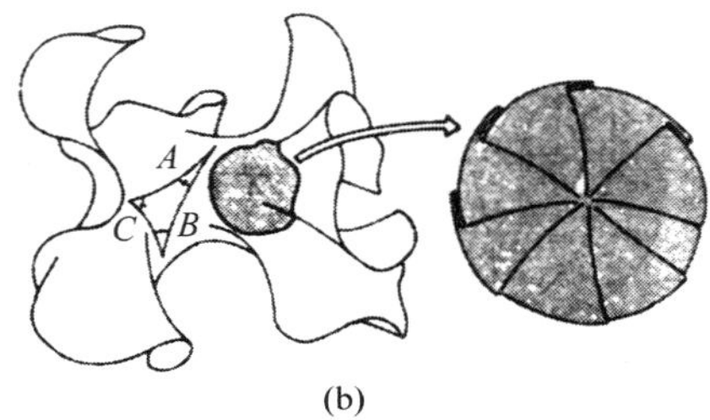

(b)

图 2-3　正负曲率的空间

那么在弯曲空间当中，怎么定义直线呢？显然没有直线！但有短程线。所谓短程线就是两点之间最短的线。因为伪球面和马鞍面大家不那么熟悉，我们以球面几何为例来说明弯曲空间中的几何(图 2-4)。球面上的短程线就是大圆周，你用球表面上的两点和球心这三点作一个平面，截出来的那个圆周——大圆周，就是短程线。比如说，赤道是短程线，所有的经线都是短程线，但是除去赤道外所有的纬线都不是短程线，因为它们都不是大圆周(图 2-4)。地球表面两点之间最短的距离是沿大圆周的，所以从中国飞往美国和加拿大的飞机，并不是直接向东横越太平洋走的。它是从北京起飞以后往东北方向飞，穿过俄罗斯的西伯利亚，一直飞到白令海峡的北边，贴着阿拉斯加的北部沿海飞过去，再进入加拿大，进入美国。有人说："这不是绕了一个大弯吗?"不是绕了个大弯，那是真正最近的路线。黎氏几何，过直线外的一点引不

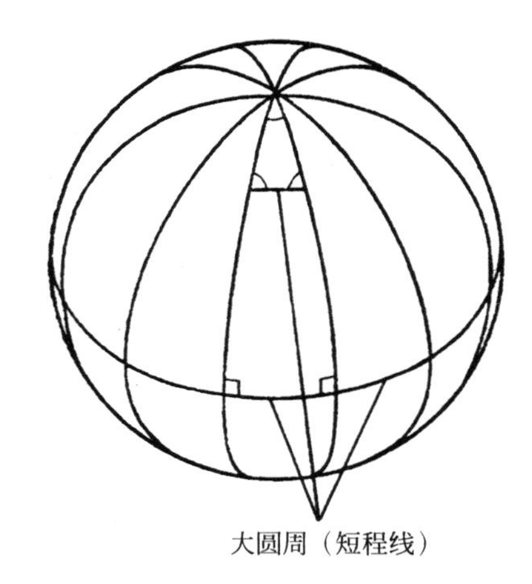

图 2-4　球面上的大圆周和三角形的三内角

出一条平行线是说什么呢？是说在一个大圆周之外，你不能再作一个大圆周跟它不相交。对不对？你想赤道是个大圆周，你能在赤道外再作一个大圆周跟它不相交吗？根本不可能。另外呢，在黎氏几何中三角形三内角之和是大于 180°的，因为时间问题，今天我们就不讲了。

4. 广义相对论的创建

爱因斯坦场方程

在爱因斯坦的时代，黎曼几何已经有了。爱因斯坦在格罗斯曼的帮助下熟悉了黎曼几何，但是刚开始摸索的时候并没有得到正确的方程。后来他到了德国，与希尔伯特进行了几次讨论以后，终于找到了正确的方程。这就是广义相对论的基本方程——爱因斯坦方程，或叫场方程，

$$R_{\mu\nu} - \frac{1}{2} g_{\mu\nu} R = \kappa T_{\mu\nu} \tag{2.6}$$

式中，左边是时空曲率，右边是物质的能量动量，常数 κ 实际上是 $8\pi G/c^4$，G 就是万有引力常数，c 是真空中的光速。你们看着简单，实际上它是二阶非线性偏微分方程组，10 个二阶非线性偏微分方程组成的方程组，左边表示时空弯曲，右边表示物质的存在。这就是广义相对论的最基本的方程。这个方程解起来很困难，谁如果能求出来一个解，就可以以他的名字命名。到目前为止，有用的解没有几个，大部分解虽然数学上正确，但是物理上找不到对应，物理学家兴趣不大。因为物理学是一门实验和测量的科学。

万有引力不是力

好，我现在就来定性地解释一下弯曲的时空。举个例子，我拿着一个粉笔头，一松手它就掉下来了，按照牛顿第二定律和万有引力定律，这是一个在万有引力作用下的匀加速直线运动。按照爱因斯坦的广义相对论，万有引力根本就不是什么力，只是时空弯曲的表现，松手之前我用了力拽着粉笔头，一松手这个粉笔头就没有受到力了，就自由下落，它作的是惯性运动。

再看行星绕日的运动，行星绕日的运动可以用万有引力定律和牛顿第二定律联立起来，严格地计算出它的椭圆轨道。现在我们发射人造卫星，也全部用

的是牛顿力学，因为牛顿力学计算起来简单，而且在太阳引力场中足够精确。如果你用广义相对论的方程算，那就复杂多了。用牛顿第二定律和万有引力定律的联立，我们能够准确地预报卫星在几点几分过什么地方，非常精确地预报。按照牛顿力学，太阳用万有引力吸引着地球，使地球依照牛顿第二定律，围绕着它转，走一个椭圆轨道，这是一种变加速运动。但是按照爱因斯坦的广义相对论，这是惯性运动，因为万有引力不是力，行星没有受任何力，绕着太阳转动是一种惯性运动，没有受到任何力的自由运动。

如何理解弯曲时空

图 2-5 是一个示意图，一颗恒星把周围的空间压弯了，这不是什么真正的物理图。我们可以打个比方，比如说四个人拽开一张床单，床单是平的，小玻璃球搁在上面不动，你一滚它就作匀速直线运动。但是如果床单中间放上一个铅球，就把床单压弯了。再将玻璃球搁在上面，玻璃球动不动？不动行不行？不行。它会滚到铅球那里去。我们可以把铅球想象成地球，这个玻璃球想象成粉笔头，它滚过去了。按照牛顿式的解释，就是那铅球(地球)用万有引力吸引这个玻璃球(粉笔头)；而按照爱因斯坦式的解释，铅球(地球)使周围的空间弯了，在弯曲的空间当中，这个玻璃球(粉笔头)就自然地滚过去了。同样地，你可以把那个铅球看作太阳，把玻璃球看作地球，你横着一扔，它就转起来了。这个玻璃球(地球)为什么不跑掉呢？也就是说行星为什么不逃离太阳呢？按照牛顿力学的解释，就是这个铅球(太阳)用万有引力吸引着玻璃球(地球)，它跑不了；按照爱因斯坦的解释，就是铅球(太阳)让周围的空间弯了，在弯曲空间中，玻璃球(地球)作自由运动。也就是说，太阳让周围的时空弯了，在弯曲时空中，地球作自由运动，这个自由运动就是围着太阳转，所以它跑不了。这是一种直观的比喻。爱因斯坦认为，万有引力不是真正的力，而是时空弯曲的表现。行星绕

图 2-5　弯曲的时空

日的运动是弯曲时空中的惯性运动。

伽利略的"错误"

我们这里顺便谈一下伽利略的一个错误，很多人认为他犯的一个错误。伽利略当时在谈论惯性运动的时候，对这个概念进行过解释。伽利略认为什么是惯性运动呢？他说静止或者匀速直线运动是惯性运动；再有呢，匀速圆周运动也是惯性运动。这后一个说法长期被认为是伽利略的一个错误。

我们今天知道，匀速圆周运动确实不是惯性运动，但是伽利略为什么要说匀速圆周运动是惯性运动？最重要的就是那时候，不管是日心说还是地心说，都认为行星在作圆周运动。比如日心说，太阳在中心，地球围绕它旋转，这是一个圆周运动。地球为什么一直转，它又没有受到力？伽利略猜想这可能是一种惯性运动。今天看来伽利略的猜测本质上还是对的，在他的潜意识里，意识到了行星绕日的运动可能是惯性运动。

弯曲时空中的直线——短程线

我们都知道，在地球表面上一个不受力的物体作的惯性运动是匀速直线运动，走的是直线。那么在弯曲空间当中，它走的是什么呢？走的是所谓短程线，就是两点之间最短的距离。不过呢，广义相对论的情况实际上要复杂，因为它用的是"伪"黎曼几何，就是时间的一项跟其他几项的正负号不一样，所以行星绕日走的这些轨道反而是两点之间最长的那条，但是习惯上都叫短程线，或者叫测地线，实际上是最长的一条。可能有人以为行星绕太阳转动的椭圆轨道就是短程线。不是！因为相对论所说的短程线是四维时空当中的曲线（即世界线），不是三维纯空间中的曲线。我们可以假定太阳在三维空间中不动，是一个点。但是在四维时空中它会描出一根与时间轴平行的直线来，那么行星绕日走的就是螺旋线。在四维时空当中，这根螺旋线是短程线，是作惯性运动的行星描出的世界线。如图 2-6 所示。

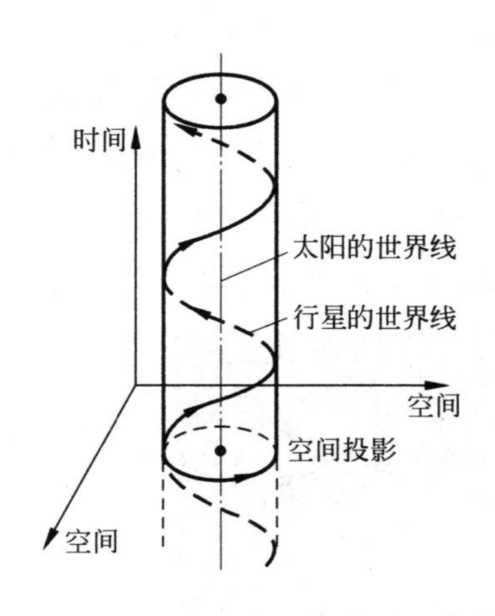

图 2-6　太阳和行星在四维时空中的运动曲线

5. 广义相对论的实验验证

现在我们来讲一讲广义相对论的实验验证。爱因斯坦当年提出广义相对论的时候就说："有三个实验可以证明我的广义相对论是正确的。"

时钟变慢与引力红移

第一呢，他说，由于时空弯曲，钟会走得比较慢，以前在狭义相对论中他说过运动的钟会变慢，现在他又说还有一个新效应，就是时空弯曲的地方钟也会变慢。时空弯曲得越厉害，钟走得越慢。因此太阳表面的钟会比地球表面的钟走得慢。怎么知道呢？可以在太阳表面放一个钟，然后去看一下。但实际上你没法放那个钟。就是放了个钟你也不敢去看啊，是不是？这怎么办呢？爱因斯坦说没关系。其实呢，太阳表面本来就有钟。他说每一种原子的光谱都有确定的光谱线。我们现在做化学分析不就是根据这些谱线的波长来判定化学元素吗？他说："每一种原子都有特定的光谱线，每一根光谱线就表示，在这个原子当中有一个以这种频率在振荡着的钟。"你看看，他这想法跟一般人多不一样，恐怕很多人都想不到这一点。他说："太阳表面有很多的氢，我们地球实验室也有氢。我们可以把太阳光中的氢光谱，跟地球实验室的氢光谱来比较，你就会发现由于太阳处的钟变慢，太阳上的氢光谱的振动的频率也要变慢。所以，太阳上的氢光谱的所有的光谱线会向红端移动，频率减小，波长增大。"大家把拍的照片一对比，果然如此。不过呢，用牛顿的万有引力定律也能算出光谱线的红移。为什么呢？一个光子从太阳那里跑过来，它要克服引力势能啊，对不对？光子动能要减少，E 等于 $h\nu$，E 一旦减小 ν 也会减小。所以从牛顿力学来看，光谱线也会出现红移。但是，对光谱线红移的牛顿力学解释和相对论解释，在高阶近似上是有差异的。

水星轨道近日点的进动

现在我们来谈另外两件事情。一件事是水星近日点的进动(图 2-7)。牛顿力学算出来的行星绕日运动都是一些封闭的椭圆。但实际上我们看到的行星绕日运动都不是封闭的椭圆，它会进动，这样一圈一圈地转起来，近日点在不断地前移。远日点也在移，但是远日点在天文观测上不好确定，近日点的移动，容易确定。离太阳越近的行星轨道进动越厉害。所以大家总以水星为例来讨论行星轨道近日点的进动。

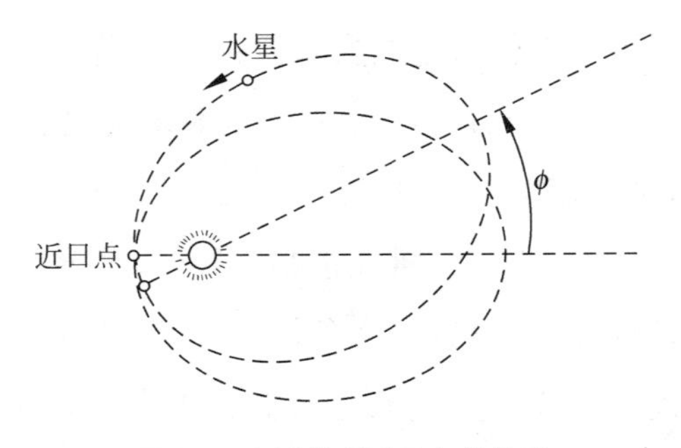

图 2-7　水星轨道近日点的进动

在爱因斯坦那个时代已经知道，水星绕太阳的轨道不是一个封闭的椭圆，人们用天文学上的“岁差”和其他行星的影响来解释。当时观测到水星轨道每一百年有 5600 弧秒的进动，把所有可能的影响因素都考虑进去以后，有 5557.62 弧秒的进动能得到解释，但还有约 43 弧秒的进动没法解释。你看天文观测多精确，每一百年还有 43 弧秒的进动得不到解释！最先对这个问题进行研究的是勒维耶，就是预言海王星，发现海王星的那个人。

海王星是法国的勒维耶和英国的亚当斯首先预言，然后发现的。人们早就知道，除了地球以外还有五颗行星，就是金星、木星、水星、火星、土星五颗，这些是我们肉眼能看到的。天文望远镜出现以后又发现了天王星。后来发现天王星轨道的计算值跟实际观测值有偏离。当时英国的亚当斯和法国的勒维耶都怀疑是不是有一颗比天王星离太阳更远一点的行星对它有影响。亚当斯首先算出了结果，寄给了英国的格林尼治天文台，指出了这颗星的位置。格林尼治天文台的人一看，说：亚当斯？亚当斯是谁呀？从来没听说过。就搁一边了，没管。勒维耶独立算出来以后，就在科学杂志上发表了自己的结果。英国天文台的人看到勒维耶的文章后一想，我们那个亚当斯不是也算过吗？就把亚当斯的东西拿出来看。准备观测一下，看是不是真的有一颗新的行星。正在英国人磨磨蹭蹭准备的时候，勒维耶急于知道自己的预言对不对，就把他的论文寄给了柏林天文台，因为法国的天文台不如德国的好。柏林天文台台长拿到这封信后，立刻叫他的部下当天晚上就去观测，结果一下就发现了海王星。这个报道一出来，英国人赶紧也去找，根据亚当斯的结论去找，也发现了海王星。所以海王星的发现，是万有引力定律的一个伟大成就。因为它是用万有引力定律预言的，首先准确地预言了它，把它算出来的，然后由观测证实。

勒维耶取得这个成就以后就想，水星轨道的进动，是不是因为有一颗比水星离太阳更近的行星造成的？他就反过来算出了这颗星的位置。他很高兴又预言了一颗新行星。他给这颗新行星取名火神星，为什么叫火神星呢？因为离太阳近，温度高。于是有些人去观测，但怎么也找不到。一次，有个人真的看到了太阳表面上有个黑点在那儿动，以为发现了“火神星”，高兴了一场，后来发现那颗“火神星”不过是个太阳黑子，不是行星。所以水星这个 43 弧秒的进动问题就遗留下来了。

几十年以后，爱因斯坦的广义相对论算出水星轨道正好就有 43 弧秒的进动。就是说，不考虑别的因素，水星绕太阳转动的轨道就不是封闭的椭圆，一百年就有 43 弧秒的进动，水星轨道就不停地前移。爱因斯坦算出这一结果后特别高兴，因为他事先知道有这个进动，他希望他的新理论能够解释这个进动，那么就比牛顿的理论优越了。在给洛伦兹和其他朋友的信当中，爱因斯坦说：“我的新理论算出了水星轨道近日点的进动，我高兴极了。你们知道我有多高兴吗？我一连几个星期都高兴得不知道怎么样才好。”水星轨道近日点进动是支持他的广义相对论的最重要的实验，因为它在二级近似上得到了精确的结果。

光线偏折

还有一个检验爱因斯坦理论的实验——光线偏折。按照广义相对论，太阳的存在会造成时空弯曲。图 2-8 中显示，在地球上的人看来，一颗恒星射来的光，如果没有太阳存在，走的是直线，光来自图中黑星所示的它的真实位置。有太阳呢，时空弯曲会使星的图像出现在图中白星所示的表观位置。这叫光线偏折。不过根据万有引力定律也能算出光线偏折，为什么呢？一个光子路过太阳附近，在重力场中下落，它应该走一条抛物线，所以光子的路径也应该弯曲，但两种解释的偏转角不一样，相对论预言的偏转角是牛顿理论预言的偏转角的两倍。

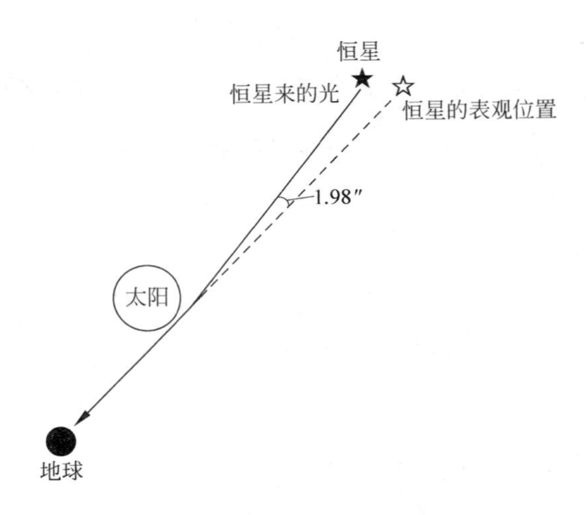

图 2-8　光线偏折

在 1915 年发表广义相对论时，第一次世界大战正在进行，战争中，英国、法国和德国都死了很多的人，民族仇恨非常严重。为了减弱民族仇恨，增进英德人民之间的友谊，战后英国人拿出了一笔钱，说是要资助一些项目，这些项目要能够增进英德两国人民之间的友谊。爱丁顿教授就出来说要这笔钱，申请这笔钱检验爱因斯坦的广义相对论。他说广义相对论是德国的爱因斯坦提出来的，现在由我们英国人来检验，这不就能够增进两国人民的友谊吗？他拿到了这笔经费。

不过观测太阳附近的光线偏折有点困难，有太阳的时候，你怎么拍这个照片，大白天的，那么亮，根本拍不了。有没有办法能拍照呢？日全食！是吧？当时，1919 年恰好有日全食，爱丁顿带了一个观测组到西非的普林西比，还有一个助手带了另一个组到巴西。爱丁顿在西非的普林西比，遇到阴天，你看倒霉不倒霉，日全食的时候是阴天。不过就在日全食结束前几分钟，来了一阵风把乌云刮开了。哈呀！真是高兴极了，他们立刻抓住这几分钟的时间连续拍了 15 张照片。

巴西那个组倒是遇上了好天气，顺利地拍下了照片。但拍得的照片却令他们失望。日全食时那里是艳阳天，按理说应该得到很好的观测结果，但是因为天气太好，阳光把仪器晒得太热了，以致照片发生了变形。不过，他们把照片形变造成的误差排除后，也得到了可用的结果。

没有太阳的情况怎么拍呢？是这样的，地球绕着太阳转，日全食的时候太阳背后的星空，半年之后地球转到太阳的另一边时，就在夜间出现。所以你几个月后就可以在夜间拍照片，拍那个不存在太阳的星空。两组照片一比较，就可以得出偏转角了。

结果出来了，两个小组测得的偏转角与广义相对论都符合得很好，都得到了与广义相对论预言一致的结果。爱丁顿在报告中说："根据牛顿的理论，偏转角是 0.875 弧秒；根据爱因斯坦的理论，偏转角是 1.75 弧秒。两个组观测到的偏转角分别是 1.61 弧秒和 1.98 弧秒，实验观测支持了爱因斯坦的广义相对论。"有人问爱因斯坦："您有什么感想?"爱因斯坦说："我从来没想过会是别的结果。"他非常自信。

广义相对论是爱因斯坦最得意的成就，他说："狭义相对论如果我不发现，五年之内就会有人发现。"因为很多人都接近狭义相对论的发现了。"广义相对论如果我不发现，50 年之内也不会有人发现!"确实，除去爱因斯坦之外，没有任何人接近广义相对论的发现，他几乎是单枪匹马地完成了这一杰作。

广义相对论实验验证的进展

近年来，通过 GPS 中在 2 万米高空运行的卫星上的铯原子钟与地面钟的比较，进一步验证了狭义相对论和广义相对论中的时间延缓效应。

依据狭义相对论，由于卫星上的铯钟相对于地面高速运动，理论可算得铯钟每天会比地面上的钟慢 7 微秒。另外由于地面附近的时空弯曲得比高空厉害，所以依据广义相对论铯钟每天将比地面上的钟快 45 微秒。两个效应叠加在一起，卫星上的铯钟每天要比地面上的钟快 38 微秒。观测精确地证实了相对论预言的这一结果。这是继引力红移之后对相对论时间延缓效应的又一证明。

1975 年，射电天文观测发现，通过太阳附近的无线电波会出现 1.761 弧秒的偏转。这一观测结果，比当年爱丁顿在日全食时观测到的光线通过太阳附近的偏转角，更加精确地接近了广义相对论的理论计算值 1.75 弧秒。2004 年，观测结果又进一步提高，观测值与理论值之比达到 0.999 83±0.000 45。

6. 引力波的预言与发现

引力波的预言

近年来，广义相对论实验验证的最重要成就是引力波的发现。爱因斯坦1915年提出广义相对论，1916年就预言会有引力波存在。

在牛顿的万有引力定律中，引力是瞬时传递的，万有引力从一个地方传到另一个地方根本不需要时间，或者说万有引力传播的速度是无穷大。

爱因斯坦的广义相对论则表明，作为时空弯曲效应的引力场是以光速传播的。这就是说，当引力源发生剧烈变化时，例如两颗恒星（或黑洞）碰撞时，周围的引力场（即时空弯曲情况）将发生变化，这一变化会以光速向四面八方传播，这就是引力波。

引力波的提出极具戏剧性，可以说一波三折。广义相对论提出不久，就有人证明了引力源的球对称变化，不会引起外部时空弯曲的变化，当然更不可能产生引力波。然而，另一方面，通常的引力源变化都不会是严格球对称的，那么应该有可能产生引力波。

爱因斯坦本人对引力波是否存在，曾经发生过动摇。1937年前后，爱因斯坦和他的助手罗森一起发表了一篇论文，题目是“引力波存在吗?”，文章的结论是引力波并不存在。他们把这篇论文寄给了美国最好的杂志《物理评论》。

这个杂志有一个审稿制度，编辑部就把爱因斯坦的论文寄给了一位他们认为懂得广义相对论的教授审查。这位教授看过后觉得这篇论文算错了，于是把自己的意见转告了编辑部，并附上了一篇长达10页的审稿意见。编辑部将审稿意见写信转给爱因斯坦，说我们请一位专家审查了你们的稿件，认为你们的稿件有误，在你们修正错误之前，我们不能发表你们的论文。

爱因斯坦一看，那个气呀！心想：你们也不想想我是谁，还让一位“专家”来审查！这位“专家”也是不知天高地厚，居然写下10页审稿意见，说我们论文有错。

爱因斯坦没有仔细看审稿意见，就写回信给编辑部说：尊敬的编辑先生，我十分抱歉，我没有授权你们把我的稿子寄给别人看。你们把稿子退给我吧。

编辑部看到来信，吃了一惊：爱因斯坦生气了！于是他们写了一封回信说：尊敬的爱因斯坦教授，我们也十分抱歉，我们不知道您不知道我们还是需要审稿的。于是他们把稿件退给了爱因斯坦。爱因斯坦挺生气，把编辑部的回信和审稿意见放在一边，没有兴趣再去看。

不久，正好爱因斯坦的老朋友英菲尔德来探望，爱因斯坦就把这篇稿件及审稿意见拿给英菲尔德，请他看一下。英菲尔德的广义相对论水平一般，没有看出什么来。他想，此地有一位研究宇宙学的罗伯逊教授懂得广义相对论，于是他就去找罗伯逊帮忙看看。罗伯逊看后对英菲尔德说：你看，这几个地方是不是有些问题？英菲尔德一看，的确有些问题，于是赶忙去找爱因斯坦。

爱因斯坦看后发现，罗伯逊说的地方果然有问题，于是进行了修改，这一修改计算，论文的结论就变成有引力波了。不过，爱因斯坦仍然生《物理评论》编辑部的气，就把改好的文章投给了另一个杂志，并在修改稿后面加上了对罗伯逊教授和英菲尔德先生的感谢。爱因斯坦一直对《物理评论》编辑部有气，从此再也不主动给这个杂志投稿了。

现在，几十年过去了，《物理评论》当年的审稿意见解密了，那位说爱因斯坦论文有误，还写了10页审稿意见的人正是罗伯逊。其实该编辑部也很冤枉，他们之所以让罗伯逊审稿，本意是认为罗伯逊与爱因斯坦相识，而且二人住所也相距不远，倘若罗伯逊觉得论文有问题，必定会私下与爱因斯坦沟通。没想到的是，罗伯逊当时恰巧外出，与爱因斯坦沟通不便，于是就写了这篇书面意见，造成了这次误解。不过，爱因斯坦至死不知道该论文的审稿人是罗伯逊。

引力波探测的先驱

研究表明，引力波是横波，它携带能量。但是实验上一直没有探测到引力波，这是因为引力波非常微弱的缘故。

探测引力波的先驱者美国物理学家韦伯，曾深入研究过引力波理论，并设计了直径65厘米、长1.5米的铝制圆柱状引力波探测器（图2-9），放置在相距1000千米的两个地方，但始终没有探测到引力波。唯一一次事件发生在1969年，不知什么原因，两地的探测器似乎同时收到了1660赫[兹]的疑似来自银河系中心的引力波信号。后来的反复研究表明，那是一次乌龙事件，至今原因不明。韦伯为引力波的探测做了大量理论工作和实验尝试，可以说是引力波探测的先驱和奠基人。他始终不放弃自己的努力，最后在一个大雪之夜悲壮地倒在了实验室的门前。

图 2-9　韦伯与引力波探测器

引力波的间接探测

1978 年，终于传来了喜讯。美国科学家泰勒和休斯观测到了很可能是引力波造成的效应。他们通过天文观测发现，脉冲双星 PSR1913＋16 的运动周期每年减少约万分之一秒。通过广义相对论计算，他们证明了如果这一对双星在旋转时辐射引力波的话(图 2-10)，则引力波带走的能量恰能使双星的转动周期每年减少万分之一秒。他们的工作被认为是间接发现了引力波的存在。

图 2-10　双星辐射引力波的示意图

泰勒和休斯的工作后来获得了诺贝尔奖，但获奖的原因没有明确说他们证实了引力波的存在，只是说奖励他们对脉冲双星的杰出研究。这是诺贝尔奖评委会谨慎的表现。

当年由于泰勒和休斯没有公布他们的计算方法和过程，北京大学胡宁先生领导的一个研究组和北京师范大学刘辽先生领导的一个研究组分别用自己设计的方案计算验证了泰勒等人的结论。

引力波的直接探测

2016 年 2 月，终于传来了直接发现引力波的消息。美国的一个小组宣称：

他们在 2015 年 9 月 14 日首次接收到了引力波信号(编号 GW150914)。出于谨慎,他们没有即刻发布这一消息,而是在反复验证几个月之后才公布这一发现。他们宣称这是 13.4 亿年前两个黑洞合并发出的引力波(图 2-11)。

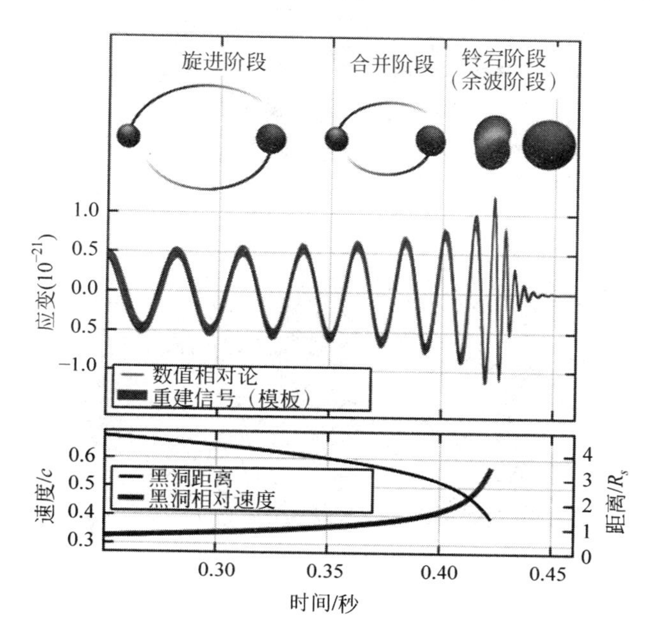

图 2-11　两个黑洞合并产生的引力波信号

有趣的是 2015 年恰是广义相对论发表 100 周年,2016 年则是爱因斯坦首次预言存在引力波 100 周年。

这个小组利用加到迈克耳孙干涉仪上的引力波的偏振效应来进行探测。

引力波与光波不同,它的偏振出现剪切效应。这就是说,引力波的横截面如果是一个圆的话,这个圆将在两个方向上反复变扁。

他们在地面上修建起两个巨大的激光迈克耳孙干涉仪(LIGO,图 2-12),臂长 4 千米。一个建在美国西北部的华盛顿州,另一个建在相距 3000 千米的东南部的路易斯安那州。相距这么远是为了排除地震、汽车行驶等外来因素的干扰。

当引力波垂直射在地面的干涉装置上时,波的偏振效应将导致干涉仪臂长的反复伸缩(图 2-13)。这一伸缩将引起干涉条纹的移动,从而观测到引力波信

图 2-12　探测引力波的大型激光干涉仪

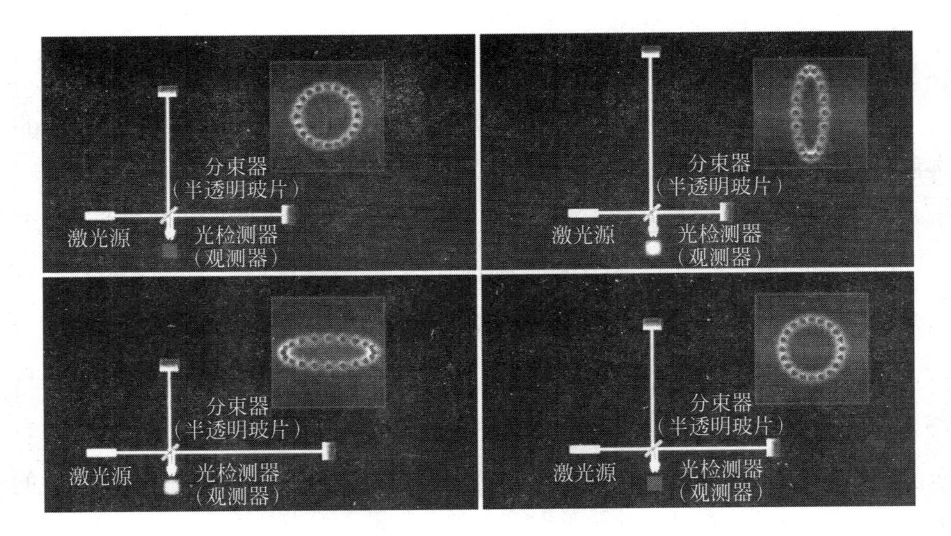

图 2-13　LIGO 激光干涉仪的工作示意图

号的到来。探测到的信号十分微弱，所引起的干涉仪臂长的伸缩只有大约质子大小的千分之一（10^{-18}米）。这么微弱的效应是预料之中的，因此他们事先在提高测量精度方面做了大量工作。

由于这一巨大功勋，这个小组的三位成员 R. 韦斯(R. Weiss)、B. C. 巴瑞什(B. C. Barish)和 K. S. 索恩(K. S. Thorne)获得了 2017 年的诺贝尔物理学奖。

在这里我们再次强调爱因斯坦的伟大之处。不仅广义相对论理论和引力波是爱因斯坦提出的，这次用于测量引力波的激光理论(受激发射)也是他首先提出的。

第二讲附录　爱因斯坦与广义相对论

1. 广义相对论的创建

爱因斯坦创建广义相对论不是偶然的，经历了长期、深刻的物理思考，在他的头脑中逐渐形成了广义相对性原理、等效原理和马赫原理等物理原理。他逐渐认识到，自己的新理论应该建立在这三条原理和光速不变原理的基础之上。

此时，爱因斯坦做出了物理思想上的一个重大突破，他大胆猜测，引力效应可能是一种几何效应，因为几何效应可以与物体的质量和组成成分无关。这样看来，万有引力可能不是一般的力，而是时空弯曲的表现。由于引力起源于质量，他进一步猜测时空弯曲起源于物质的存在和运动。

黎曼当年曾经猜测，真实的空间不一定是平的，有可能是弯曲的。现在爱因斯坦产生了与当时黎曼类似的猜想。但是，今天的爱因斯坦已经掌握了大量的物理知识，创建新理论的条件已经成熟，这些都是当年黎曼不可能具备的。

爱因斯坦 1905 年开始研究引力；1907 年提出等效原理；1911 年得到光线在引力场中弯曲的结论；1913 年与格罗斯曼一起把黎曼几何引进引力研究；1915 年，在与希尔伯特讨论后不久，爱因斯坦终于得到了广义相对论的核心方程——场方程的正确形式。

爱因斯坦先是与格罗斯曼合作，得到一个场方程，但有重大缺陷。方程左边表示曲率的部分与后来的正确表达式相距甚远。爱因斯坦到德国后，又与希尔伯特探讨。希尔伯特不愧是一位数学大师，爱因斯坦与他作了短时间的探讨，几个月后就给出了场方程的正确形式。希尔伯特本人也几乎同时得到了同样的场方程。

有趣的是，他们两人在最后论文的发表上曾经有过竞争。

爱因斯坦的论文是1915年11月25日投稿，当年12月5日发表的，内中包含了广义相对论场方程的正确表达式。希尔伯特投稿的时间比爱因斯坦要早，是1915年11月20日投出的，但稿中的场方程有误，在修改稿件清样期间，他看到了爱因斯坦的上述论文，于是在清样中消除了错误，该论文于1916年3月1日发表，发表时列出的场方程与爱因斯坦一致。

还有一点应该说明，希尔伯特在自己的论文投稿前一天（11月19日）曾写了一封信给爱因斯坦，祝贺他算出了水星轨道近日点进动的正确值。可见在此之前，爱因斯坦已经给出了广义相对论场方程的正确形式。

后来，希尔伯特在给爱因斯坦的一封信中称广义相对论为“我们的工作”，爱因斯坦很不高兴，回信说：“这是我的工作，什么时候成了我们的工作了？”，以后希尔伯特不再提“我们的工作”，承认广义相对论是爱因斯坦的成果。此后，他们二人一直保持着真挚而深厚的友谊。

应该指出，希尔伯特只是在数学形式上得到了广义相对论场方程，并不了解它的深刻物理内容，而且，他对所得到的场方程的物理解释并不完全正确。所以完整的广义相对论理论，它的深刻物理内容和数学形式，确实主要是爱因斯坦一个人创建的。不过，希尔伯特的作用也不容忽视。从现在披露的二人当时的通信来看，那一两个月，他们二人一直在相互启发、相互促进，并最终共同走向了正确的结果。

新理论克服了旧理论的两个基本困难，用广义相对性原理代替了狭义相对性原理，并且包容了万有引力。爱因斯坦认为，新理论是原有相对论的推广，因此称其为广义相对论，而把原有的相对论称为狭义相对论。

实际上广义相对论的建立比狭义相对论要漫长得多。最初，爱因斯坦企图把万有引力纳入狭义相对论的框架，几经失败使他认识到此路不通，反复思考后他产生了等效原理的思想。爱因斯坦曾回忆这一思想产生的关键时刻："有一天，突破口突然找到了。当时我正坐在伯尔尼专利局办公室里，脑子忽然闪现了一个念头，如果一个人正在自由下落，他绝不会感到自己有重量。我吃了一惊，这个简单的思想实验给我的印象太深了。它把我引向了引力理论……"从 1907 年发表有关等效原理的论文开始，除在数学上曾得到格罗斯曼和希尔伯特的有限帮助之外，爱因斯坦几乎单枪匹马奋斗了 9 年，才把广义相对论的框架大体建立起来。1905 年发表狭义相对论时，有关的条件已经成熟，洛伦兹、庞加莱等一些人，都已接近狭义相对论的发现。而 1915 年发表广义相对论时，爱因斯坦则远远超前于那个时代所有的科学家，除他之外，没有任何人接近广义相对论的发现。所以爱因斯坦自豪地说："如果我不发现狭义相对论，5 年以内肯定会有人发现它。如果我不发现广义相对论，50 年内也不会有人发现它。"

2. 爱因斯坦论取得成就的原因，学校教育与"奥林匹亚科学院"

爱因斯坦在取得众多成就之后，曾经说：

"我没有什么别的才能，只不过喜欢刨根问底地追究问题罢了。"

"时间、空间是什么，别人在很小的时候就搞清楚了，我智力发展迟缓，长大了还没有搞清楚，于是一直琢磨这个问题，结果也就比别人钻研得更深一些。"

爱因斯坦不认为自己是天才。究其做出重大成就的原因，有以下几点特别值得注意：第一，他非常勤奋，而且能够长时间地集中注意力于学习和思考。"能长时间集中注意力"这一点，不大为人注意，但却是一般人很难做到的。

第二，爱因斯坦对"奥林匹亚科学院"的高度评价。他曾经对探访他的记者说：你们为什么老问我童年和少年时代受到过什么影响？为什么不问问"奥林匹亚科学院"对我的影响？看来，爱因斯坦认为"奥林匹亚科学院"这个自发组织的、以读书讨论为主的科学俱乐部，对自己成长为最伟大的科学家产生过重要作用。

爱因斯坦在专利局工作期间，与他的几位热爱科学与哲学的好友(先后有索洛文、哈比希特、沙旺和贝索等)组织了一个叫作“奥林匹亚科学院”的小组。这是一个自由读书与自由探讨的俱乐部。小组的成员都具有大学文化水平,他们工作单位不同,专业背景也不同,有学物理的,有学哲学的,还有学工程技术的。这几个年轻人利用休息日或下班时间,一边阅读一边讨论,内容海阔天空,以哲学为主(特别是与物理有关的哲学),也包括物理学、数学和文学。他们充满热情地阅读、讨论了许多书籍,其中包括马赫的《力学史评》,这本对牛顿绝对时空观展开猛烈批判的书,对爱因斯坦建立狭义相对和广义相对论都产生了极大的影响。还有庞加莱的名著《科学与假设》,这本书使他们一连几个星期兴奋不已。该书内容丰富,思维活跃,其中关于“同时性”的定义、时间测量和黎曼几何的描述,对爱因斯坦建立相对论可能发挥了重要影响。

爱因斯坦高度评价这个读书俱乐部,认为这个俱乐部培养了他的创造性思维,促成了他在学术上的成就。爱因斯坦曾经提醒一些记者,不要过分渲染他的童年和少年时代,希望他们注意“奥林匹亚科学院”对他的影响。

还有一个值得注意之点是爱因斯坦对学校教育评价不高。他认为学校教学方式呆板,对学生管理过严,教师居高临下地对待学生的态度,无助于学生独立精神和创造精神的培养,还会扼杀学生的自信心和学习兴趣。他觉得自己的自由创造精神未被学校教育扼杀掉,实在是个幸运。

可以说爱因斯坦一生对学校教育都没有好印象,只有对阿劳中学的看法是个例外。他回忆道:“这所学校用它的自由精神和那些毫不依赖外部权威的教师的淳朴热情,培养了我的独立精神和创造精神,正是阿劳中学成为孕育相对论的土壤。”

第三讲　白矮星、中子星与黑洞

这次讲座想介绍三种天体，白矮星、中子星和黑洞。希望大家能够从天文学的角度来了解黑洞的特点和它存在的可能性。

现在白矮星、中子星都已经被发现了。白矮星是先在观测中被发现，然后分析它的结构，再提出理论。中子星则是首先理论预言，后来在天文观测中被发现。黑洞现在只是理论预言，还没有确凿公认的发现。虽然现在发现了很多大家觉得很可能是黑洞的天体，但是都还不确定。我记得我刚开始在北京师范大学读研究生，20世纪七八十年代的时候，当时我们这批搞物理的人对黑洞特感兴趣，搞天文的人大都在那里观望，觉得有这东西吗？有怀疑。现在的情况倒过来了，搞天文的在那儿说到处都是黑洞，搞物理的反而有点保守，觉得这些东西真是吗？有点怀疑。

引子

我想从自己对黑洞的最早了解谈起。我第一次看到有关黑洞的叙述（当时称为暗星），知道黑洞这个概念，是在陶宏先生写的《每月之星》这本科普书中。这是“开明青年丛书”中的一本，是新中国刚成立的时候出版的，陶宏先生在序言中说：“1949年1月22日北平停战之日写于北大红楼。”

在这本书里面，陶宏先生把中国和西方的天文学对比着讲，例如一颗星，它在西方的名字是什么，在中国的名字是什么，它有些什么科学方面的内容，还有些什么科学故事和民间传说。他讲得非常好，可读性很强，其中的知识很先进。里面明确地描写了白矮星，谈到了对中子星的预言，还提到了广义相对论对黑洞的预言。《每月之星》这本书，是迄今为止我看到的写得最好的一本天文科普书，无论从科学性、知识性和趣味性，都堪称楷模。

后来我到北京师范大学读研究生的时候，天文系主任冯克嘉先生告诉我说，陶宏先生是陶行知先生的儿子。再后来我在北京师范大学研究生院工作的时候，跟顾明远先生在一个办公室，中午休息的时候我翻阅他的藏书，有一套《陶行知文集》，一看原来《每月之星》上的内容都是陶行知先生书上的。当时我非常感叹，这位教育家上知天文，下知地理啊，对社会也有所了解，这人真是了不起。我觉得一位伟大的教育家，应该知识面非常丰富，像孔夫子那样，基本上是一本百科全书。不是说只知道一点教育学理论就可以当教育家的。陶先生非常了不起。

《每月之星》这本书，我早年是从中学图书馆借的，中学毕业前还给学校了。前些年我又借到了一个复印本，看到陶宏先生在序言中确实讲了这是他给父亲当小助教的时候积累的资料。父亲去世了，他把它整理出来出版，大概是这样的。我顺便跟大家谈一下，因为在座的很多同学都是北京师范大学的学生，希望大家知道怎样去当一名优秀的教师，怎样去争取成为教育家。我要告诉大家："陶行知先生，上知天文，下知地理，中晓人和，全心致力于平民教育事业，不愧为伟大的教育家。"

1. 对黑洞的最早预言

拉普拉斯的暗星

我们现在来讲一下黑洞。黑洞这种东西刚开始叫"暗星"。在 200 多年前，拿破仑那个时代，法国的天体物理学家拉普拉斯和英国剑桥大学的学监米歇尔，几乎同时预言了这种暗星。拉普拉斯在他的书中写道："天空中存在着黑暗的天体，像恒星那样大，或许像恒星那样多。一个具有与地球同样密度，而直径为太阳 250 倍的明亮星体，它发射的光将被它自身的引力拉住，而不能被我们接收。正是由于这个道理，宇宙中最明亮的天体很可能却是看不见的。”他用万有引力定律进行了预言，算出了一颗恒星成为暗星的条件是

$$r \leqslant \frac{2GM}{c^2} \tag{3.1}$$

大家看，用牛顿的理论来看，

$$\frac{GMm}{r} \geqslant \frac{1}{2}mc^2 \tag{3.2}$$

按照牛顿的微粒说，上式右边是一个光子的动能，m 是光子的质量，c 是光速。左边是光子的势能，式中 M 是恒星的质量，r 是恒星的半径，G 是万有引力常数。如果光子的动能能够克服势能，远方的人就能看到光子，一般的恒星都是这样的，所以远方的人都能够看见。但是如果像式(3.2)这样，光子的动能小于或等于势能，我们就看不到恒星发出的光了。从式(3.2)不难得出拉普拉斯的结论——公式(3.1)。如果式(3.1)取等号，就可以得出“暗星”的半径：

$$r = \frac{2GM}{c^2} \tag{3.3}$$

对于太阳来说，成为暗星后，其半径是 3 千米，太阳现在的半径是 70 万千米，太阳的所有物质全都缩在这 3 千米范围以内，就会成为这种暗星。地球如果形成暗星，只有乒乓球那么大，整个地球的质量都缩到乒乓球那么大就成为暗星了。今天来看，上面的讨论有几个问题，一个是用了万有引力定律，没有用广义相对论；另一个问题是，光子的动能被误认为是 $\frac{1}{2}mc^2$，而不是 mc^2。当然了，拉普拉斯当年不是用这个方法推导的，他用的是牛顿理论，论证的方式本质上与上面相同，但存在两个错误。非常有意思的是他却算出了正确结果。而现在用广义相对论算出来的暗星半径也是公式(3.3)。这就是说，拉普拉斯使用牛顿理论的两个错误的作用是相互抵消的，最后得到了一个正确的结果。

拉普拉斯在他的巨著《天体力学》的第 1 版和第 2 版都谈到暗星，第 3 版中，他把暗星这一段悄悄地给撤掉了。为什么呢？因为在出版第 3 版和第 2 版之间，1801 年，英国的托马斯 · 杨完成了双缝干涉实验，表明光不是微粒，而是波，而且是横波。这下呢，拉普拉斯用微粒说来解释的东西，自己又觉得把握不定了，于是他悄悄把这部分内容给撤掉了。但是历史上大家都知道他曾经预言

过暗星。

神童托马斯·杨

托马斯·杨是个神童,2 岁就能读书,4 岁把《圣经》通读了两遍。到 14 岁就学会了拉丁语、希腊语、法语、希伯来语、意大利语、阿拉伯语、波斯语等,会多国的语言。他先是学医,研究近视眼,弄清了散光的原因。然后又对光学感兴趣,完成了双缝干涉实验,证明了光是波动,而且是横波,还提出了颜色的三色理论。他在十多个领域都有贡献。特别滑稽的是,他对考古学也有贡献,他把古埃及的罗塞塔石碑上的文字破译了几个,古埃及文研究的第一次突破就是他首先认出了几个字,当然没有全部突破,但是也是一个很重要的进展。他是神童,神童是个好事,但是,不是神童也没关系,牛顿和爱因斯坦都不是神童。可见,能不能有成就,最终不取决于是不是神童。所以,我觉得我们当老师的人,对学生要一视同仁,既要鼓励那些优秀的学生,也要鼓励那些看起来好像很一般的同学。

奥本海默的预言

奥本海默是位原子弹设计师,他在搞原子弹之前,在研究中子星结构的时候(1939 年)再次用广义相对论预言了暗星,也得到了与拉普拉斯相同的暗星条件。他的这个发现没有引起太大的注意,没有引起大家重视,因为许多人觉得他可能在胡说。当时知道的最密的物质就是白矮星,大概每立方厘米 1 吨,在天文上观测到了这种星。这个暗星呢,太阳质量的暗星,密度为每立方厘米 100 亿吨,这玩意儿简直是一个让人觉得不可思议的东西!所以也就没有引起大家的注意,而且爱因斯坦也不同意会形成暗星。奥本海默后来还跟爱因斯坦在一个单位工作过。总之,这件事情当时没有引起大家更多的注意,只知道他预言过这种东西。当时都是叫“暗星”,不是叫“黑洞”。但是后来的研究表明,黑洞其实不一定密度很大,为什么呢?一个星球的密度是质量除以体积,体积是跟半径的立方成正比的,而黑洞的半径是跟质量成正比的,从暗星半径的公式(3.3)就可以看出来,

$$\rho \sim \frac{M}{V} \sim \frac{M}{r^3} \sim \frac{1}{M^2} \tag{3.4}$$

所以黑洞的密度是跟质量的平方成反比的，质量越大的黑洞，密度越小，太阳形成黑洞，半径从 70 万千米缩到 3 千米，那当然密度很大。但是呢，假如说有 10^8 个太阳，一亿个太阳质量的黑洞的话，那密度就跟水差不多了。一会儿就会看到，其实谈论黑洞的密度没有什么意义。

2. 白矮星：从发现到理解

赫罗图告诉我们什么？

那么黑洞有没有可能形成呢？现在我们来看图 3-1，它叫赫罗图。大家知道天上的恒星有不同的光度，这个光度指的是恒星在单位时间内发出的光能，即它的发光功率，不是我们肉眼看到的亮度。因为肉眼看到的“视亮度”（在天文学上被定义为视星等）取决于两个因素，一个是恒星本身的光度，另一个是它离我们的远近。天文学家有办法测量恒星离我们的距离，他们把所有的恒星都折算到一个标准距离，这时地球上的人“看到”的亮度，被定义为“绝对星等”，它反映恒星的真实发光度。赫罗图的纵坐标表示恒星的光度，横坐标表示恒星的温度。有人会问怎么知道恒星的温度呢？一颗恒星我们都没去过，怎么知道温

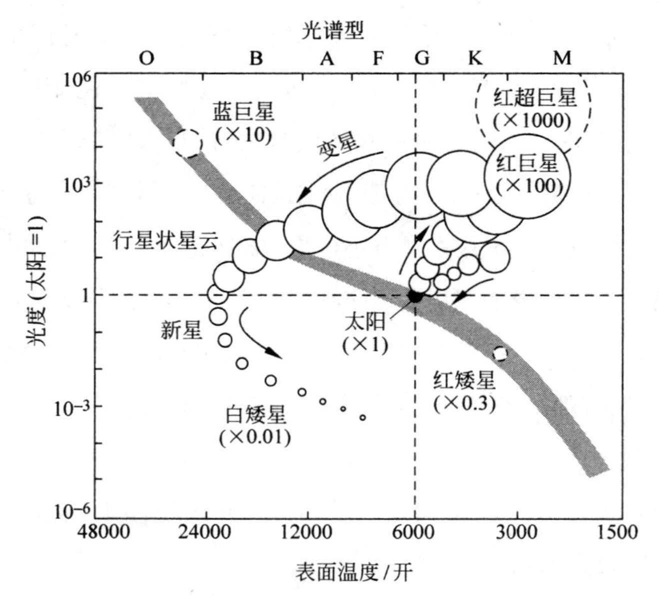

图 3-1　赫罗图

度呢？看颜色，光的颜色。一般来说，低温的恒星就发红，高温的就发蓝、发白，于是可以看出恒星的温度。

纵坐标用光度，横坐标用温度，把恒星标在赫罗图上。标出来以后，就发现大多数恒星都集中在一条从左上角到右下角的带上面，这个“带”叫作“主星序”。位于主星序上的恒星称为“主序星”。太阳就是一颗主序星，位于赫罗图的主星序上。还有一些恒星在主星序之外。当时对于不同温度的星，也就是不同颜色的星，根据某些特征光谱线命名了若干光谱型。比如O型、B型、A型、F型、G型、K型、M型等。

刚开始学的人觉得这东西简直太难记了。于是，有人编了一个故事。说有一个小伙子，第一次到天文台，他用望远镜一看，这么漂亮的五颜六色的星啊，哎呀，天空简直是太美了，于是就惊呼了一句：“Oh，be a fine girl，kiss me！”就是：“真像一个仙女，吻我一下吧！”这句话的每一个单词的头一个字母就代表一个光谱型，O、B、A、F、G、K、M，你把这句话记住了，光谱型的顺序就记住了。

后来的研究表明，恒星在赫罗图上的位置表示着恒星不同的年龄。主星序上的星是比较年轻的，比较老年的就会离开主星序，先变成红巨星，然后变成白矮星、中子星或黑洞。

红巨星与白矮星

现在我们就来看看主序星如何变成白矮星。像太阳这样的主序星，内部不断地进行着氢核聚合成氦核的热核反应。这种反应要在极高的温度、压强下才能进行。太阳表面温度只有6000开，但其中心有1500万开以上的高温，还有极高的压强，在那里热核反应得以进行，不断地释放出能量。太阳这类恒星（主序星）会维持这种状态相当长一段时间，在相当长一段时间内就这样发光，比较稳定。但是，中心部分的氢总会烧完，烧完以后就开始烧外层的氢，这时候这颗恒星就慢慢膨胀起来，形成红巨星。太阳形成红巨星时会扩展到把水星、金星都吞到它肚子里头，把地球上的江河湖海都烤干，然后也吞进去，一直伸展到火星的轨道，形成那么大的一颗红巨星。红巨星温度比较低，大概是4000开，所以发红。

大家想，那我们不就完了吗？是不是？世界末日不就降临了吗？不过大家可以放心，根据现在的研究，太阳在目前这种状态的寿命应该能维持100亿年，现在已经过了多少？过了50亿年。所以大家尽可以放心地活着，还有50亿年基本上是现在这种状态。50亿年之后，人类的科学会高度发达。大家想一想，从哥白尼到现在，现代自然科学才500年，人类已经可以登月了，你想50亿年之后的人类会怎么样？所以大家对未来可以充满信心。

这种红巨星的中心部分会缩成白矮星。基本上就是这样，主序星，就是主星序里面的这些恒星，都是我们太阳现在的这种状态，然后它们将演化成红巨星，然后变成白矮星，再冷却成黑矮星。黑矮星就是一块巨大的金刚石，主要由碳和少量氧构成，在天空中飘荡，我们要是弄到一块，那就发大财了，是吧？可是到现在一颗黑矮星都没有找着，因为白矮星冷却到黑矮星要100亿年，宇宙今天的年龄才130多亿年，作为大金刚石的黑矮星，大概一颗都还没有形成，还需耐心等待。

大一点的恒星，例如超过太阳质量10倍左右的恒星，会演化成超红巨星，然后会超新星爆发，最后形成中子星、黑洞或者全部炸光。

图3-2是恒星的演化图。

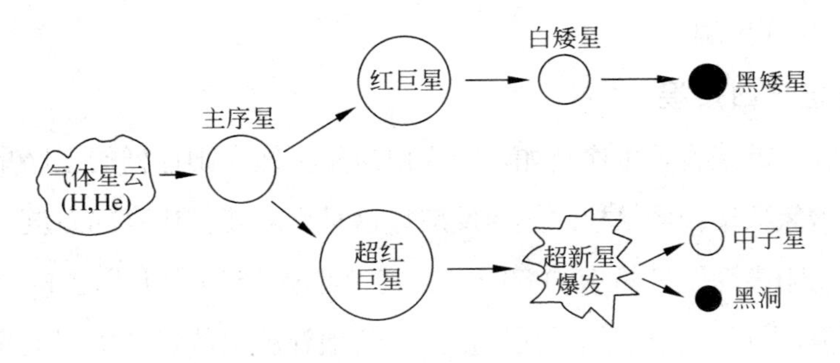

图3-2 恒星的演化

各种恒星与黑洞的比较

我们现在来比较一下。太阳现在的半径是70万千米，密度是每立方厘米1.4克，跟水差不多。它将来形成白矮星时半径1万千米，密度是每立方厘米1吨。它如果形成中子星，半径10千米，密度是每立方厘米1亿到10亿吨。如果形成黑洞，半径3千米，每立方厘米100亿吨。太阳最后的结局是白矮星，不会形成中子星和黑洞，因为它质量不够大，不会超新星爆发。

图 3-3 是一个示意图，它大致告诉我们，太阳形成红巨星和白矮星后会有多大，如果形成中子星和黑洞又会有多大。太阳、红巨星、白矮星和中子星之间体积的差异都很大，中子星和黑洞体积的差异则较小。现在红巨星、白矮星、中子星都已经发现了，大小和中子星相差不大的黑洞，似乎没有理由不存在。

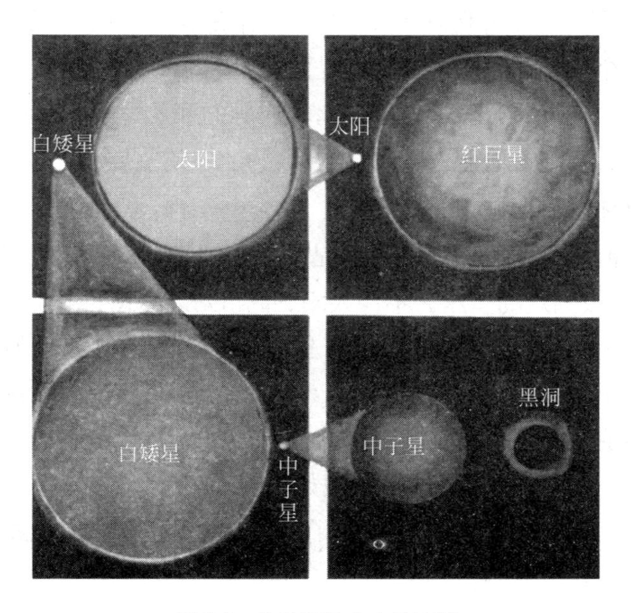

图 3-3　各种恒星大小的比较

弧矢射天狼

最早发现的白矮星是天狼星的伴星。大家看，图 3-4 这颗星是大犬座的 α 星，这是国外的名字。中国人管它叫天狼星，西洋人叫狗，我们叫狼，差不多。

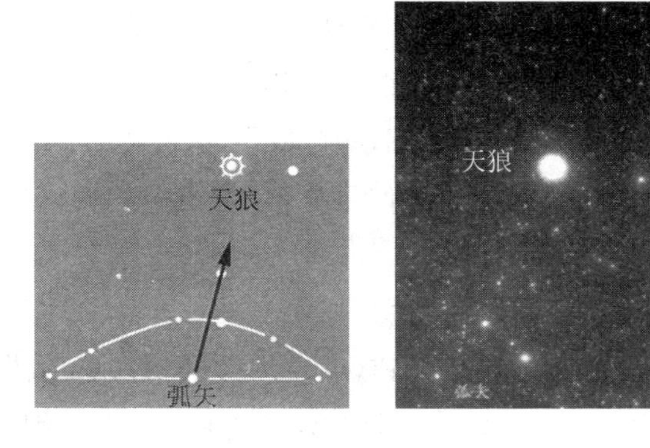

图 3-4　弧矢射天狼

中国古代认为天狼星代表侵略。左下方这一组星叫作弧矢星，弧矢就是弓箭，弧矢射天狼，就是反击侵略者。

所以屈原的诗里就有："举长矢兮射天狼，操余弧兮反沦降。"抗日战争的时候，大后方的文人经常引用这句诗。北宋的苏东坡也说："会挽雕弓如满月，西北望，射天狼。"为什么"西北望，射天狼"？一个是在天空中，天狼星在弧矢星的西北。另外一个就是北宋的主要敌人是西夏。北宋跟辽国虽然在初期有战争，但是檀渊之盟订立了一个对宋朝来说比较屈辱的和约之后，北部的宋辽边境安宁了下来。此后西北方的西夏取代辽国，成为北宋的主要敌人。

天狼星的神秘伴星

解释一下恒星为什么叫恒星。这是因为，从地球上看，它们在天空的相对位置都不变，形成固定的星座。不像太阳、月亮以及金木水火土五颗行星，它们在恒星形成的天空背景上移动，穿过各星座移动。天上的恒星为什么都不动？其实它们都是银河系里边的星，都在围着银河系的中心转，只不过离我们远，所以我们就觉得它们不动。如果能把人冰冻起来，10 万年以后再让他复苏过来，去看天上的星，就跟现在不一样了。假如他现在认识天上的星座，那时候就不认得了。恒星在天空的相对位置都变了。这就是说，恒星并非真的不动，只是它们离我们太远，动得很慢。

不过天狼星离我们比较近，有多近呢？9 光年，就是说光走 9 年就到了，很近。所以天文学家早就发觉它在天空绕一个小圈。于是，有人推测它是不是有一颗伴星，否则为什么我们看见天狼星老在那绕圈呢？肯定是有一个东西吸引着它，二者围绕它们的质心在转。有人打个比方说："你看，现在有一个小伙子跟一个姑娘在跳舞，小伙子穿一身黑色的礼服，姑娘穿一身白色的连衣裙。当光线逐渐暗下来以后，你就看不见那个小伙子了，只看见那个穿白衣服的姑娘在那儿转。她围着什么转呢？有个东西吸引她。"后来发现这个吸引天狼星的星虽然个子小，但是密度很大，温度很高，颜色发白，因此称它为白矮星(图 3-5)。这是最早发现的一颗白矮星。如今我们已知道，宇宙中的白矮星很多，占全部恒星的十分之一左右。

霍伊尔的功绩

白矮星是怎样形成的呢？我们知道，恒星演化的主序星阶段，是氢通过热核反应燃烧生成氦，中心部分的氢烧完就烧外层的氢，于是外层膨胀，形成红巨星，内层往里面收缩。在收缩过程中，星体中心部分的温度迅速升高，那里有大

图 3-5 天狼星和它的伴星，伴星是白矮星

量的氦和少量的氢，它们能进一步聚合吗？研究表明，两个氦核聚合的生成物（共 8 个质子与中子），或者一个氦核与一个氢核聚合的生成物（共 5 个质子与中子）均不稳定，这样的聚变反应不可能发生。3 个氦核聚合在一起生成的碳（6 个质子与 6 个中子）倒是稳定的，但 3 个核同时碰在一起的概率很低，这样的反应似乎更难发生。

天体物理学家霍伊尔猜测，碳核可能存在一种激发态，其能量恰好与 3 个氦核加起来的总能量相等，这时在 3 个氦核与激发态碳核之间会发生一种“共振反应”，使聚合概率大大提高。生成的激发态碳核会很快跃迁到基态，形成稳定的碳元素。这样氦聚合成碳的热核反应就得以进行了。一些核物理学家最初不相信霍伊尔的猜测，但他们查找后，真的发现了这种碳核的激发态，确认了“共振反应”的存在。大家终于明白了，通过“共振反应”，氦将进一步聚合生成碳，并释放出大量核能。而且碳还可以与氦再进一步聚合成氧。由此，聚变反应可以一级一级地继续进行下去，生成越来越重的元素。

白矮星主要由碳和少量氧组成，它的密度大约为每立方厘米 1 吨，它怎么才能维持住自身不往下塌呢？我们知道，固体的行星不往下塌，靠的是电磁力支撑。万有引力使构成固体的原子相互靠近，电荷分布发生变化，同种电荷间的斥力支撑着它不往下塌。白矮星密度这么大，电磁力抗拒不住万有引力，会把原子的电子壳层压碎，形成原子核的框架在电子的海洋当中漂浮的状态，或者说电子在原子核形成的晶格中穿行的状态。这时电子靠得很近，泡利不相容原理的排斥力开始起作用，支撑住它不往下塌。这就是白矮星的物质状态。

钱德拉塞卡的发现

现在讲一下印度的一位著名的科学家钱德拉塞卡的贡献。他首先指出,白矮星还有可能再往下塌。他认为,白矮星有一个质量上限,1.4个太阳质量。超过1.4个太阳质量的白矮星肯定不稳定,电子间的泡利斥力顶不住万有引力,要继续往下塌。他当时二十几岁,从印度大学毕业。

20世纪20年代,印度已经有了比较好的大学。钱德拉塞卡从印度大学毕业,他喜欢天文,想到英国学习天体物理。他坐船去英国,在海上漂了约20天。他每天躲在船舱里计算。到达英国的时候他算出了新结果:白矮星有个质量上限,超过这个质量上限,泡利斥力就顶不住了。他与一些天文学家进行了讨论,确认无误后,又去请教著名天体物理学家爱丁顿,没想到爱丁顿说他的计算肯定不对。爱丁顿想,物质再塌下去不就缩成一个点了吗?这怎么可能呢!钱德拉塞卡很有绅士风度,爱丁顿不同意,他就等了一段时间,又来找爱丁顿,说:"爱丁顿教授,我没有看出我的计算有什么错,您是不是再看看?"爱丁顿说:"你肯定错了!"就这样反复了几次,爱丁顿想这家伙怎么回事啊,老跟我说这事儿!就对钱德拉塞卡说:"过两个星期,在伦敦有一个学术讨论会,我给你争取一个发言机会,还可以给你争取双倍的发言时间。"因为学术讨论会上的发言都是有时间限制的,比如说,一个人可以讲20分钟。有人说我要讲两个钟头,那不行。你有时间讲,别人还没有时间听呢。因此每个人的发言时间是很有限的。现在,爱丁顿为了让钱德拉塞卡有足够的时间讲清楚自己的理论,所以说要给他争取双倍的发言时间。

爱丁顿的反对

开会的前一天晚上,钱德拉塞卡与爱丁顿一块吃饭,他问爱丁顿:"爱丁顿教授,您明天也有报告吗?"爱丁顿说:"有。""报告的题目是什么呀?""跟你的一样。"当时钱德拉塞卡就紧张了。他想:"爱丁顿是不是要篡夺我的研究成果啊!"第二天他报告之前给大家发了预印本,所谓预印本就是没有正式发表的论文,先印出来给别人看的。他讲完之后,爱丁顿拿着他的一份预印本上去了,说:"刚才钱德拉塞卡那个报告我认为全是胡扯,完全是错误的。""噌噌"就给撕了。哎哟,当时弄得钱德拉塞卡非常难堪。钱德拉塞卡的一些朋友在散会以后跟他说:"糟透了,简直糟透了!钱德拉塞卡,这次糟透了!"大家觉得钱德拉塞卡闹了个大笑话。爱丁顿为什么那么气粗呢?因为他把钱德拉塞卡的观点告诉过爱因斯坦,爱因斯坦也同意爱丁顿的意见,可见伟人也不见得不犯错误。

泡利的支持

钱德拉塞卡很狼狈，后来去了美国，在美国找了个工作。他 24 岁时提出这个理论，73 岁的时候因为这个发现获得了诺贝尔物理学奖。不过在此之前，他已经知道自己的理论是对的了。为什么呢？有一些人表示赞同。特别是有一次他去向泡利请教。

泡利是聪明得不得了的一个人，他 19 岁就写了一本广义相对论讲义，22 岁的时候这本广义相对论讲义就正式出版了，书名叫《相对论》，我还有他这本书。就是今天来看，这本书也是高水平的。泡利真是不得了，他总觉得别人都不行，就他行，很自负。别人在那里做报告，他就在那儿挑毛病，反正一般人都被他挑得害怕。有位年轻人在研究一个问题，他的朋友告诉他："你知道不知道，泡利最近也对这个问题感兴趣，这可不是一个好消息。"杨振宁先生年轻时就曾经几次被泡利追问问题。

有一次开会，钱德拉塞卡见泡利也在场，就跑去问泡利，说："泡利教授，您觉得我这篇论文怎么样？"泡利说："很好啊！"泡利很少赞扬人，这次却赞扬说：很好啊。钱德拉塞卡说："爱丁顿教授说我的结论不符合您的不相容原理啊。"他说："不不不，你这个结论符合泡利不相容原理，可能不符合爱丁顿不相容原理。"他把爱丁顿讽刺了一通。

3. 中子星：从预言到发现

那么，超过钱德拉塞卡极限的星体塌下去会怎样呢？会像爱丁顿和爱因斯坦他们顾虑的那样塌成一个点吗？不会。研究表明，这时候电子会被压进核里面去，跟原子核里的质子"中和"，形成大量中子，成为一个以中子为主体的恒星，叫作中子星。

发现中子的曲折

中子星是首先预言，后来才发现的。1930 年普朗克的研究生玻特发现了一种看不见的、不带电的、穿透力很强的射线。1931 年，约里奥夫妇，就是居里夫人的大女儿和大女婿，研究了这种射线，他们都认为是 γ 射线。约里奥夫妇化学水平很高，但是他们的物理水平不是很高，因为他们俩都是学化学出身的，他们头脑中没有中子这个概念。

这个时候，英国有一个人正在找中子，就是卢瑟福的学生查德威克。查德威克的老师卢瑟福早就注意到许多原子的原子量和原子序的差近乎整数，于是他一直猜测，是不是原子核里有一种未知的粒子，质量跟质子一样，但是不带电，也就是今天所说的中子。查德威克一直在找中子，这时候看见了约里奥的论文，高兴得不得了。“哎哟，他们看见了中子还不知道啊！”于是他马上做了一个类似的实验，在英国的《自然》*Nature* 杂志上刊登了，说中子可能存在。然后又写了一篇长文章在英国皇家学会会报上登出，题目是《中子的存在》。于是中子就被发现了。

这时约里奥夫妇感到非常懊丧，到手的发现自己没有抓住，正应了法国生物学家巴斯德的话“机遇只钟情于那些有准备的头脑”。他们两个人的头脑没有准备，错过了这一发现。但是他们俩并不气馁，继续探索，不久之后用人工方法造出了放射性元素。此前，人类用的放射性元素都是天然形成的。

1935 年颁发诺贝尔奖，大家认为中子的发现应该获奖。当时有人主张约里奥夫妇和查德威克分享诺贝尔奖，但是评委会主任卢瑟福是查德威克的老师，他说：“约里奥夫妇那么聪明，他们以后还会有机会的，这次的奖就给查德威克一个人吧！”于是查德威克获得了诺贝尔物理学奖。当年的下半年，同一个评委会评化学奖，就把化学奖颁给了约里奥夫妇，理由是他们发现了人工放射性，即人工造出了放射性元素。

当时物理奖跟化学奖分得不太清楚，例如卢瑟福本人也得过化学奖。得奖通知来的时候，他也没想到会给他一个化学奖。卢瑟福打开信一看，就哈哈大笑，说：“你们看呐，他们给我的是化学奖，我这一辈子都是研究变化的，不过这次变化太大了。我从一个物理学家一下变成化学家了。”

中子星的预言

书归正传，我们接着讲有关中子星的事。1932 年中子发现的时候，消息传到哥本哈根的理论物理研究所，当天晚上玻尔就召集全所的人开会，也就是二十几个人吧，让大家畅谈一下对中子发现的感想。当时有一个在那进修的年轻的苏联学者，叫朗道，立刻即席发言，说：“宇宙中可能存在主要由中子构成的星。”也就是中子星，这是我们知道的最早的对中子星的谈论。朗道这个人水平高得不得了，按照杨振宁的说法，20 世纪最棒的物理学家就是爱因斯坦、狄拉克和朗道。

1939 年，奥本海默对中子星进行理论研究时，发现中子星也有一个质量上限，大约 3 个太阳质量。超过这个质量上限（即奥本海默极限）的中子星还要继续往里面塌，于是奥本海默预言了“暗星”，也就是我们今天所说的黑洞的存在。

“小绿人”

1967 年，英国剑桥大学的休伊士和贝尔发现了中子星。他们是偶然发现的。休伊士设计了一套接收宇宙中来的无线电波的仪器装置。我们看见的恒星都是发可见光的，但是有一些天体是既发可见光又发无线电波的，还有一些是只发无线电波不发可见光的。他设计了一套装置，然后让他的女研究生贝尔在那里作巡天观测，寻找各种射电源，就是无线电波的发射源。有一个假日，休伊士回家了，贝尔在观测中突然发现，在噪声背景下，似乎有一种很规则的脉冲信号。她就赶紧打电话叫她的老师过来。老师过来看了以后说：“这个确实值得注意，你不要告诉任何人。”然后他就研究了，公布说发现了一个这样的射电源，别人就问：“在哪儿？”打电话问他，他不肯说。不久又宣布发现了一个，然后又发现了一个，别人问他，他都不说。结果有的人就发火了：“有你这样搞研究的吗？你既然公布了就应该告诉我们在哪儿，大家共同研究嘛！”最后在压力之下，休伊士被迫说出了几个射电源的位置。

后来，这一发现获得了诺贝尔物理学奖。但是，诺贝尔奖评委会那次奖发得很不正确，只给了休伊士，没有给贝尔。这件事情在天体物理界引起了轩然大波，很多人出来为贝尔打抱不平。休伊士说了一些很不应该说的话，他说：“那怎么了，奖发得没什么问题啊。这仪器是我设计的，是我让她看的。”可是话又说回来，休伊士给贝尔布置的研究任务并不是寻找中子星。实际上这是一个计划外的偶然发现。如果贝尔不仔细看，不认真，不认为这是个值得注意的信号的话，那他们就发现不了。所以有些人对休伊士很有意见，包括霍金，他们开始挖苦休伊士。特别是霍金，在他的《时间简史》书里有一张贝尔一个人的照片，强调中子星的发现者首先是贝尔，其次才是休伊士。图 3-6 这张照片是休伊士和贝尔在他们用以发现脉冲星的天线阵处的合影。

图 3-6 脉冲星的发现者——休伊士和贝尔

贝尔曾几次来中国。这个人人品非常好，对她的老师从来没有一句抱怨，只是她改行干别的了。别人怎么说这事，她都不附和，不吭气。越这样呢大家越同情她。中国曾经多次邀请她来访问。

休伊士和贝尔刚开始收到这种规则脉冲信号的时候，以为是外星人跟我们联络呢，就取了个代号叫“小绿人”。后来发现这个“小绿人”根本不是外星人，为什么呢？这些脉冲没有任何变化，间距没有变化，振幅也没有变化，不负载任何信号。后来发现这是中子星发射的脉冲，是高密度的中子星旋转的时候射出来的。

脉冲星

你们看图 3-7，这是一个高密度的旋转中子星，它磁场非常强，为什么？你想太阳有磁场，它如果体积收缩的话磁场并不会消失，在那么小的范围之内磁场会显得很强，强磁场引起很多电子旋转，就会沿着两个磁极方向产生辐射。中子星转动的速度非常快，每秒钟能转几百转。怎么会转那么快呢？因为角动量守恒。恒星是有自转的，但转速一般很慢，这一坍缩下去，体积大大减小，转动惯量减小了，但要保持角动量守恒，转速就必须增大。由于自转轴一般不与磁轴重合，沿磁轴的电磁辐射就像探照灯的光柱似的在宇宙空间扫描，每扫过地球一次，我们就收到一个脉冲，再扫过一次又收到一个脉冲，所以这种星起初叫脉冲星。现在已经知道了，脉冲星其实就是中子星，密度每立方厘米 1 亿吨

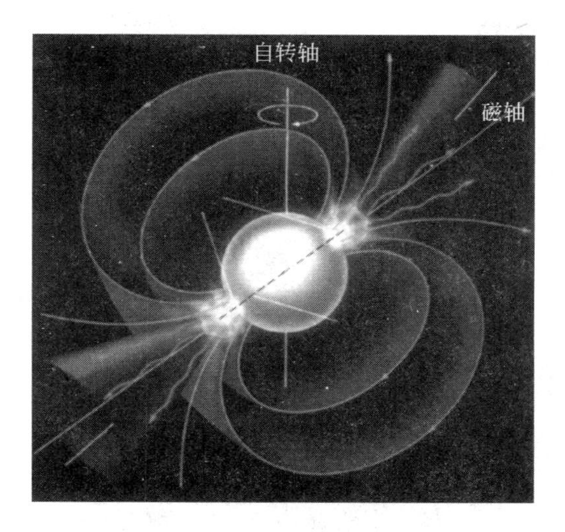

图 3-7　脉冲星-中子星

到 10 亿吨。目前中子星的发现已经被科学界确认了。

中国人对于中子星的发现也是有贡献的，那是在宋朝的时候。宋仁宗至和元年(1054 年)，我们的祖先看到，天空中出现了一颗“客星”。所谓“客星”就是在本来没有恒星的天空位置上，突然出现的一颗亮星。有多亮呢？“昼见如太白”，即白天看起来像金星那样亮，持续了 23 天，然后暗下去，但此后有一年多的时间，夜间仍可看到。日本人、越南人、朝鲜人也看到了这颗“客星”，但只有中国人记录了这颗客星的方位(图 3-8)。

现在我们知道，这种客星就是恒星演化到晚期发生的大爆炸现象，叫作“超新星爆发”。质量超过太阳七八倍以上的恒星晚期都会出现超新星爆发。超新星一天发出来的光，相当于太阳一亿年发出来的光，它的亮度几乎可以与整个星系(含有大约 10 亿颗恒星)的亮度相比(图 3-9)。

1731 年，英国的一个天文爱好者(职业是医生)，在金牛座发现一个螃蟹状的星云(图 3-10)。1928 年，哈勃认识到它由气体和尘埃构成，正以大约每秒 1100 千米的速度膨胀，其中心有颗小暗星，推测它们是超新星爆发的遗迹。1944 年，一位天文学家和一位汉学家合作，认识到这个蟹状星云就处在中国人记录的超新星爆发的位置，这些气体和尘埃就是这颗超新星爆发的遗迹。中心的暗星就是爆炸的残骸。1968 年，发现这颗暗星是一颗脉冲星，也就是中子星。

凡十一日没三年三月乙巳出東南方大中祥符四
年正月丁丑見南斗魁前天禧五年四月丙辰出軒轅
前星西北大如桃速行經軒轅大星入太微垣掩右執
法犯次將歷屏星西北凡七十五日入濁没明道元
年六月乙巳出東北方近濁有芒孛至丁巳凡十三
日没至和元年五月己丑出天關東南可數寸歲餘
稍没熙寧二年六月丙辰出箕度中至七月丁卯犯
箕乃散三年十一月丁未出天囷元祐六年十一月
辛亥出參度中犯掩側星壬子犯九游星十二月癸
酉入奎至七年三月辛亥乃散紹興八年五月守婁

宋史志卷九

图 3-8　中国人对超新星的记载

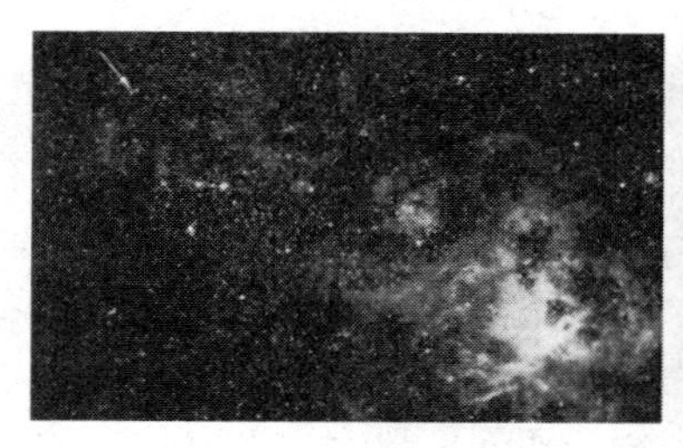

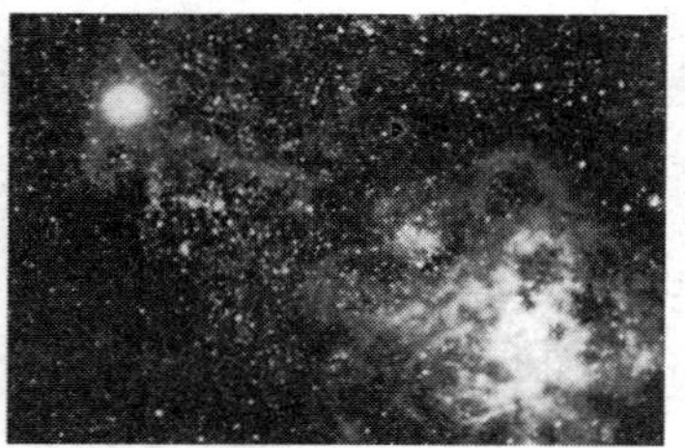

图 3-9　超新星爆发

这一发现证实了人们的推测，中子星是经过超新星爆发形成的，爆发的结果不仅能形成中子星，还可能形成黑洞。

中子星靠什么支撑呢？白矮星是靠电子之间的泡利斥力，中子星是电子压到原子核里后与质子结合形成中子，它是靠中子之间的泡利斥力支撑的。中子之间的泡利斥力比电子之间大，但也不是无限大，所以中子星也有个质量上限。这个质量上限叫奥本海默极限。超过这个极限，中子间的泡利斥力就顶不住了，中子星就进一步坍缩最后形成黑洞。

图 3-10　蟹状星云

4. 黑洞初探

奇点与奇面

我们现在介绍一下黑洞。拉普拉斯和奥本海默都谈到过形成暗星的条件。暗星的半径如式(3.3)所示，物质都缩到里面以后就形成了黑洞。

图 3-11 中这个半径 $r=\frac{2GM}{c^2}$ 的球面后来起名叫视界，这是一个奇异的表面。在中心 $r=0$ 这个地方，还有一个奇点。

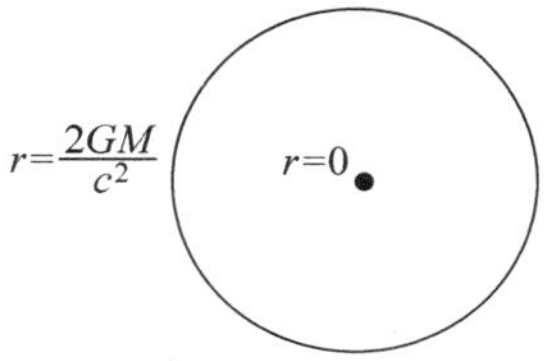

$r=\frac{2GM}{c^2}$　$r=0$

图 3-11　球对称的黑洞

“时空互换”

黑洞很有意思，在它的里边，时空坐标会互换，也就是说在它里边 t 坐标不再表示时间，而是表示空间了。而它的那个半径 r 变成了时间。时间是有方向的。黑洞内部的时间方向是朝里的，朝中心的。所以进到黑洞里的物质都不能停留，要一直缩到奇点上面去。因此黑洞没有什么高密度的结构，它里面都是些真空。外边可以是真空，当然也可能有物质围着它转。但是物质一旦掉进去以后就会直奔这个奇点，只有奇点处的密度是无穷大。奇点问题的研究现在还不是特别清楚。

r现在是时间了，那么这个 $r=0$ 就不是球心了。只有 r 是空间坐标，是半径时，$r=0$ 才是球心。现在 $r=0$ 是时间的终点，是时间结束的地方。黑洞内部时间方向朝里。有人问时间为什么朝里，它为什么不能朝外？可以朝外，朝外就是白洞。相对论只告诉了我们是洞，并没说它是黑洞还是白洞。为什么大家一般只谈论黑洞呢？因为这种东西是高密度的星体往里坍缩形成的。它初始条件是向里掉的，所以我们谈的都是黑洞。但是相对论并不否认白洞，也有一部分论文谈论白洞，照样可以发表。但是人们想不出来自然界怎么才能形成白洞。

飞向黑洞的火箭

现在我们就来看，当有一个火箭飞向黑洞的时候，远方的观测者能看到什么？火箭上的人能感受到什么？图 3-12 有一个黑洞，这个箭头表示一个火箭，远方有一个人看着这个火箭飞向黑洞，他能看见什么？

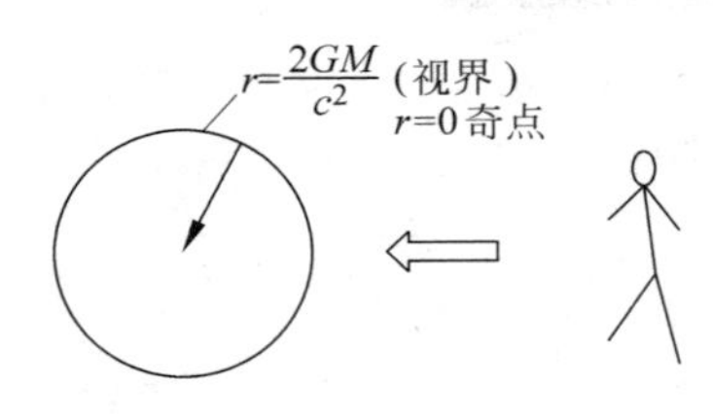

图 3-12　飞向黑洞的火箭

我们知道，在物质密度特别大的地方时空弯曲得厉害，时空弯曲得厉害的地方，时钟就走得很慢。所以越靠近黑洞表面，放在那里的钟走得越慢。根据现在的研究，如果有一个钟摆在黑洞表面，那根本就不走。远方的人看它，根本就不走。所以远方的人将能看到火箭越飞越慢，越飞越慢，最后就粘在黑洞的表面上，进不去。还有什么现象呢？这火箭会越来越红。为什么呢？因为有红移，时钟变慢后就会出现红移。远方的人就看见这火箭是越来越慢，越来越红，最后就粘在黑洞的表面上。还有什么呢？会看到这火箭越来越暗，消失在那个地方的黑暗之中。但看不见它进去。

进入黑洞的冒险者

那么它进去没有呢？它进去了。火箭上的人用的钟，不是远方观测者的那个钟，而是他自己携带的火箭上的钟。他觉得自己很顺利地就进入黑洞了。并且进去以后火箭不能停留，而会直奔奇点。这是因为黑洞里面“半径 r”成了时间，时间有方向，会不停地向奇点处流逝，所有进入黑洞的物体必须“与时俱进”，奔向奇点，不能停留，所以它的末日就降临了。奇点那儿密度是无穷大，当火箭非常接近奇点的时候，潮汐力就会把它撕碎。

既然火箭进去了，为什么外边的人没看见它进去呢？这是因为它的背影留在外头了。我们地球上有个人出门，一出门你看他那背影一闪，没了。为什么没了呢？组成他背影的光子都过来了，不再存在了。可是黑洞的表面呢，那里时空弯曲得很厉害，组成火箭背影的光子不会一下都跑出来。它们会慢慢地往外跑，越跑光子密度越稀，越跑越稀，所以你看到的背影是慢慢消失的，越来越暗，越来越暗，然后看不见了，但是你看不见它进去。因此远方的人看见火箭是越来越慢，越来越红，越来越暗，最后粘在黑洞的表面上，像冰冻一样冻结在黑洞的表面，消失在那里的黑暗之中。所以苏联人管黑洞叫"冻结星"。

苏联的泽尔多维奇，那是个很了不起的人。他刚开始只是物理实验室的一名实验员，后来科学家们发现这个小伙子虽然没上过大学，但是太聪明太能干了。就鼓励他去学习，让他进修，后来他成为苏联最杰出的理论物理学家、天体物理学家，是苏联核武器的主要设计者之一。最早研究黑洞的人许多是核武器的设计者。因为原子弹制造完以后，不知道该干什么了，就正好研究黑洞。

那么，进入黑洞的人有什么感觉呢？他会感到潮汐力越来越大。什么是潮汐力呢？潮汐力就是万有引力的差。比如说一个人站在地面上，受到一个重力，脚底受到的重力和头顶受到的重力大小是有点差别的。原因是什么呢？就是他脚底到地心的距离和头顶到地心的距离差一个 δ。这个 δ 就是他的身长。对不对？这个重力差有多大呢？3 滴水的重量，所以我们平常都感觉不到。

为什么地球上会有涨潮落潮呢？主要是月球的引力造成的。你看图 3-13，这是一张示意图，这是地球，有一个水圈。A 点到月亮的距离和 B 点到月亮的距离，差地球的直径，所以这两点有个万有引力差，A、B 这两个方向是涨潮，其他方向是落潮。当然还有一个次要作用就是太阳的因素。太阳和月亮如果都在地球的同一侧，或者在两侧，那么就涨大潮。如果日地连线是在月地连线的垂直方向上，那么正好两个作用有点抵消，涨的就是小潮。当然，要具体研究这个问题，还是需要做一些计算的。这只是一个示意图。

在黑洞里，火箭靠近奇点的时候，火箭前后受到的潮汐力非常大，会把火箭和宇航员全部撕碎，然后压到奇点里面去。奇点是时间的终点，于是火箭和宇

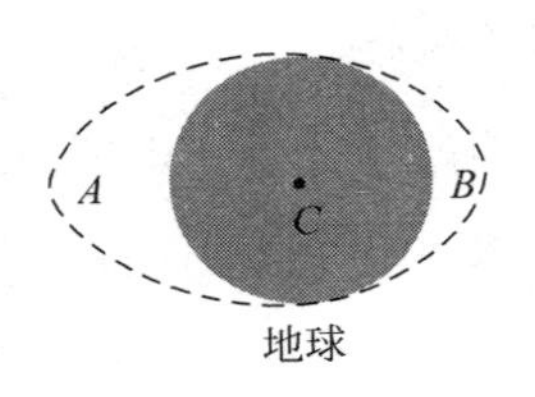

图 3-13　涨潮与落潮

航员就处于时间之外了。什么叫处于时间之外呢？这事还不清楚，还不能给出很好的解答，现在学物理的人也不进行探讨，觉得不可能处于时间之外，但是也不清楚这个情况到底是怎么回事。

转动的黑洞

现在，我们来看一下转动的黑洞（图 3-14）。一个旋转的黑洞，里面的结构是很复杂的。对于不旋转的黑洞，飞船进去以后肯定就是它的末日了。但是旋转的黑洞呢，它里面有个空间，火箭还可以在里头转，中间不是一个奇点，而是一个奇环。因为黑洞旋转，就带动周围时空转。有个同学曾问我关于拖曳的问题。靠近旋转黑洞有一个范围，叫作能层，火箭进入能层就会被拖动，根本停不住。在能层里任何东西都不可能静止。必定会被转动的黑洞拖动，围着它转，这叫拖曳效应。拖曳效应是一种时空效应，是转动黑洞“拖动”周围时空，使时空跟着自己旋转的效应，由于能层中的时空被拖着转动，所以位于其中的物质被迫跟着时空一起转，不可能静止。

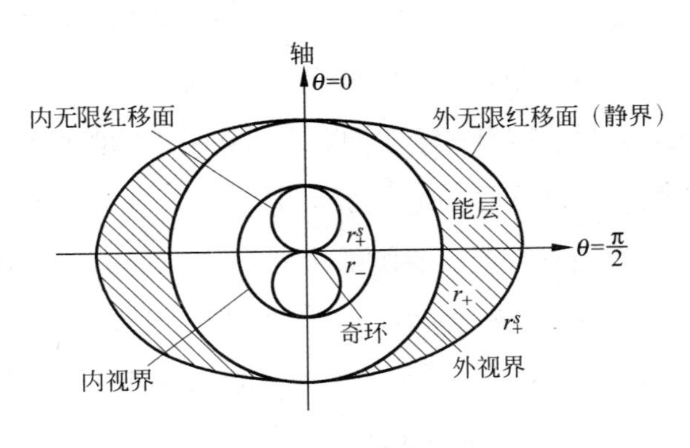

图 3-14　旋转的黑洞

因为时间的限制，我们这次讲座只能先提一下黑洞形成的可能性。从今天介绍的内容看，黑洞确实是可以形成的。

大家有什么问题没有？有没有？你们应该勇敢地提问。

学生：刚才讲的牛顿力学和广义相对论，给我的感觉好像是对同一个问题从两种角度去描述，我有这种感觉。我想知道广义相对论和牛顿力学的区别到底在什么地方。是不是一个是对的，一个是错的？

答：牛顿的万有引力定律可以看作广义相对论的一个近似，这就是说在引力场很弱的情况下这两个理论是一致的。其实在地球引力场当中，牛顿的万有引力定律已经足够精确了。所以能够检验广义相对论和牛顿万有引力定律差别的实验非常少，就只有四五个。但是呢，如果时空弯曲得很厉害，比如在中子星附近、黑洞附近，还有宇宙演化的早期，以及整个宇宙的演化，都必须用爱因斯坦的广义相对论来研究，用牛顿的理论就不行了，误差就太大了。这两个理论应该说都是正确的。只不过一个精确，一个不够精确，我们很多理论都是这样的。不够精确的理论往往仍是可用的，比如说我们原来在讨论凝聚态物理的时候，有很多东西用普通量子力学就能解决问题，甚至没有用相对论量子力学。你要用相对论量子场论来做那个东西就复杂多了。但得到的结果在有些情况下差别不大。所以很多人直接用量子力学也能解决一些问题。牛顿定律也是这样，现在我们发射卫星全部只用牛顿定律。研究白矮星也只用牛顿理论就足够了，但是研究中子星和黑洞必须用广义相对论，否则这个差异就太大了。还有研究整个宇宙的话，必须用广义相对论，用牛顿理论会有大的矛盾，大概情况是这样。还有什么？哪个同学还有问题。

学生：老师，我想问一下黑洞既然有温度，有热辐射，那么现在探测黑洞的主要方法是什么呢？

答：是这样，黑洞是有温度，但是黑洞的温度一般来说很小，太阳质量的恒星缩成半径 3 千米的黑洞，这么大的黑洞在望远镜中还有可能观测到，但是，它的温度只有 10^{-6}开，比微波背景辐射的 2.7 开还要低很多，所以就无法探测到。因此直接利用霍金辐射，就是黑洞本身的热辐射来探测黑洞现在还不行。现在研究的是，当一些物质被黑洞吸积的时候，它在黑洞外旋转着往里掉，这时候会有比较激烈的效应，这样人们就有可能判断那是不是黑洞。但是令人遗憾的是，中间是颗中子星或者其他星体的话，物质往里掉，也会有类似效应。还没有找到它们之间判别性的差异。所以这个问题还解决不了。

学生：老师，我有一个问题，黑洞有没有终结？刚才老师提到黑洞有黑体辐射，如果能量守恒依然成立的话，黑体辐射会使黑洞的能量慢慢地减少，最后黑洞是不是会消失？

答：是的，黑洞辐射以后就会变小，而且黑洞的热容量是负的，它越辐射，温度反而越上升，跟一般物体不一样，所以最后小黑洞就炸掉了。这是现在对黑洞结局的一种看法。

第三讲附录　漫谈黑洞（Ⅰ）

1. 闵可夫斯基的四维时空

爱因斯坦创建狭义相对论的最初几篇论文，并没有引用四维时空的概念，这一概念是他大学时代的数学老师闵可夫斯基引进的。闵可夫斯基在为自己学生的成就感到高兴的同时，认识到如果把时间与空间看做一个整体，看做四维时空，则相对论的数学形式可以更为简洁美观。于是他引入了四维时空的概念，粗略地说，就是把时间看作“第四维空间”。

人们早已知道，空间是三维的。如果引进笛卡儿直角坐标，三维空间中两点之间的距离 $\mathrm{d}l$ 可以写为

$$\mathrm{d}l^2 = \mathrm{d}x^2 + \mathrm{d}y^2 + \mathrm{d}z^2 \tag{3.5}$$

如果用球坐标表示上式，就变成

$$\mathrm{d}l^2 = \mathrm{d}r^2 + r^2\mathrm{d}\theta^2 + r^2\sin^2\theta\mathrm{d}\phi^2 \tag{3.6}$$

闵可夫斯基把时间看作第四维空间后，构建出一个四维时空。假如仍然采用直角坐标，则两点之间的距离 $\mathrm{d}s$ 可以写作

$$\mathrm{d}s^2 = -c^2\mathrm{d}t^2 + \mathrm{d}x^2 + \mathrm{d}y^2 + \mathrm{d}z^2 \tag{3.7}$$

假如用球坐标表示，则为

$$\mathrm{d}s^2 = -c^2\mathrm{d}t^2 + \mathrm{d}r^2 + r^2\mathrm{d}\theta^2 + r^2\sin^2\theta\mathrm{d}\phi^2 \tag{3.8}$$

其中时间 t 的前面乘以光速 c，是为了使时间项的单位与空间项一致。闵可夫斯基考虑“光速不变原理”后，正确地认识到上式中时间项和空间项之间应该差一个负号。

用式(3.7)或式(3.8)表达的四维时空，后来就称为“闵可夫斯基时空”。由于时间项与空间项之间差一个负号，所以在几何学中，闵可夫斯基时空的几何不属于欧几里得几何，而属于伪欧几里得几何。

闵可夫斯基用自己的四维时空概念重新表述了爱因斯坦的相对论。爱因斯坦非常赞赏自己老师的这一杰作，并对他开玩笑说：您这样一改，我都看不懂自己的相对论了。闵可夫斯基的四维时空理论，为爱因斯坦后来构建广义相对论铺垫了第一块基石。

广义相对论认为，物质的存在会造成时空弯曲。不存在物质时，四维时空就是式(3.7)或式(3.8)所示的闵可夫斯基时空，当存在物质时，四维时空就会变弯，式(3.7)与式(3.8)就会有所变化。

2. 史瓦西时空——球对称的弯曲时空

德国数学、天文学家史瓦兹希尔德，算出了广义相对论的第一个严格解——史瓦西解。该解表达了当时空中存在一个不随时间变化的球对称物体时，时空弯曲的情况。这时式(3.8)将变成

$$ds^2 = -\left(1-\frac{2GM}{c^2 r}\right)c^2 dt^2 + \left(1-\frac{2GM}{c^2 r}\right)^{-1} dr^2 + r^2 d\theta^2 + r^2 \sin^2\theta d\phi^2 \tag{3.9}$$

式中，M 是物体的质量，G 是万有引力常数，c 是真空中的光速。我们看到上式中，时间项与空间项之间仍然差一个负号。此式与式(3.8)的区别在于多了形如$\left(1-\frac{2GM}{c^2 r}\right)$的因子，这正是时空弯曲的表现。

不难看出，当 $M=0$ 时，式(3.9)回到式(3.8)，这表明物质消失时，弯曲时空恢复为平直时空。当 $r\to\infty$ 时，式(3.9)也回到式(3.8)，它表明，在无穷远处质量的影响减弱，时空逐渐变得平直。

数学、物理学家们在对式(3.9)所示的弯曲时空进行研究时，发现此时空在

$$r = 0 \tag{3.10}$$

处有一个奇点。在

$$r = \frac{2GM}{c^2} \tag{3.11}$$

处有一个奇面。从式(3.9)不难看出这种情况。当 $r=0$ 时,$\mathrm{d}t^2$ 前的系数为无穷大。当 $r=\frac{2GM}{c^2}$时,$\mathrm{d}r^2$ 前的系数将变为无穷大。这些无穷大说明式(3.9)出现了奇异性。

进一步的研究表明,球心($r=0$)处的奇异是真奇异,时空曲率在那里发散(无穷大),而且这一发散不能通过坐标变换来消除。我们称这种奇异性为内禀奇异性,称 $r=0$ 处为内禀奇点(或简称奇点)。

而 $r=\frac{2GM}{c^2}$处的奇异性是假奇异,换一个坐标系看(例如自由下落坐标系),式(3.9)在此处的奇异性就会消失,而且时空曲率在那里正常,并不发散。人们称这种奇异性为坐标奇异性。

不过,后来的研究表明,球面 $r=\frac{2GM}{c^2}$处的奇异性虽然是假奇异,却有物理意义。这一球面恰是黑洞的表面,不难看出它恰是式(3.3)给出的暗星表面。

3. 时空坐标互换

再来看式(3.9),它与式(3.8)有一点类似,时间项的前面是负号,空间项的前面是正号。我们把这一正负号差别,看做时间与空间的差别。

你们想一想,上述结论仅在

$$r > \frac{2GM}{c^2} \tag{3.12}$$

时正确,也就是说只在黑洞外部正确。当

$$r < \frac{2GM}{c^2} \tag{3.13}$$

时,式(3.9)的括号中的项将变成负值,这时 $\mathrm{d}t^2$ 项的前面成了正号,而 $\mathrm{d}r^2$ 项的前面成了负号。这一正负号的改变表明,在黑洞内部,t 变成了空间坐标,而 r

变成了时间坐标，这就是“时空坐标互换”。

所以，在黑洞内部，$r=$常数的曲面不再是球面，而成了“等时面”，即同一时刻的“同时面”。由于时间有方向，只能向一个方向流动，因此“等 r 面”成了单向膜。又由于黑洞内部的时间方向指向 $r=0$，所以任何物体都只能穿过单向膜往 $r=0$ 处跑。于是，史瓦西黑洞内部成了“单向膜区”，任何落入黑洞的物体都不能停留，都必须“与时俱进”，奔向 $r=0$ 处的奇点。也就是说，黑洞的内部除去 $r=0$ 处之外，全部是真空，没有任何物质存在。而 $r=0$，现在不再是球心，而是时间的“终点”。不过，这个“终点”本身并不属于时空，可以看做时空中挖掉的一个点。

需要说明一下，广义相对论并不排斥有“白洞”存在。白洞内部也是单向膜区，只不过时间方向向外，$r=0$ 处成了时间开始的地方。

黑洞是任何东西都可以掉进去，但任何东西都跑不出来的“星体”。而白洞则是不断往外喷东西，但任何东西都掉不进去的“星体”。

4. 视界与无限红移面

在第二讲中曾经谈到，广义相对论预言弯曲时空中的钟会变慢，并且导致那里的光源发出的光会发生红移，这种红移称为引力红移(即时空弯曲造成的红移)，实验观测支持了这一结论。

为了探讨黑洞的性质，我们来研究一下引力红移效应。广义相对论认为，一个球对称星体(例如太阳)造成的弯曲时空中，时钟变慢由下式决定

$$\Delta t=\frac{\Delta\tau}{\sqrt{1-\frac{2GM}{c^2 r}}} \tag{3.14}$$

式中，M 为星体质量，G 为万有引力常数，c 为真空中的光速。τ 为静止在星体(太阳)附近的弯曲时空中的钟走的时间，t 为无穷远处(那里时空平直。相对于太阳，地球就可看做是无穷远)观测者的钟所走的时间。由于公式根号中的因子小于 1，所以 $\mathrm{d}t>\mathrm{d}\tau$。这表明太阳表面的钟走 1 秒时间，地球处的钟走的时间 $\mathrm{d}t$ 将多于 1 秒，因此在地球上的观测者看来，太阳表面的钟变慢了。相应的引

力红移公式为

$$\nu = \nu_0 \sqrt{1 - \frac{2GM}{c^2 r}} \tag{3.15}$$

式中，ν 为地球观测者拍到的太阳光谱线的频率，ν_0 则为地球观测者在地球实验室中拍到的同一种元素的同根光谱线的频率。从上式看，显然 $\nu < \nu_0$，所以在地球上的人看来，从太阳来的光线的频率减小了，即波长增大了，发生了红移。

我们在第二讲中已经谈到，实验观测支持了上述结论。现在我们来看，当星体不是太阳，而是黑洞，会发生什么情况。

我们从黑洞表面直到观测者所在的位置，放置一系列钟和光源。对于靠近黑洞表面的钟和光源，由于

$$r \to r_g = 2GM/c^2 \tag{3.16}$$

式(3.14)与式(3.15)中根号内的因子趋于零。于是我们看到，位于黑洞表面附近的钟，即使 $\mathrm{d}\tau$ 取很小的值，都会有 $\mathrm{d}t \to \infty$。所以，在远方观测者看来，黑洞表面处的钟完全不走了。我们从式(3.15)则看到，不管 ν_0 取什么值，都会有 $\nu \to 0$，即波长 $\lambda |\lambda \to \infty|$，光谱线发生无限红移。因此，我们称黑洞的表面为“无限红移面”。

由于黑洞里面的任何东西都跑不出来，外部观测者得不到来自黑洞内部的任何信息，因此黑洞的表面是外部观测者能得到信息的区域的边界，所以黑洞的表面被称为“事件视界”，简称“视界”。

第四讲　霍金、彭罗斯与黑洞

绘画：张京

霍金(图 4-1)在 1985 年来过北京师范大学,他第一次来中国就只访问了位于合肥的中国科技大学和北京师范大学两个地方。他在北京师范大学的敬文讲堂(当时叫五百座教室)发表了演讲,并与北京师范大学研究相对论的老师和研究生进行了学术交流。交流之余他提出,想游览长城,北京师范大学的几位研究生把他连轮椅一起抬上了长城。

图 4-1　霍金在剑桥大学校园

1. 霍金

绰号"爱因斯坦"

现在分几个部分来介绍霍金在学术上的贡献。首先让我们了解一下这位明星科学家——霍金。有人说他是当代的爱因斯坦,这个提法还是可以的。霍金 1942 年 1 月 8 日出生于牛津,为什么他出生于牛津呢?并不是因为他家在牛津,而是因为当时第二次世界大战正在进行,英国和德国达成一个默契,就是英国的飞机不炸德国的哥廷根和海德堡,德国的飞机不炸牛津和剑桥,双方都不炸对方的文化中心,所以他母亲就到牛津生的他,那个地方比较安全一点,可以住几天。

霍金出生那天,正好是伽利略逝世 300 周年。他经常跟人谈到这一点,意思就是你们看看,我像不像个再生的伽利略?但是他也跟别人说,其实那天出生的孩子有 20 万。霍金的父母都是牛津大学毕业的,父亲是学生物医学的,母亲是学文秘的。由于家里不是很有钱，他小时候上不起那种私立的很昂贵的学校，只是在一个中等偏上的学校读书。当时英国的教育制度很严格，每个年级都把学生分成 A、B、C 三个班，功课最好的在 A 班，差一点的在 B 班，再差的在 C 班。每一年要进行一次调整，A 班的二十名以下的学生要降到 B 班，B 班的前二十名要升到 A 班，然后 B 班和 C 班也进行这种交换，所以学生压力都非常大。霍金说第一学期他考了第二十四名，第二学期考了第二十三名，幸亏他们还有一个第三学期，考了第十八名，结果没有掉下去。他说对于掉下去的那部分学生，打击实在是太大了，他并不赞同这种制度。

在学校里，霍金的功课很一般，作业不整齐，字也写得不好，老师不怎么看好他。但是他在跟同学们聊天时，一会儿谈一谈宇宙为什么会有红移，是不是光子在路上走得疲劳啦，然后就变红？一会儿又谈宇宙创生是否需要上帝帮忙啊？经常谈论这样的问题，所以同学们都比较看好他，给他取了个外号叫爱因斯坦。

从牛津到剑桥

考大学时，霍金虽然觉得考得不是很理想，但是还是考上了牛津大学。他这个人原本不喜欢物理，他说中学的物理课程简单而且枯燥，没什么意思，化学就有意思多了，为什么呢？因为化学课有时候会出现一些意想不到的事情，比如爆炸、着火之类的，所以就很有意思。一直到中学的最后两年，受到一位老师的影响，他开始觉得物理还是挺有趣的，对整个宇宙都有所描述，对基本粒子也有描述，于是转而考了物理系，学习物理。

去牛津大学的时候正好赶上教改，英国也搞教改，只在刚进学校的时候考一次试，然后就不考了。他们的本科是三年，最后毕业的那一年再集中考一次试，在四天之内上下午连续考，把所有课全部考一遍。但是中间没有人管你，所以当时他们都放得很松。霍金回忆，他当时一天学习的时间平均不到一个小时。老师讲课也搞教改。老师来了，跟他们讲，现在讲电磁学，你们翻到第十章，回去自己看，后边有十三道题，过两个星期把作业交上来，于是老师就下课了，这课就算上完了。下课后同学们就开始做题，别看只有十三道，这十三道很难，他的同宿舍同学都只做出了一道、两道的，其余的题都没做出来。到了最后那天，第二天就该上课交作业了，霍金才想起来作业还没做，于是他没去听该上的课，赶紧补作业。其他几个人就想，这小子这时候才想起做作业来，等着看他的笑话吧。到了中午的时候，那几个同学上完课回来，问他说，你的作业做得怎么样啊？他说："这些题确实不太好做，我没做完，只做了十道。"可见当时他还是比较拔尖的。

到了大学毕业的时候，最后这四天的考试还是很厉害的。霍金当时神经衰弱，考得不太满意。他们宿舍有四位同学，都想继续上研究生。考完以后，有三个人觉得考得不行，包括霍金，只有一个人觉得考得不错，最后就是觉得考得不错的那个人没考上，这三个感觉考得不行的倒都通过了笔试。口试的时候老师问霍金，你是留在牛津还是去剑桥？牛津和剑桥可以交换研究生。霍金说，你们要给我一等成绩我就去剑桥，你们要给我二等我就留在牛津。结果老师给了他一等，让他去了剑桥。

剑桥：人生的转折点

霍金到剑桥希望搞天体物理。其实他在大学的时候，原本对粒子物理有兴趣。但在 20 世纪 60 年代的时候，粒子物理跟现在有很大的差异。那时候搞粒子物理的研究，确实就像霍金说的那样，就跟搞植物学分类相似。只研究粒子的对称性和分类，看不出什么有前景的东西来。那个领域里，当时弱相互作用的方程还没有发现，强相互作用的方程也还没有发现，除去电磁力外，没有任何描述粒子间相互作用的动力学方程，他觉得这太没意思了！而且发现的基本粒子越来越多，但是规律找不着，他想，起码宇宙学里还有一个爱因斯坦的相对论可以用，研究的内容还比较有趣，于是他就想改学天体物理。

最初霍金去剑桥，目的是要投奔霍伊尔。霍伊尔是著名的天体物理学家，曾解决了聚变反应阶梯中氦聚合生成碳的著名困难。他还提出过一个稳恒态宇宙模型，跟现在的大爆炸宇宙模型不一样。大爆炸宇宙就是伽莫夫的火球模型。这个模型认为宇宙刚开始起源于一个原始的核火球，然后膨胀开来，逐渐降低温度，物质密度逐渐减小，演化成了今天的宇宙。霍伊尔不同意火球模型，他认为宇宙确实是在膨胀的，但在宇宙膨胀过程中，不断有物质从真空中产生出来，所以膨胀的时候宇宙中物质的密度基本保持稳定，跟火球模型不一样。

霍伊尔不仅不同意火球模型这种观点，还讽刺火球模型的说法，说你那个模型干脆就叫大爆炸模型得了，结果这名字就用下来了，所以现在一直称这种火球模型为大爆炸模型。

起初霍金想做霍伊尔的研究生，但是霍伊尔不要他，霍金没办法，只好找另外的教授。剑桥还有一位天体物理学家叫西阿玛。西阿玛是谁？霍金从来没听说过，可是也没法子，已经来了，霍伊尔又不要他，那就只好跟西阿玛吧。后来才发现这是一个很好的选择。西阿玛这人有一个特点，从来不主动管学生，你不是当我的研究生嘛，好，那就当我的研究生吧。但我也不管你，你不找我，我就不找你。如果你来找我，我们俩就讨论。然后我可以给你建议，说你去找谁谁谁，或者你去看什么什么资料，看什么什么书，就这样。霍金逐渐发现，西阿玛的这种方式很好，很适合自己。

我刚开始知道西阿玛这种指导研究生的方式的时候，觉得这个导师简直不合格啊，他怎么不主动管学生呢。后来我了解到，霍金那个年龄层次的，全世界最著名的八九个相对论专家当中，有四个是西阿玛的学生，可见他带博士生的办法是对的。博士生跟硕士生不一样，不应该扶着往上走，而应该让他们自己找路往前走。

霍金本来不大用功，但是在本科快毕业的时候出了一个事情：就是他有一次系鞋带时突然发现自己的手不好使了。刚开始他没有太注意，后来发现越来越严重。考上研究生一年左右的时候，他觉得必须找医生去看一下了，于是去医院检查。英国的医学还是比较发达的，很快就判明了，他得的病叫肌肉萎缩性侧索硬化症，不治之症，他当时才二十几岁，得这么一个病。医生也很坦率，告诉他说：哎呀，年轻人怎么得这种病了，吃点好的吧，不行了。他刚知道病情的时候，情绪一下就跌落到极点，成天在屋子里喝闷酒。他想自己大概快完了，也就两三年的事了。

过了一段时间，霍金发现一时半会儿还死不了。另外他有个女朋友，是牛津大学哲学系的学生，她坚持还要跟他好。霍金一想，他还要结婚，还要养家，不能就这么混，于是他开始努力了。经过一段时间的用功，霍金发现自己还挺喜欢学习，也挺适合搞研究的，于是他就慢慢钻进去了。这次生病是霍金一生当中的一个转折点，从不用功转为用功。开始去钻研物理。

2. 相对论生涯

炮轰稳恒态宇宙模型

刚开始西阿玛没给霍金什么建议，也不管他。当时霍金还在想着霍伊尔那个稳恒态宇宙模型，挺感兴趣。霍伊尔有个研究生叫纳里卡，是个印度人。霍金跑到纳里卡的办公室，看他在干什么。国外的研究生都是一个人一个房间，或者两个人一个房间，房间大概 9 平方米，12 平方米，或者更大一点。里面每人一张书桌，一个书架，一部电话，还有一块黑板，没有其他东西。霍金进去以后就问纳里卡："你在干嘛呢？"纳里卡说正在做老师布置的一个东西，霍金说帮他算，纳里卡当然说好了。有人帮着算还不好吗？于是霍金就帮着他算，算来算去，霍金突然发现，霍伊尔这个模型大有问题，它方程里有一个系数是无穷大。你想，系数必须是有限值，不能是零和无穷大，否则系数就没用了。他发现了这个大问题，但霍伊尔还不知道。

一天霍伊尔做报告，在座的大概几十个人，讲完以后，他就问，在座的有问题没有，这时霍金就拄着拐杖站起来了，说："有个问题，我认为你那个系数是无穷大。"霍伊尔一听，知道这个问题很大，脸立刻拉下来了，说不是无穷大。霍金说是无穷大。霍伊尔说不是。霍金说是。霍伊尔说："你怎么知道？"霍金说："我算过这个东西。"听众开始议论，最让霍伊尔受不了的是，有几个家伙居然笑起来了。他觉得实在是太栽面子了，但是没办法。散会后，霍伊尔说霍金是不道德的，既然知道论文有错，为什么不在会前提出，让他在会上当众出丑？与会的有些听众却认为，真正有错的是霍伊尔，为什么把不成熟的工作拿到大会上来讲？

霍金这一下子，给了稳恒态模型重重的一击。恰在那时候一些天文学家发现了微波背景辐射，这正是火球模型预言的大爆炸余热。从那以后，稳恒态模型就很少有人再涉及了，大爆炸模型完全占了上风。

奇点疑难：幸遇彭罗斯

西阿玛一生在相对论上没什么太大的贡献。他自己说过，他对相对论有两个重要贡献，第一就是把数学家彭罗斯拉过来搞相对论，第二是培养了霍金这么一个学生。他很得意。当时彭罗斯还不在牛津，是在伦敦的一个大学里工作。彭罗斯有时候来剑桥和西阿玛讨论问题，经西阿玛介绍，霍金认识了彭罗斯。

彭罗斯在研究什么呢？他在研究奇点定理，又叫奇性定理。奇点定理是怎么回事呢？广义相对论当中，黑洞里有一个奇点，曲率和物质密度都是无穷大。宇宙大爆炸的时候有一个初始的奇点，大坍缩的时候有一个终结奇点，曲率和密度也都是无穷大。奇点在相对论当中是个很严重的问题，因为绝大多数时空模型都有奇点。

当时苏联一些科学家认为，奇点其实是因为人们把对称性想得太好造成的。比如说黑洞中心有个奇点，是因为人们把黑洞想象成是星体做精确的球对称坍缩时形成的，结果就缩成一个点。假如说不是很标准的完美球对称坍缩的话，星体中的物质就会从中间交叉错过去，不就不会形成奇点了吗？他们认为奇点其实是一个偶然的现象。

但是彭罗斯不这么想，而且彭罗斯提出一个新概念，把奇点的定义做了一个发展，他把奇点看成是时间开始或者结束的地方。白洞里边的奇点是时间开始的地方，黑洞里边的奇点是时间结束的地方，宇宙大爆炸的初始奇点是时间开始的地方，大坍缩奇点则是时间结束的地方。彭罗斯针对这个定义证明：一个合理的物理时空，如果因果性成立，有一点物质等，在这些合理的条件之下，时空至少有一个奇点。或者说至少有一个过程，时间是有开始的，或者是有结束的，或者既有开始又有结束。这个问题可是个大问题，因为时间有没有开始和结束的问题，自古就有人讨论，但那都是哲学家和神学家的事，现在搞物理的人出来说时间有没有开始和结束。那当然很引人注目了。

霍金对这个问题很感兴趣，他的博士论文的第一部分是写稳恒态宇宙模型的错误，第二部分就是对奇点定理给出了另外的证明。当时彭罗斯已经给出了第一个证明，是针对星体坍缩成黑洞的情况。霍金又给出了另外一个证明，是针对大爆炸宇宙的初始情况。

霍金的第一个工作就是对奇点定理做出了贡献。他的第二个工作是黑洞面积定理，他认为黑洞的表面积随着时间向前只能增加不能减少。第三个重要工作，也是他一生当中最重要的工作就是证明了黑洞有热辐射，也就是霍金辐射。

后来他还有一些成果，比如说，他对时空隧道和时间机器有一些想法，为了解决宇宙奇点困难他还提出了虚时间和无边界宇宙的概念，但是我觉得他后来的这些工作都不如他青年时代的那几个工作更可靠，更有价值。

现在我们就来看他对黑洞研究的贡献。

宇宙监督与无毛定理

上一讲已经介绍了黑洞的一些知识，但是重点只讲了简单的球对称黑洞。简单的东西容易研究，但是也有缺点，它提供给我们的知识太少。1963 年，有一个叫克尔的人，求出了一个旋转星体外部的时空弯曲情况，这个解很难求，他解出来以后，很多人没有注意。他在《物理评论快报》上登了很短的一段文章，说这是爱因斯坦方程的一个解。你如果不信代进去试一试，的确是一个解，但是他怎么求出来的呢，有些人还是看不懂。

这个解有一个特点，它中心有个奇环，不是奇点。球对称的黑洞里面有个奇点，转动黑洞里边有个奇环（图 4-2），黑洞的表面叫作视界，球对称黑洞的视界是球面。视界就像衣服一样把奇点包在里面，外面的人看不见它，因为视界里面的信息都出不来。转动的黑洞也有视界，是一个椭球面，它包着奇环。所以我们看不见奇环。但如果它旋转得非常厉害，最后这些视界会消失，奇环就裸露出来了。奇环一露出来，就会对时空的因果性造成破坏，所以这种情况是不应该出现的。但是研究表明，当黑洞转得非常快的时候奇环还是会裸露。于是彭罗斯就提出一个“宇宙监督假设”，说存在一位宇宙监督，他禁止裸奇异（裸奇点或裸奇环）的出现。

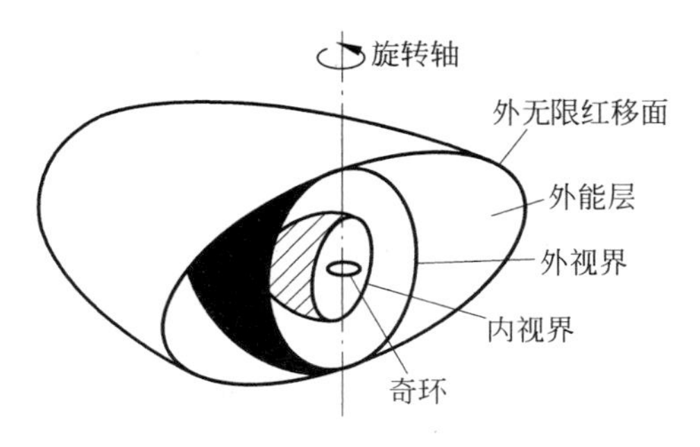

图 4-2 克尔黑洞的奇环

这句话等于什么也没说，就好像“自然害怕真空”一样。提出这个假设是跟他们的文化传统有关系的，我们中国人不会想出一个“宇宙监督假设”来。这是因为欧洲人是继承古希腊、古罗马文化的，在古罗马的时候，城市里有监督官，监督官的职责就是不准人不穿衣服在街上走。彭罗斯认为宇宙也应该有一个监督官，不允许奇点和奇环不穿衣服露在外面，这衣服就是黑洞的视界，所以叫“宇宙监督假设”。

那么黑洞外部的人对黑洞里边能够了解什么呢？只能了解到三个信息，黑洞的总质量、总电荷以及总角动量，其他的东西都不知道，所以有人提出“无毛定理”。毛就是信息，无毛就是没有信息。但黑洞并非完全不泄漏出信息，其实还是露出了三根毛，如果我们中国人的话，肯定就叫“三毛定理”了，因为我们有“三毛流浪记”的故事。他们就叫“无毛定理”。掉入黑洞的物质的信息都藏在黑洞里边。

彭罗斯过程

彭罗斯研究发现，能层中存在负能轨道。一个能量为 E 的物体，进入能层后，如果分裂成两块，其中一块进入负能轨道，能量为 E_1（$E_1<0$），并沿此轨道落入视界，奔向奇环，则会使那里的能量减少 $-E_1$。另一块沿正能轨道飞出能层，其能量为 E_2。从能量守恒定律可知，飞出去的这块物体的能量 E_2 必定大于入射物体的能量 E_0。这一过程提取了储存于能层中的转动能量和角动量，使克尔黑洞的转动逐渐减缓，慢慢退化为不转动的史瓦西黑洞。此过程被称为彭罗斯过程。

另外几位物理学家又把彭罗斯过程推广到量子情况，证明了转动和带电的黑洞，可以通过超辐射（受激辐射的一种）和自发辐射抛弃自己的转动能量、角动量和自身所带的电荷，逐渐退化为不转动、不带电的史瓦西黑洞。

从这个角度看，史瓦西黑洞可以看作黑洞的基态，转动和带电的黑洞则可以看作黑洞的激发态。由此看来，转动和带电的黑洞并不是死亡了的星，它们还存在物理过程。不过，史瓦西黑洞似乎是死亡了的星，不存在任何物理过程。

然而，霍金的发现彻底改变了人们对黑洞的看法。

3. 最伟大的发现

面积定理的启示：黑洞热吗？

彭罗斯、霍金的奇点定理指出，一个合理的物理时空一定有时间的开始或者结束。

我们现在来看霍金的第二个贡献：面积定理。霍金用微分几何证明了黑洞的表面积随着时间只能增大不能减小。

当时美国有一个二十几岁的研究生叫贝肯斯坦，他觉得黑洞的表面积只能增加不能减小，很像物理学当中的“熵”啊！黑洞的表面积会不会是熵啊！于是他在导师惠勒的支持下，提出黑洞的表面积可能是熵，而且他得到了一个公式，这个公式叫贝肯斯坦公式

$$\mathrm{d}M = \frac{\kappa}{8\pi}\mathrm{d}A + \Omega \mathrm{d}J + V\mathrm{d}Q \tag{4.1}$$

这个公式很像热力学第一定律

$$\mathrm{d}U = T\mathrm{d}S - p\mathrm{d}V \tag{4.2}$$

式中，U 是一个系统的内能，T 是温度，S 是熵，p 是压强，V 是体积，$T\mathrm{d}S$ 是吸收的热量，$p\mathrm{d}V$ 是对外做的功，这个你们都很熟悉。对于转动刚体

$$\mathrm{d}U = T\mathrm{d}S + \Omega \mathrm{d}J + V\mathrm{d}Q \tag{4.3}$$

可能大家不太熟，式中，U 是内能，$T\mathrm{d}S$ 是热量，Ω 是转动角速度，J 是角动量，V 是静电势，Q 是电荷。现在来看贝肯斯坦得到的黑洞的公式(4.1)，左边 $\mathrm{d}M$ 是黑洞的质量，大家知道 Mc^2 是能量，但在选用自然单位制之后，c 是等于 1 的，所以这个 $\mathrm{d}M$ 就是 $\mathrm{d}U$，等式右边后两项，非常像和功有关系的项，第一项很像黑洞的热量，其中 A 是黑洞的表面积，而这个 κ 叫作黑洞的表面引力。粗略地说，就是黑洞表面上如果有个质点的话，κ 就是单位质量的质点所受到的引力，叫表面引力。这个式子很像转动刚体的热力学公式，A 处在熵的位置，κ 处在温度的位置。从这个公式看，黑洞不仅有熵还有温度。

争论：真热还是假热？

霍金对贝肯斯坦这个工作很不以为然，觉得贝肯斯坦完全曲解了自己的意

思：我的面积定理是用微分几何和广义相对论证出来的，根本没有用到热力学和统计物理，怎么会有热呢，不可能有热。而且，一旦黑洞有温度，就应该有热辐射。黑洞是个只进不出的天体，怎么可能辐射出东西来呢？所以他在1973年的一次暑期学术研讨会上，就跟另外两个专家（卡特和巴丁），三个人合写了一篇论文，用严格的微分几何重新推导了贝肯斯坦的公式，说这个公式本身并没有错，但是它不是真正的热力学公式。它里面的κ像温度但不是温度，黑洞面积像熵但不是熵。于是他们就提出了“黑洞力学”的四个定律，跟普通热力学作比较（表4-1）。但还是强调这不是“热力学”，而是“力学”。

表4-1 黑洞力学与普通热力学的比较

	普通热力学	黑洞力学
第零定律	处于热平衡的物体，具有均匀温度T	稳态黑洞的表面上，κ是常数
第一定律	$\mathrm{d}U=T\mathrm{d}S+\Omega\mathrm{d}J+V\mathrm{d}Q$	$\mathrm{d}M=\frac{\kappa}{8\pi}\mathrm{d}A+\Omega\mathrm{d}J+V\mathrm{d}Q$
第二定律	$\mathrm{d}S\geqslant 0$	$\mathrm{d}A\geqslant 0$
第三定律	不能通过有限次操作，使T降到零	不能通过有限次操作，使κ降到零

霍金辐射的发现

可是霍金后来又想：万一贝肯斯坦是对的呢？他又倒过来想了。如果贝肯斯坦是对的，那么黑洞就真有温度，就应该有热辐射射出。于是他又经过半年多的努力，在1974年终于证明了黑洞确实有热辐射，黑洞的温度是真温度。那个κ反映的是真温度，黑洞表面积A确实是熵，就是黑洞熵。严格证明黑洞有热辐射，是霍金一生中最卓越的成就。后来人们就把黑洞热辐射称为霍金辐射。这件工作做出来以后，他的老师西阿玛就说：霍金毫无疑问是20世纪最伟大的物理学家之一。

霍金辐射刚开始提出来的时候，很多人都接受不了，有些人觉得他是胡说。他在英国剑桥大学第一次报告这一工作的时候，刚刚讲完，主持会议的那位教授就说：刚才霍金博士给我们做了一个精彩的演讲，很有意思，但都是胡扯，然后就上洗手间去了。回来后大家又讨论了一番，最后表明霍金的想法是对的。

这是怎么回事呢？前面讲过，黑洞里边时间箭头朝里，任何物质和辐射只能往里掉，不能跑出来。从经典的广义相对论考虑，确实不可能有热辐射从黑洞射出。现在霍金考虑量子效应，他用弯曲时空背景下的量子场论来研究黑洞附近的情况。

黑洞附近的真空涨落

我们知道，在平直时空中，真空是不空的，不断有虚的正反粒子对产生，产生出来又湮灭，产生出来又湮灭，这叫真空涨落。正反粒子对中，一个粒子是正能，另一个是负能，符合能量守恒，它们产生出来很快就又消失了。由于 Δt 和 ΔE 的测不准关系，

$$\Delta t \Delta E \sim \frac{\hbar}{2} \tag{4.4}$$

在这么短的时间之内你不可能测到负能粒子。你在 Δt 的时间里一测，就有相当于 $\Delta E \sim \frac{\hbar}{2\Delta t}$的不确定的能量出现，把负能粒子掩盖掉。所以测不出负能粒子的存在。这种真空涨落已经被许多物理实验间接证明了，所有搞量子论的专家都承认真空涨落。

霍金现在研究黑洞附近的真空涨落。他说真空涨落假如发生在黑洞附近，会有几种可能情况出现。一种可能就是两个粒子都没掉进去就复合而消失了，与平直时空情况差不多，没有什么特殊效应；另一种可能就是两个粒子都掉进去了，那也没什么效应；第三种可能是负能的粒子进去了，正能的跑出来了(图 4-3)。有人会问，会不会有第四种可能：正能粒子掉进去，负能粒子跑出来。不可能！因为黑洞外边的时空就是我们普通的时空，它不允许负能粒子单独存在，只有黑洞里面的时空，才允许负能粒子单独存在，如果正能粒子掉进黑洞，负能粒子必然跟着掉进去。

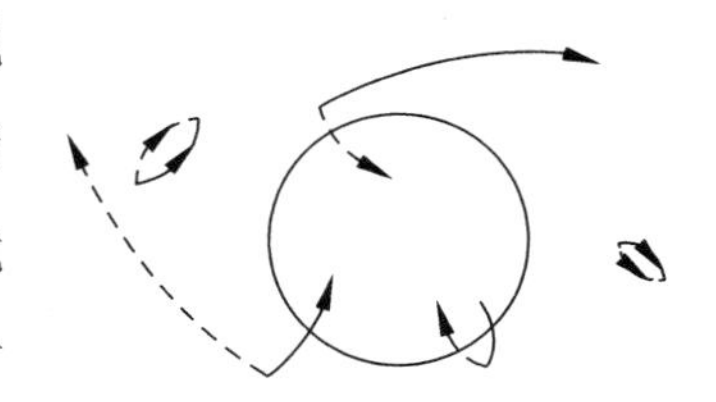

图 4-3　黑洞附近的真空涨落

现在我们来看第三种情况，负能粒子掉进黑洞，它顺着时间的发展落向奇点，使奇点减少一个粒子的质量。而正能粒子飞向远方。例如产生了一个正反电子对，由正能电子和负能正电子组成。其中，负能正电子落进黑洞，顺时前进落向奇点，使奇点处减少一个电子的质量，同时增加一个正电荷。而正能电子(带负电)飞向远方。霍金认为，这一过程相当于从奇点处产生一个正能电子，

逆着时间前进飞到黑洞表面，被视界散射，再顺着时间方向飞向远方。对遥远的观测者来说，他接到了一个带负电的正能电子，而黑洞减少了一个电子的质量，增加了一个正电荷。霍金用弯曲时空量子场论严格证明了黑洞确实会产生这种量子辐射效应，而且射出的粒子的能谱是严格的普朗克黑体辐射谱。也就是说黑洞确实会产生热辐射。霍金对量子辐射的这种解释，既不违背能量守恒和电荷守恒，又不违背黑洞的定义，非常成功，非常合理。

黑洞的温度与熵

霍金严格证明了黑洞的温度为

$$T=\frac{\kappa}{2\pi k_{\mathrm{B}}} \tag{4.5}$$

熵为

$$S=k_{\mathrm{B}}\frac{A}{4} \tag{4.6}$$

式中，k_{B} 为玻耳兹曼常量。

对于球对称的史瓦西黑洞，其表面引力为

$$\kappa=\frac{1}{4M} \tag{4.7}$$

我们看到 κ 与黑洞质量成反比，也就是说，黑洞的温度与质量成反比。

奇妙的负比热

如果霍金辐射不断进行，黑洞就会逐渐消失。为什么呢？因为黑洞的温度与质量成反比，所以黑洞的比热是负的。一般物体的比热都是正的，如果放出热量温度就下降。但是，黑洞不一样，辐射粒子以后，质量减小，温度反而会升高，所以黑洞和外界不可能处于稳定的热平衡。即使达到热平衡，只要有一个涨落，黑洞比外界温度高一点，就会辐射粒子，辐射粒子后温度会变得更高，温差就拉大了，辐射也会变得越来越厉害，最后小黑洞就炸掉了。

如果刚开始黑洞跟外界热平衡，一个涨落使黑洞的温度低一点，那么外界的能量就流进来了。外界的能量一流进来，黑洞质量增加，温度反而降下去了。会有更多的能量往里流，这样黑洞就不断长大了。总之，黑洞与外界不可能处在稳定的热平衡当中。

另外还有一些现象,例如吸积和喷流(图 4-4),这方面搞天体物理的人研究得比较多。假如有两颗恒星,一颗已经形成黑洞,另外一颗恒星的气体会被黑洞吸过去,形成吸积盘,旋转着往里掉。这些东西往里掉的时候会有很激烈的效应。物质掉进黑洞的时候,在吸积盘的垂直轴方向会产生喷流。现在喷流现象已经在天文学上看到很多了,但是中心的这个星体不是黑洞也会有喷流,所以目前吸积、喷流现象仍然不能作为黑洞存在的最终判据。

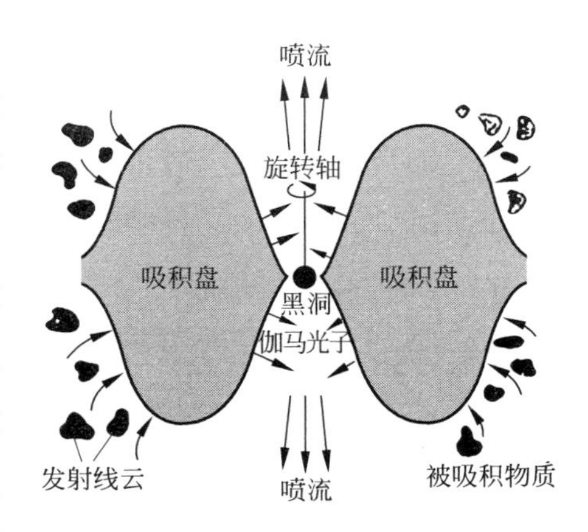

图 4-4　黑洞的吸积与喷流

4. 信息疑难

信息守恒吗?

现在来谈一下有关霍金的另外一件事情,就是关于信息守恒的问题。大家知道,无毛定理说,东西掉进黑洞以后,外界的人就不知道它们的信息了,但是这些信息并没有从宇宙中消失,它们藏在了黑洞的内部,外界的人只能探知三个信息,就是总质量、总电荷和总角动量这三根毛。这件事情问题还不是很大。

但是,认识到黑洞有霍金辐射以后,问题更大了:研究表明,黑洞往外辐射正反粒子的概率相同,电子和正电子概率相同,质子和反质子概率相同,而且完全是热辐射,辐射谱是标准黑体谱,而热辐射是几乎不带任何信息的,所以没有信息伴随霍金辐射跑出来。而且,黑洞是越辐射温度越高,那么黑洞就越变越小,最后就爆炸消失了。这样,原来掉进黑洞的物质有大量的信息,最后辐射出来的物质基本不带信息,黑洞又消失了,那么这些信息不就从宇宙中丢失了吗?信息就不守恒了。

这件事情引起了理论物理界的争吵,搞相对论的人认为信息不守恒就不守恒吧,没什么关系。但是搞粒子物理的人可不这么认为,信息不守恒会导致概率不守恒，这样量子幺正演化的规律就有问题了。整个粒子物理的基础要动摇，所以他们都认为信息应该守恒。他们猜测，可能霍金辐射不是严格的热辐射，会有一些信息带出来。要不然就是黑洞蒸发到某一个阶段会突然截止，有某种像量子效应一样的东西把霍金辐射一下截止，剩下的那些信息都作为炉渣沉在黑洞里面，不会消失。

霍金打赌

1997 年，霍金和基普·索恩(Kip Thorne)，就是搞时空隧道和时间机器的那位专家，他们两个人说黑洞中的信息会丢失，粒子物理学家普瑞斯基说不会丢失。于是，他们打赌，谁输了谁给对方订一年棒球杂志。他们打赌是开玩笑的。

霍金，索恩：黑洞中的信息丢失了 ⟺(1997年) 普瑞斯基：黑洞中的信息不会丢失，会逸出或残留

到了 2004 年 7 月，霍金突然宣布说："我输了，我承认信息是守恒的。"而且在爱尔兰开国际相对论大会的时候，他买了一堆杂志给普瑞斯基带去了。索恩说："这事不能由霍金一个人说了算，我不承认输了。"普瑞斯基则说没听懂自己是怎么赢的。虽然霍金承认输了，但是他没听懂霍金为什么输，自己为什么赢。霍金的主要意思是，原先把黑洞想象得太理想了，真正的黑洞并不是大家想象的那种理想的东西，信息不会丢失。

霍金：我输了
索恩：没有输 ⟺(2004年) 普瑞斯基：没有听懂我为什么赢了

霍金改变态度的一个原因是，当时已经有一些人做了这方面的证明，比如说帕瑞克和维尔赛克。维尔赛克是诺贝尔物理学奖获得者，搞强相互作用的。他们做出了一个证明，证明信息是守恒的。他们很巧妙，说霍金在证明热辐射的时候，考虑射出光子，射了一个光子以后，黑洞的质量不就减少了一个光子的质量吗？质量减小黑洞半径不就会减小吗？(图 4-5，图 4-6)但霍金没有考虑质量减小的影响。霍金确实没有考虑，其他人也没有考虑。

关于一个转动的黑洞辐射电子的情况，是我们这个组(北京师范大学)在刘

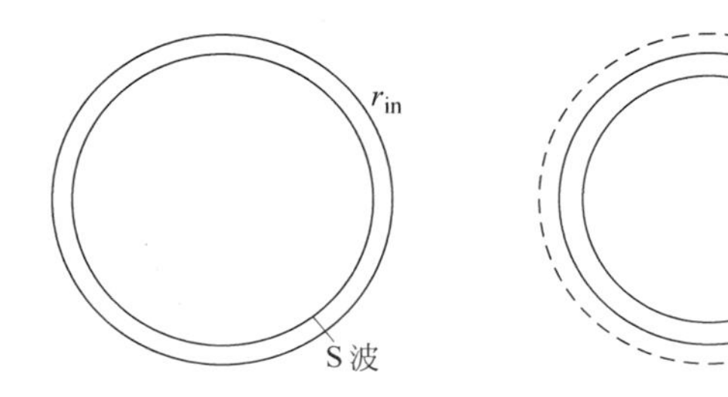

图 4-5 隧穿过程：辐射使黑洞收缩。势垒在黑洞视界处，粒子以球形波(S 波)形式向洞外隧穿，r_{in} 和 r_{out} 分别为射出前和射出后的视界位置

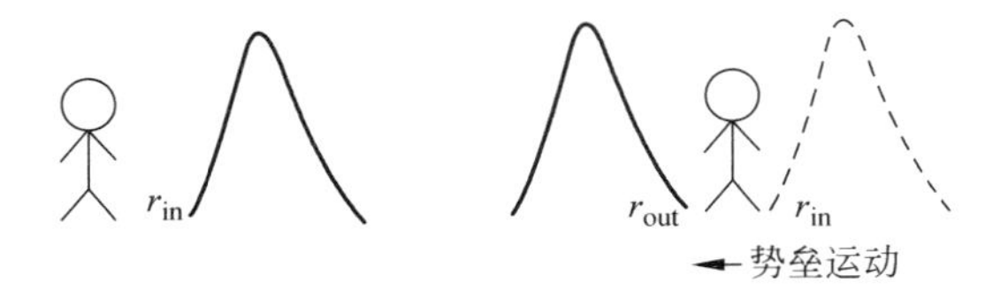

图 4-6 隧穿示意图：好像粒子(图中小人)不动，势垒向内移动，从 r_{in} 移到 r_{out}

辽先生和北京大学的许殿彦先生领导下首先证明的，我们证明的时候也确实没考虑这一点。我们当时觉得没考虑是完全可以的，为什么呢？大家知道，太阳质量占整个太阳系质量的 98%或 99%，太阳形成黑洞以后半径 3000 米，跑出一个电子或跑出一个光子，太阳质量能变化多少？半径能缩小多少？简直太微乎其微了。因此，所有证明黑洞辐射的人都没考虑这个问题。帕瑞克他们说，就是因为没考虑这一点，黑洞辐射才是严格的黑体辐射，信息才跑不出来。他们做了一个证明，出去一个粒子以后，真的有一点影响，那点影响就能对热谱有一点修正，这一点修正就正好把信息带出来了，于是信息就守恒了。

对信息守恒的质疑

我当时有一个博士生张靖仪，正好开始做论文，我就建议他研究这个问题，把帕瑞克的工作推广到各种黑洞，因为他们做的是最简单的球对称黑洞情况。我说我觉得他们的证明可能不对，他们暗中可能有一个假定，假定了这个过程是可逆过程。为什么呢？我的主要想法是：搞信息论的人认为信息是负熵，这点已经被很多物理学家所接受了，包括霍金本人都认为信息是负熵。

大家知道热力学第二定律的精髓就是熵不守恒。在一个真实的自然过程中，熵是会增加的，只有理想的可逆过程，熵才会守恒。所以根本没有道理说，一定要维持一个信息守恒定律，物理学当中现在没有，将来也不一定必须有这么一个定律。如果真的信息就是负熵的话，恐怕信息就是应该不守恒的。由于帕瑞克等人研究的是最简单的黑洞，模型简单，提供的信息也就少，不容易看出他们是否用了“可逆过程”这一假定。假如能够将帕瑞克的工作推广到各种复杂的黑洞，也许就容易看清楚了。

所以我建议张靖仪研究这个问题。后来他在博士生期间做了八篇论文，都是在国外杂志上刊登的，刘文彪教授和胡亚鹏、方恒忠、任军等研究生也做了一些研究。张靖仪做到第八篇的时候，我们看出来了，帕瑞克的证明方案中确实暗含了一个假定：假定了过程是可逆过程。他们用的热量变化式是 TdS 这个式子，只有在准静态的可逆的过程中才可以用这个式子。用这个式子就等于假定了过程是可逆过程，熵当然守恒，信息自然也守恒。所以，帕瑞克等人的工作是在可逆过程的假定下证明的。而实际的自然过程是不可逆的，具有负比热的黑洞，由于不存在稳定的热平衡，它的热辐射过程肯定是不可逆的。所以帕瑞克他们的工作，虽然数学上是正确的，但并无实际的物理意义。

我觉得现在黑洞的问题要分几个方面，一个方面，确实如霍金讲的，以前把黑洞考虑得太理想化了。真实的霍金辐射有可能带出一部分信息。另一方面，如果信息确实是负熵的话，没有道理要求信息一定守恒。而且由于熵不守恒，应该推测信息是不守恒的，由此看来霍金打赌的这场争论仍然会继续下去。

对霍金与黑洞的介绍就到这里。我想把霍金的一句话作为这个报告的结束：“当爱因斯坦讲上帝不掷骰子的时候，他错了，对黑洞的思索向人们提示，上帝不仅掷骰子，而且有时还把骰子掷到人们看不见的地方去了。”那个地方是什么呢，就是黑洞。到现在为止，黑洞的问题还没有完全搞清楚，还要继续研究下去。而霍金本人，由于他的成就，已经成为20世纪最伟大的物理学家之一了，这是毫无疑问的。

5. 彭罗斯、霍金与诺贝尔奖

诺贝尔奖的遗憾

2020年的诺贝尔物理学奖授予了彭罗斯(R. Penrose)、根泽尔(R. Genzel)和盖兹(A. Ghez)。授予彭罗斯的理由是：表彰他对广义相对论和黑洞理论的杰出研究与贡献，授予根泽尔和盖兹的理由是：表彰他们在黑洞的天文探测方面做出的优异成绩。

这是近年来第三次把诺贝尔物理学奖授予在广义相对论研究中做出卓越贡献的学者。第一次是2017年，把诺贝尔物理学奖授予了引力波的首次直接探测；第二次是2019年把该奖项授予了物理宇宙学的研究。

这三次的诺贝尔奖获奖人都是在广义相对论相关领域做出了杰出贡献的学者，但不是做出主要贡献的全部学者，我们遗憾地看到，对黑洞研究做出最大贡献的霍金与诺贝尔奖擦肩而过，这可能是因为他已与世长辞，而诺贝尔奖只发给活着的人不发给逝者的缘故。这是霍金的重大遗憾，也是诺贝尔奖的重大遗憾。

彭罗斯(图4-7)获得诺贝尔奖自然也是当之无愧的。他原本是一位数学家，在霍金的研究生导师西阿玛的动员下加入了广义相对论研究。彭罗斯对物理学做出的第一个贡献是把整体微分几何引进了广义相对论研究，大大提高了广义相对论研究的数学水平。第二个重要贡献是把年青的霍金吸引进时空理论的研究，成为霍金的半个老师、终生挚友和科研伙伴。

图4-7　彭罗斯

彭罗斯出身于一个优秀的贵族家庭，他的祖父辈、父辈和兄弟姐妹都是全英国闻名的科学家或艺术家，可以说是满门学者。

彭罗斯的贡献

彭罗斯的科研工作横跨物理和数学两大领域。他对物理学特别是对广义相对论的最重要的贡献是：严格证明了大质量星体坍缩时，一定会形成黑洞，并且最终会凝聚成密度为无穷大的奇点，从而提出和证明了奇点定理。此定理指出任何一个合理的物理时空都避免不了奇点的出现。奇点不仅是时空曲率和物质密度为无穷大的地方，而且是时间开始或终结之处。

时间有没有开始和终结，原本是少数神学家和哲学家讨论的问题，彭罗斯使物理学首次介入这一问题的研究，并断言一定存在时间有开始或结束的过程。这一神奇的定理引起不少人的关注，人们提出了一些可能的理解方案或解决办法，但至今还没有令人满意的结论。

现在认为，奇点定理是彭罗斯和霍金两个人证明的，但彭罗斯的贡献要比霍金大。这是因为第一个提出此定理并给出证明的人是彭罗斯，而且，首先把奇点视作时间的开始与终结的人也是彭罗斯。

霍金是在彭罗斯的吸引下进入这一研究领域的。霍金把奇点定理的研究从黑洞领域扩展到宇宙学领域。然后二人合作进一步完善了此定理的证明。

除此之外，彭罗斯还创建了描述时空整体结构的彭罗斯图，提出宇宙监督假设和转动黑洞的彭罗斯过程，他开创了探讨时空性质的扭量理论，提出用外尔张量来描述宇宙演化的不可逆过程等。

霍金最主要的贡献则是，提出黑洞面积定理和霍金辐射，揭示出黑洞具有熵和温度。当然，在这方面做出杰出贡献的还有贝根斯坦与安鲁。他们都是闪耀在广义相对论夜空中的明星，其中最明亮的两颗星是霍金与彭罗斯。

他们的成就启示后人，时间、万有引力（即时空弯曲）和热性质之间存在着我们尚不清楚的本质联系。

第四讲附录　漫谈黑洞（Ⅱ）

1. 最一般的黑洞

现在已经证明，自然界中可能存在的、不随时间变化的黑洞，是旋转轴对称的带电黑洞，称为克尔-纽曼黑洞。这种黑洞不仅具有质量 M，还带有角动量 J 和电荷 Q。（参见图 3-14 和图 4-2）

研究发现，这种黑洞比球对称的史瓦西黑洞复杂得多，它的视界分为两个

$$r_{\pm}=\frac{GM}{c^2}\pm\sqrt{\left(\frac{GM}{c^2}\right)^2-\left(\frac{J}{Mc}\right)^2-\frac{GQ^2}{c^4}} \tag{4.8}$$

＋号表示外视界，－号表示内视界，式中 G 是万有引力常数，c 是真空中的光速。

为了突出上式的物理内涵，人们采用自然单位制，即令 $c=G=1$，这样上式就可简化为

$$r_{\pm}=M\pm\sqrt{M^2-a^2-Q^2} \tag{4.9}$$

式中，$a=\dfrac{J}{M}$为单位质量的角动量。

研究还表明，这种黑洞的无限红移面与视界分开了，而且也分成两个

$$r_{\pm}^{s}=M\pm\sqrt{M^2-a^2\cos^2\theta-Q^2} \tag{4.10}$$

式中，＋号表示外无限红移面，－号表示内无限红移面。在无限红移面与视界之间，夹着能层，能层里虽然是真空，但储存着能量。在 r_{+}^{s} 与 r_{+} 之间是外能层，在

r_-^s与r_-之间是内能层。

外无限红移面像一个橘子的外皮，而内无限红移面像一个花生的外壳。从图 3-14 看，内、外视界似乎是两个球面，式(4.9)好像也支持这一点。因为这种黑洞的质量M、角动量J和电荷Q都不变化，似乎r_+和r_-都与角度无关。但这是一种误解，研究表明，式(4.9)所示的克尔-纽曼黑洞的内、外视界面实际上都是椭球面。这是因为我们此处用的坐标是椭球坐标，不是大家通常见到的球坐标。对于球坐标，$r=0$是一个点；但对于椭球坐标，$r=0$不是一个点，而是一个小圆盘。史瓦西黑洞的奇点，在克尔-纽曼黑洞中变成了奇环。这个奇环就是$r=0$的小盘的外沿，用椭球坐标表示，奇环处在$r=0$且$\theta=\frac{\pi}{2}$处，即

$$\begin{cases} r = 0 \\ \theta = \dfrac{\pi}{2} \end{cases} \tag{4.11}$$

这真是很怪异的事情。

在位于无穷远的观测者看来，离外无限红移面越近的钟走得越慢，离那里越近的光源射过来的光红移量越大。放置在外无限红移面上的钟，干脆就不走了，放置在那里的光源发来的光，会发生无限大的红移，$\lambda\to\infty$。这就是无限红移面名称的由来。

穿过无限红移面进入能层的物体，将不可能静止，一定会被转动的黑洞拖着旋转，这叫拖曳效应。拖曳效应是一种“时空效应”。研究表明，能层内的物体如果转动角速度为零，所处的状态就是超光速运动状态，而超光速运动是相对论所禁止的，所以能层内的物体的角速度不可能是零，必须被转动黑洞拖动。这样看来，无限红移面是“物体可以静止”的边界，所以又称它为“静界”。

不过，克尔-纽曼黑洞的表面不是外无限红移面，而是外视界。穿过外无限红移面进入外能层的飞船，只要不进入外视界，就可以再飞出去。外能层区不是单向膜区。时空坐标互换的单向膜区位于内外两个视界之间，所以进入外视界的飞船不再能逃出来，它必须“与时俱进”，奔向并穿过内视界，进入内视界以里($r<r_-$)的时空区，那里不再是单向膜区，r重新成为空间坐标，t重新成为时间坐标。所以，进入那里的飞船不会毁灭，可以永远在那里停留，但不可能再飞

出来了。

早先人们认为，进入内视界以里（$r<r_-$）的飞船，只要小心控制，不要碰到奇环就行。后来的研究表明，飞船根本不可能碰到奇环，奇环有一股强大的推斥力，拒绝任何物体向它靠近。

2. 极端黑洞、宇宙监督假设与无毛定理

从式（4.9）不难看出，如果不断地增加克尔-纽曼黑洞的角动量和电荷，将会有

$$a^2+Q^2\rightarrow M^2 \tag{4.12}$$

式（4.9）中的根号将趋于零，这表明内、外视界会相互靠近，单向膜区的厚度将变薄。当

$$a^2+Q^2=M^2 \tag{4.13}$$

时，式（4.9）中根号为零，内、外视界将重合

$$r_+=r_-=M \tag{4.14}$$

单向膜区将收缩成一张厚度为零的膜，这时的黑洞称为极端黑洞。

如果再向极端黑洞输进角动量和电荷，将会有

$$a^2+Q^2>M^2 \tag{4.15}$$

式（4.9）中的 $r_\pm$ 将成为复数，这样的几何面是不存在的，这意味着视界和单向膜区都会消失，奇环将裸露在外面。

由于奇环会破坏时空的因果性，外部观测者看到裸露出来的奇环，将使时空的因果演化变得不确定。显然，应该有一条物理定律禁止奇环的裸露。因为这个问题一时难以弄清楚，彭罗斯提出一个假设——宇宙监督假设：

“存在一位宇宙监督，它禁止裸奇异（奇点或奇环）的出现。”

对于这位“宇宙监督”究竟是谁，目前还没有一致的意见。

从式（4.9）和式（4.10）容易看出，克尔-纽曼黑洞的视界和无限红移面，由三个物理量决定，M、J、Q。事实上，黑洞外部的观测者，只能探知黑洞的这三个信息：总质量 M、总角动量 J 和总电荷 Q。形成黑洞和后来进入黑洞的物质的

其他信息都探测不到了。黑洞是一颗忘了本的“星”，它忘记了自己原来是一颗什么样的星，忘记了它是怎样形成黑洞的，也忘记了它形成后又有哪些东西掉进去。

科学家们提出“无毛定理”，“毛”就是信息，认为黑洞形成时信息丢失了，黑洞没有毛。实际上黑洞还剩三根毛，那就是 M、J、Q。

3. 黑洞的温度

与史瓦西黑洞一样，克尔-纽曼黑洞也有温度，有热辐射。研究表明，这种黑洞的温度和熵也由式(4.5)和式(4.6)决定。

克尔-纽曼黑洞的表面引力的表达式比较复杂，由

$$\kappa = \frac{r_+ - r_-}{2(r_+^2 + a^2)} \tag{4.16}$$

表示。

从式(4.16)可知，极端黑洞的 $\kappa=0$，也就是说，极端黑洞的温度是热力学温度绝对零度。所以，不少人推测“宇宙监督”就是热力学第三定律。第三定律认为：不可能通过有限次操作，把系统的温度降到热力学温度绝对零度。对于黑洞来说，就是禁止黑洞演化成极端黑洞。极端黑洞尚存一张视界膜，如果达不到极端黑洞，当然就更不可能让这层膜消失，奇环也就裸露不了。

4. 安鲁效应

在霍金提出黑洞有热辐射的前夕，W. G. 安鲁(W. G. Unruh)发现，匀加速直线运动的伦德勒观测者处在热浴中。这就是说，原本一无所有的闵氏时空，所有惯性观测者均认为是真空，但是，在其中作匀加速直线运动的观测者会发现自己周围充满了热辐射，其温度为

$$T = \frac{a}{2\pi k_B} \tag{4.17}$$

这个温度取决于伦德勒系的加速度 a。

安鲁的结论是惊人的。然而，由于大部分物理工作者不熟悉广义相对论，

也由于这一效应过于微弱，目前在实验中还观测不到，这一杰出的工作至今还不为世人所注意，只有少数人知道有这个已被预言但尚未观测到的效应存在。

安鲁等人认为，伦德勒观测者感受到的热效应是一种量子效应，它是由于不同参考系有不同的“真空”而造成的。按照狄拉克的思想，真空不空，有零点能存在。通常的物理学都是在平直的闵氏时空的惯性系中讨论的，所以物理学中所说的真空，通常都是指惯性系中的真空，闵氏真空的虚粒子涨落形成零点能(图 4-8)。当我们在作匀加速直线运动的伦德勒系中观测时，由于伦德勒真空不是闵氏真空，它的能量零点比闵氏真空的能量零点要低(图 4-9)，因此，闵氏真空的零点能在伦德勒观测者看来就是高于真空零点的能量，是真实可测的能量。这种能量以最简单的形态出现，那就是具有黑体谱的热辐射状态。因此，伦德勒观测者觉得自己浸泡在热浴之中。

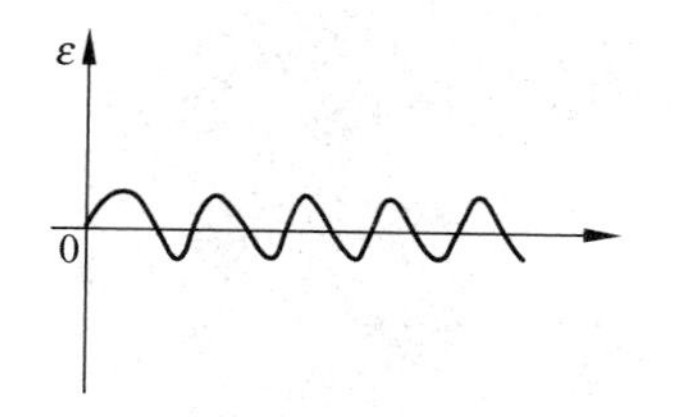

图 4-8　闵氏真空零点能

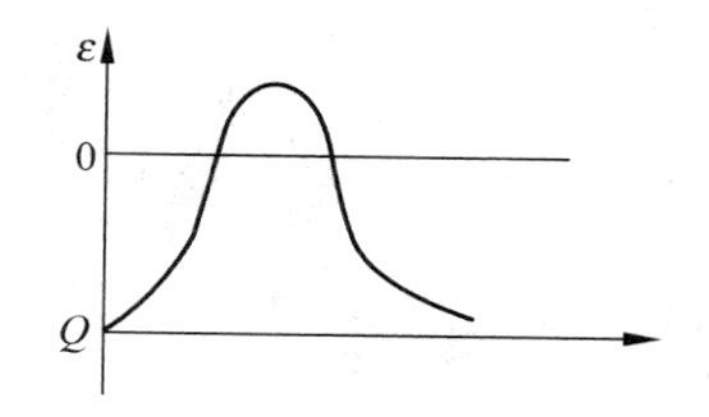

图 4-9　伦德勒时空，真空能量的零点下降到 Q 点，闵氏真空的零点能以热能形式出现

霍金证明了黑洞有热辐射之后，安鲁很快认识到，自己发现的效应与黑洞热辐射有相同的本质。因此许多人把霍金辐射与安鲁效应一起，称为霍金-安鲁效应。

第五讲　膨胀的宇宙

绘画：张京

前面已经讲了四讲了，这次我们来讲宇宙。主要讲一下现代的宇宙模型，但是为了引进这个现代宇宙模型，先讲一下宇宙的结构。

什么叫宇宙呢，汉朝的时候淮南王刘安招集一批门客写了一部书，叫作《淮南子》。后来有一位叫高诱的人，在《淮南子》的《原道篇》里边加了一个注，对宇宙下了个定义说："四方上下曰宇，往古来今曰宙。"这就是说，宇就是空间，宙就是时间。今天说宇宙的时候，是把时间、空间和物质总括到一起称为宇宙的。

那么我们就来看一下宇宙的结构。像温总理讲的，一个民族总要有一些仰望星空的人。当然那是指考虑民族远景和大的发展方向的人。现在来看一下真正的星空，再从能看见的星空入手，讲解一下我们的宇宙。

1. 浩瀚的星空

猎户当空，三星高照

大家看，图 5-1 是北半球冬夜的星空，基本上是春节前看到的星空。晚上八九点钟往南看到的天空就是这样。我们看到天空繁星万点，最明显的是中间这个四边形，这是猎户座，中国名称是二十八宿里的参宿。希腊的名字是猎户座，中间横着三颗星，是参宿一、参宿二和参宿三。我们通常说"三星高照，春节来到"，就指这三颗星。

图 5-1 冬夜的星空

猎户座的左下方是大犬座，大犬座的 α 星就是我们肉眼所能看见的、除太阳以外最亮的恒星——天狼星。上次讲黑洞的时候曾经提到过天狼星。天狼星有一颗伴星是颗白矮星，是人类发现的第一颗白矮星。天狼星的左下方是弧矢星。

中国古代认为天狼星代表侵略，所谓“弧矢射天狼”，就是反击侵略。我上次讲黑洞的时候曾经提到苏东坡的诗：“会挽雕弓如满月，西北望，射天狼。”为什么“西北望，射天狼”呢？一个原因是，西夏是北宋当时的主要敌人，在中原的西北方向。另一个原因是天狼星出现在弧矢星的西北。有一个网友说天狼星从来不出现在天空的西北，他讲的是对的，天狼星一直是在南面的天空，不过它是在弧矢星的西北方。

猎户座的右上方是金牛座，金牛座里有蟹状星云，星云中心有一颗中子星。

银河缥缈，繁星万亿

夜空中有一个淡淡的白条，那就是银河。因为现在城市里的空气污染很厉害，而且光线也太强，所以经常看不到很美的夜空。如果到郊外的话，就会看到这样美丽的星空。这万点繁星其实都是银河系里边的恒星，银河系之外的恒星，用肉眼是看不见的，最多只能看见像仙女座星系这样少数几个河外星系。它们是像银河系一样的星系，肉眼看来是模糊的斑点，有点像恒星，用望远镜仔细看，它们都是与银河系类似的星系，每一个都由上千亿颗恒星组成。

银河系直径是十万光年，就是说光从银河系的一端走到另一端需要十万年。它由大概两千亿颗恒星组成。银河系 2.5 亿年自转一周。太阳系不处在银河系的中心，位于比较靠边一点的地方，以每秒 250 千米的速度围绕银河系的中心旋转。

这两千亿颗恒星组成了几百亿个“太阳系”。为什么不是组成两千亿个“太阳系”呢？这是因为大部分“太阳系”都有两个以上的“太阳”。真正像我们的“太阳系”这样，只有一颗恒星的“太阳系”是比较少的。

星移斗转，北极定向

作为例子给大家看一个由好多个“太阳”组成的“太阳系”。大家看图 5-2，图下边是大熊星座，上边是小熊星座。大熊星座就是北斗七星，把北斗七星右端的两颗星连起来，再把它延长五倍就是北极星。小熊星座最亮的那颗星，就是北极星。大家都知道，在郊外要是迷路了，顺着北斗就能找到北极星。

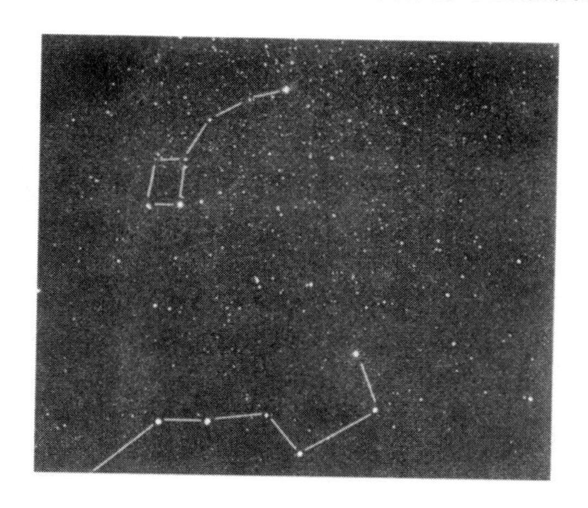

图 5-2　大熊星座与小熊星座

天上的群星，包括北斗星都要围绕着北天极转。北极星就在北天极附近，所以天上的群星似乎都在围绕北极星转。可是北斗有的时候会转到下边来，转到下边的时候可能被高山挡住，就可能看不见北斗。但那时候仙后座就升起来了，仙后座有五颗亮星，组成字母 W，W 的缺口也指着北极星。所以只要认识星，就可以找到北极星。当然，从来不认识星的人，到了迷路的时候，看哪儿都像北斗。不过你静下心来仔细观察，还是能看出哪些星比较亮，北斗七星那几颗确实比周围的星亮，你还是能够认出北斗的。

恒星的命名

我们今天要讲的是北斗七星中的一颗。图 5-3 是北斗七星，它们是大熊星座里面的星。最亮的那颗星是大熊星座 α，次亮的叫大熊座 β，这是希腊人的命名法。我们管它叫作北斗七星。大家看北斗七星，从端点这边数第二颗星，中文名字叫开阳，端点那颗叫摇光。用肉眼就能看到开阳星的旁边还有一颗小星，中文名字叫“辅”，西洋名字叫 80，就是大熊星座 80（图 5-4）。古希腊对一个星座中的恒星这样命名，最亮的叫 α，其次叫 β……，根据恒星的亮度从大到小的顺序排过去。后来国际天文界沿用了古希腊的命名方式，希腊字母排完后，再用小写的拉丁字母排序 a，b，c，d……，接着再用大写的拉丁字母排 A，B，C，

D……。此外国际天文界还有另一种命名法，把星座中的恒星按它们在天空中的方位（赤经、赤纬）编号排列，用数字 1，2，3……往下排，辅的西洋名字大熊座 80，就是这样命名的。

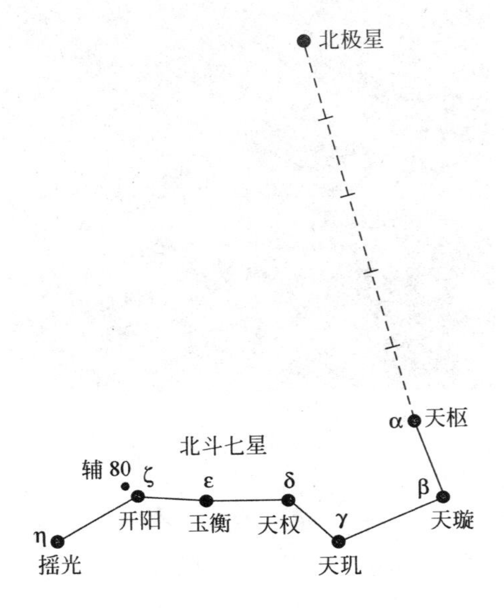

图 5-3　北斗七星与北极星

图 5-4　北斗七星中的开阳

多个“太阳”的“太阳系”

人们发现开阳和辅是一对双星。通常看到的双星有两种情况，一种情况是这两颗双星没有物理关联，它们只不过从地球上看是在同一个方位上，其实它们两个前后距离差得很远，这种双星我们一般兴趣不大，有兴趣的是有物理关联的双星。观察发现辅和开阳是有关联的，这是一对真正的双星，围绕它们的质心转动，好像是由两个太阳组成的太阳系。有了望远镜以后发现开阳本身是双星，有两颗；辅也是双星，也有两颗，围绕共同的质心旋转。再仔细看，开阳星这对双星中的每一个又是由两颗恒星组成的。所以这个“太阳系”一共有六个“太阳”(图 5-5)。像这样的恒星系，肯定有行星，但是有高级生命的可能性恐怕不大。按照现在人类的观点来看，不大容易有高级生物。因为行星很可能会在恒星当中穿来穿去，温度变化非常剧烈，说不定海洋都开锅了！高级生命可能忍受不了。但这是我们人类目前根据现有知识产生的看法。

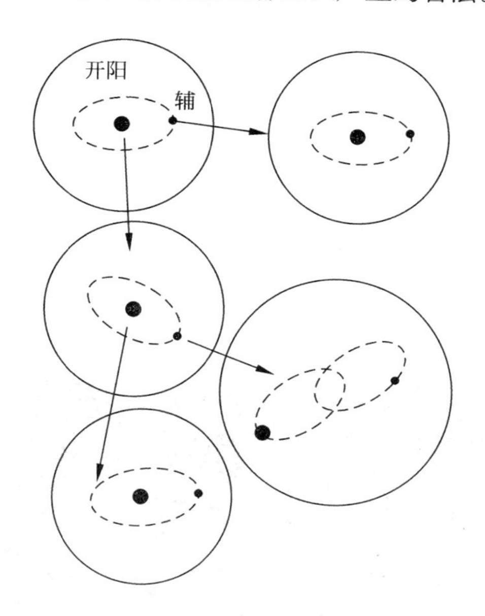

图 5-5 开阳与辅

我们的银河系

我们都知道，太阳系有太阳，有行星，还有卫星，具有成团的结构。有的“太阳系”有几个“太阳”构成，有的“太阳系”只有一个“太阳”。这些“太阳系”还构成更大的结构，比如说有的构成星团，其中一种叫球状星团，如图 5-6 所示，由几万或者几十万颗恒星组成。还有一种疏散星团，是由几十颗到上千颗恒星组成。

图 5-6　球状星团

图 5-7 是银河系的侧视图，主体是银盘，大量的恒星聚在银盘上。不过球状星团不在银盘上，在银盘之外，由上万颗恒星组成。银盘上还有一些疏散星团，但是更多的是较为独立的恒星，组成一个一个的“太阳系”，然后再一同组成银河系。因此在银河系以下的层次当中，好像物质结构都是成团的结构。图 5-8 是银河系的俯视图。

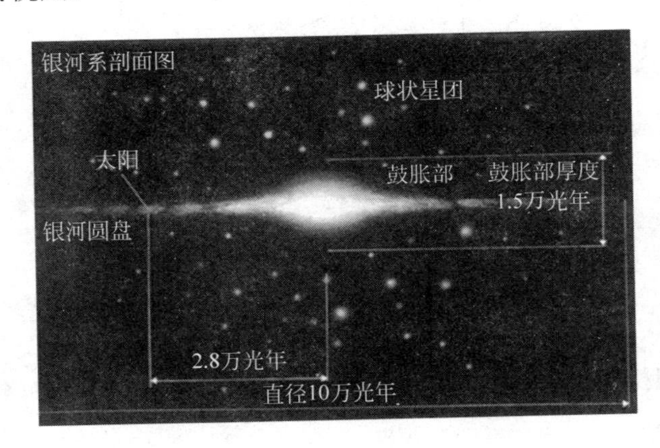

图 5-7　银河系侧视图

遥远的河外星系

后来人类发现，在银河系之外还有其他的银河系，比如在仙女座那个方位有一个星系，肉眼就可以看到，好像一个模糊的光斑。这个星系称为仙女座星系，很大也很漂亮。它离我们比较近，有 220 万光年，直径是 16 万光年。我们银河系直径是 10 万光年，它比银河系略大一点。它所处的角度很好，人们拍的照片(图 5-9)看得比较清楚，可以说非常漂亮、非常清楚。

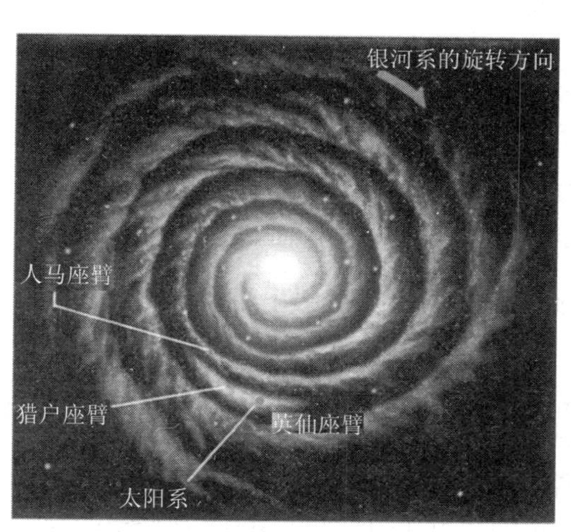

图 5-8　银河系俯视图

图 5-9　仙女座星系

从地球上肉眼可见的还有麦哲伦云，大麦哲伦云和小麦哲伦云(图 5-10)。这两个麦哲伦云，距离我们很近，比仙女座星系还近，它们分别距离我们 16 万光年和 19 万光年。为什么叫麦哲伦云呢？这两个星系在北半球看不见，麦哲伦环绕地球航行的时候，曾经在赤道以南航行，在赤道以南可以看见南天的星空，这些星空在北半球看不到。当麦哲伦的船队穿越美洲最南端的海峡时，随

图 5-10　大小麦哲伦云

船的天文学家在南半球的天空中发现了这两个星系，就把这两个星系命名为大麦哲伦云和小麦哲伦云。

星系群与星系团

大、小麦哲伦云、仙女座星系跟我们的银河系以及其他的几十个星系一起组成一个星系群，围绕它们共同的质心旋转。这就是说，像银河系这样的星系，它不但自身是成团的，而且还跟别的星系一起构成星系团。星系团如果只有几十个星系，就叫星系群。如果有更多的，比如说上千个星系的，就叫星系团了。可见星系也是成团结构。在星系团之上还有超星系团。图 5-11 是用望远镜看到的星系团和星系群，一个一个的星系，五颜六色，非常漂亮。星系团和超星系团直径基本上在 10^7 光年，也就是 1000 万光年这个数量级上，在这样的尺度上，物质还是成团结构的。比它再大，10^8 光年，也就是一亿光年的尺度上，宇宙中一个一个的超星系团都是均匀分布的，在空间是均匀分布的，而且近处看是均匀分布的，往远处看也是均匀分布的，都是均匀各向同性地分布着。所以宇宙物质的成团结构大概是在小于一亿光年的尺度上，比如在 1000 万光年的尺度上是成团的，在那以上就不是成团的了，而是均匀各向同性地分布着。

图 5-11　星系团与星系群

宇宙物质的成团结构

我们对于宇宙的了解，大体上可以小结如下，太阳系的直径是一光年，它的半径是半光年。就是它的范围不仅伸展到海王星和冥王星处，太阳引力的控制

程除去有了方程之外，还得知道初始条件和边界条件，就是你研究的这个场，初始时候是什么情况，边界是什么情况。

比如说我们要研究这个屋子里的电磁场，有了麦克斯韦方程组，是不是就能解决屋子里电磁场的分布呢？不行！还得知道边界条件，就是墙壁是什么材料组成的，它是金属还是非金属，这叫边界条件。另外还得知道初始条件，比如初始时刻屋子里边的电磁场是怎么分布的。如果知道了初始条件又知道了边界条件，就可以用电磁场方程把以后每一时刻这个屋子里的电磁场的分布全都推定出来。

所以对于爱因斯坦来说，还需要有宇宙的初始条件和边界条件。不过他这个模型是静态的，不随时间变化，所以初始条件就可以不要了，或者说初始条件就是现在这个样子。那么边界条件呢？宇宙的边是什么样啊，这个事情很难回答，假如有人说边界是什么样，可能有人就会问，那么边界外算不算宇宙呢？这也是很麻烦的事。

爱因斯坦倒是想得比较简单，他说静态宇宙是有限无边的，没有边，所以也就不需要边界条件了。大家会想，有限不就是有边吗？像桌子，面积有限，就是长乘宽。用手一摸就是边，有限有边。大家都知道欧几里得平面无限无边。一个有限有边，另一个无限无边，怎么还会存在有限无边的情况呢？

爱因斯坦说，你们看一个篮球的表面。这个篮球的表面面积是 $4\pi r^2$，是有限的。一个二维的生物在上面爬来爬去，永远爬不到边，这就是一个二维的有限无边的空间。爱因斯坦建议大家充分地发挥想象力，想象三维空间是有限无边的。他认为三维空间应该是一个超球面。超球面可不是个实心球啊，那是四维时空中的一个三维的球面。我们的宇宙就是这样的，四维时空当中的一个三维超球面。他认为时间不停地走着，而这个超球面没有变化。

神秘的宇宙项

爱因斯坦想从他的方程推出这个模型来，但是努力了相当长时间都没有推出来。爱因斯坦这人确实很聪明，他很快明白了：时空弯曲程度很低的话，他的广义相对论就可以回到牛顿的万有引力定律。

所以这个方程实际上是万有引力定律的发展和推广，里面只有吸引效应没有排斥效应。一个系统如果只有吸引没有排斥的话，不可能稳定。所以爱因斯坦觉得用原来的方程不行。他就在原来的方程里加了一项，这项是常数 Λ 乘上一个 $g_{\mu\nu}$。$g_{\mu\nu}$是什么啊？是度规，是与度量时空尺度有关的函数。新加的这一项叫作宇宙项。加进了宇宙项后，他得到了不随时间变化的有限无边的宇宙模型。这一项引进了排斥效应。

$$R_{\mu\nu}-\frac{1}{2}g_{\mu\nu}R+\Lambda g_{\mu\nu}=\kappa T_{\mu\nu} \tag{5.2}$$

其实爱因斯坦早就知道这样的项是会引进排斥效应的。因为他在寻找广义相对论方程的时候，对方程的右端应该是 $T_{\mu\nu}$，他觉得是没有问题的。但是左端是什么样的呢？他尝试了很长时间。起先格罗斯曼跟他合作，后来希尔伯特跟他合作，都是在寻找方程左边的函数形式。最终找到了 $R_{\mu\nu}-\frac{1}{2}g_{\mu\nu}R$ 这样一项，找到了这个正确的结果。但是他也曾经试过 $\Lambda g_{\mu\nu}$这种形式，把它搁在左边。只把 $\Lambda g_{\mu\nu}$搁在左边的时候，他得不出与观测相符(例如水星进动)的时空弯曲情况。因为这一项只产生排斥效应，违背万有引力定律，所以他抛弃了这样的项。现在需要排斥项了，他又把这一项加进去。这个 Λ 叫作宇宙学常数，这个 Λ 通常是用大写字母表示。把这项加进来以后，引进了排斥效应，就得到了他所期待的静态宇宙模型。

当时的舆论界都轰动了，说我们伟大的爱因斯坦继狭义相对论和广义相对论之后，又把宇宙问题解决了。我们的宇宙是什么样子呢？是个有限无边的东西。我相信当时所有的人几乎都搞不清爱因斯坦在说什么，搞不清他所说的这个有限无边的宇宙究竟是怎么回事。

3. 膨胀或脉动的宇宙

弗里德曼的突破

爱因斯坦认为他又解决了一个重大问题。但是过了不久，有个杂志社转给他一篇文章，是他没有听说过的一位苏联数学家弗里德曼写的。这个人用爱因斯坦没有宇宙项的方程，也就是原先的那个方程式(5.1)，得到了一个膨胀的解，或者说一个脉动的解，脉动的解就是一胀一缩的解。弗里德曼主要得到的是脉动解，三维空间也是有限无边的。但是爱因斯坦的有限无边宇宙是不动的，他这个有限无边的宇宙是一胀一缩的。

爱因斯坦看了这个稿子以后，觉得这个工作是错误的。他对杂志社表示意见说，这个解是不对的。杂志社就不想发表，把审稿人意见转告了弗里德曼。审稿是背靠背的，弗里德曼并不知道审稿人是爱因斯坦。后来弗里德曼偶然从一个渠道听说审稿人是爱因斯坦，就给他写了一封信，解释自己的模型。爱因斯坦没有回信，看来爱因斯坦仍然坚持认为他的文章有问题。

弗里德曼没有办法，只好把稿件寄给了德国的一个小的数学杂志，弗里德曼本人是个数学家，他的解在数学上肯定没有问题。那个杂志就将文章登出来了。不过，由于那家杂志影响不大，他的文章登出来以后，没有引起大家的注意。

过了不久，在比利时有个叫勒梅特的神父，用带 Λ 的爱因斯坦方程，就是带有宇宙项的方程(5.2)，也求出了脉动或膨胀的宇宙模型，也得到了动态模型，这篇文章在另外的西方杂志上登出来了。文章登出来不久，哈勃定律就发现了。

哈勃的发现

哈勃定律是怎么回事呢？天文学家早就发现，宇宙中星系的颜色都有点变化，有的有点发红，有的有点发蓝。绝大部分都发红，有很少量的发蓝。那是怎么回事呢？大家想这可能是多普勒效应，说明这些星系相对我们有运动。

比如说一列火车开过来了，声源朝我们运动，我们会觉得那声音很尖。一旦它开过去远离我们的时候，它的声音马上就钝下来了。这就是声学中的多普勒效应。光学也有同样的多普勒效应，当一个光源朝我们运动过来的时候，它的光的波长会变小，就是频率增高，光谱线会向蓝端移动，就是说它发蓝。如果远离我们就发红。

天文学家看到的绝大部分星系发红，只有极少量的发蓝。后来发现那些发蓝的星系都是跟我们银河系处在同一个星系群里边的。它们围绕星系群的质心运动，作相对运动，有的朝你运动，有的远离你运动，那确实是多普勒效应。但是我们的星系群以外的星系团、星系群，都是在远离我们的，光都发红。哈勃

根据这些现象总结出来了一个公式,所谓哈勃定律

$$V = HD \tag{5.3}$$

式中,D 就是这个星系离我们的距离,V 是它逃离我们的速度,H 是一个比例常数,这个常数就叫哈勃常数,是哈勃的姓的第一个字母。

这个式子很简单,最初哈勃从观测的角度得到了距离跟红移的关系,如果把红移看成多普勒效应的话,红移量和 V 的关系很容易算出来,最后就可以得到 $V=HD$ 这个公式。这个公式支持了膨胀宇宙模型,支持了宇宙在膨胀。它表明远方的星系都在远离我们,而且离我们越远的星系逃离得越快。

爱因斯坦放弃宇宙项

哈勃定律支持了膨胀宇宙模型,所以爱因斯坦也觉得,看来膨胀宇宙模型是对的。爱因斯坦后来表了个态,宣布放弃自己的静态宇宙模型,说他们的膨胀模型是对的。又说正确的广义相对论方程,应该是原来那个没有宇宙项的,而那个有宇宙项的方程是错的。他不应该加进宇宙项,看来宇宙项不属于广义相对论,请大家以后就不要用了,把它忘掉吧。

可是他说让大家都忘掉,那大家能忘掉吗?很多人觉得还是可以有这么个东西啊,有相当一部分人不愿意放弃。而且研究这个带宇宙项的方程还可以求出一些新的解来。结果许多人还继续使用带宇宙项的方程,继续发表论文。

爱因斯坦很遗憾,说引进宇宙项看来是自己一生中所犯的最大的错误。这一情况就像“天方夜谭”里的那个渔夫,钓起一个魔瓶,一开盖魔鬼就出来了,出来了想塞也塞不回去了。

于是宇宙项就存在于相对论的理论当中了。此后研究相对论的人都是既研究不带宇宙项的方程,又研究带宇宙项的方程,两种方程都研究,至今发表的论文当中两种情况都有讨论。

4. 爆炸和演化的宇宙

神父的“宇宙蛋”

我们还要提一提这位勒梅特神父。他主张宇宙是膨胀的,当时就有人问了,你这个宇宙不断地演化,这跟上帝创造宇宙是不是有点矛盾啊?这个膨胀

是上帝指挥的吗？这件事情好像还不太清楚。勒梅特解释说，其实很清楚，上帝当年创造的不是我们现在的宇宙，而是一个"宇宙蛋"，大概像乒乓球那么大。然后这个很热的蛋就膨胀起来，逐渐膨胀、散开、降温，演化成了我们今天的宇宙。他还用热力学对宇宙的膨胀进行了描述。这是一个非常重要的思想，就是用演化的观点来看待宇宙。

α、β、γ的原始火球

这个时候有一个叫伽莫夫的物理学家亮相了。伽莫夫是苏联的大学生，他和朗道一起被苏联派出国进修。这两个人确实都很了不起，朗道后来回国了，伽莫夫留在了西方，他研究核物理。

伽莫夫考虑，勒梅特讲的这个原始的、热的宇宙蛋是不是一个核火球啊？应该把核物理用进去。于是他就把核物理用到宇宙演化的研究中了。根据他的观点，最初宇宙是一个核火球，这个核火球逐渐膨胀开来，慢慢地降温形成我们今天的宇宙，这就是所谓火球模型。

伽莫夫指导他的研究生阿尔法进行研究，这个人的名字有点像希腊字母 α 的读音。伽莫夫自己的名字很像希腊字母 γ（伽马）的读音。伽莫夫这个人很爱开玩笑，正好他们研究所里有个叫贝塔的物理学家，于是他把贝塔也拉进来，阿尔法（α），贝塔（β），伽马（γ）三个人写了火球模型的文章。但主要贡献是阿尔法和伽莫夫的，特别是伽莫夫本人，思想主要是他提出来的。

但是这个模型遭到主张稳恒态宇宙模型的霍伊尔（就是后来被霍金挑错的那个人）讽刺，他说这个模型简直就是一场大爆炸，还不如叫大爆炸模型算了。结果大爆炸模型这个名称一直沿用至今。现在大家叫火球模型的反而少了。

伽莫夫和勒梅特两个人都说宇宙在演化。大家知道，生物学刚开始的时候只讲植物、动物分类，到了达尔文的时候诞生了进化论，对人的研究后来也出现了进化论。历史研究表明；人类社会和人类文明也在进化。勒梅特和伽莫夫现在告诉我们：宇宙同样是发展演化的，从静态到了动态，这是人类思想上的一次大飞跃，对宇宙认识的大飞跃。

勇敢加天才

现在回过头来再看一下哈勃定律。图 5-12 是哈勃最早给出的那张图，得到哈勃定律的图。纵坐标是远方的星系逃离我们的速度，每秒钟多少千米。横坐标是这些星系离我们的距离，这里“秒差距”(pc)是一个天文学单位，搞天文学的人都用秒差距，他们觉得比较方便、正规，但是这个东西一般人觉得不太直观。大家对光年更熟悉，一个“秒差距”是三个多光年的样子。你看图上的观测点多散啊，哈勃很勇敢地“噌”就一条直线画过去了，成正比。后来有些人想，哈勃怎么回事啊。有的人猜：他是不是知道膨胀宇宙模型啊？如果知道膨胀宇宙模型的话，成正比的直线，正好跟膨胀宇宙模型一致。但是也有另外一种可能，就是他抓住了主要矛盾。因为他是搞观测的，他知道这些数据的误差到底有多少，他的观测点当中到底有多少是非常可靠的，可靠到什么程度，所以他抓住主要东西勾勒出了这条直线。如果详细描绘的话，这条线将是复杂的曲线，根本找不出什么规律来，乱七八糟的。哈勃则把主要的实质描出来了。事实上随着实验观测越来越精确，会发现新的观测点也越来越靠近这条线。

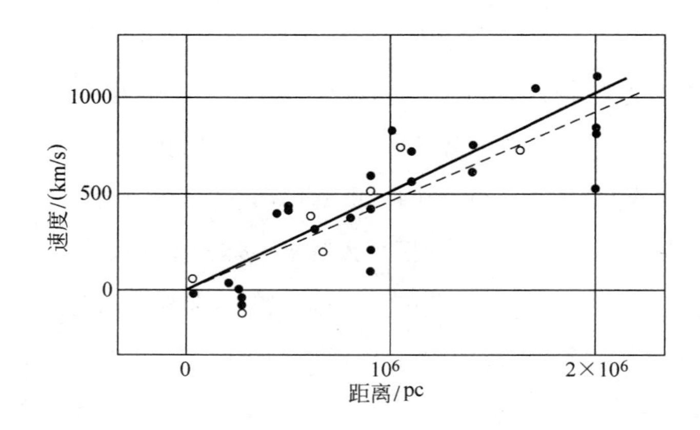

图 5-12　最早的哈勃图

搞实验研究的人还真的要注意，一方面要关注理论，但是千万不能像有的人那样，理论上是什么就造出什么来，那是不行的。但是在做实验的时候也要注意抓主要矛盾，抓住主要规律。

氦丰度的支持

这个火球模型提出来的时候，伽莫夫就说，他的火球模型是有观测支持的，第一是哈勃定律，它表明宇宙一直在膨胀。大爆炸以后的膨胀确实应该是这个样子。另外一个是氦丰度，就是说宇宙中氦元素的含量，按他的火球模型应该是20%多。

宇宙刚开始生成的时候,主要的物质形态是以氢为主的气体。因为那时候的温度高,氢就聚合成氦。然后再继续膨胀,温度就降下来了,氢聚合成氦的热核反应,也就基本停下来了。

根据伽莫夫的计算,这个时候的气体应该含有20%多的氦,70%多的氢,这就叫氦丰度。根据他的理论计算出来的这个值,是跟观测值大体相同的。当然,后来这些气体聚集成团以后,会往里收缩,形成一颗颗恒星。收缩过程当中大量的万有引力势能转化成热能,温度重新急剧上升,升高到上千万开、上亿开之后,重新点燃气团中心的热核反应,氢再烧成氦,就像我们的太阳这样发出光和热。但是这样生成的氦,与在宇宙早期生成的氦相比微乎其微,很少,所以氦丰度是对火球模型的一个支持。

大爆炸的余热

另外他还说,宇宙既然原来是一个原始的大火球,那么今天的宇宙不可能是热力学温度零度,一定还有大爆炸的余热保留下来。他估计这个余热大概是热力学温度5开左右,有人猜测是热力学温度10开左右。

这个大爆炸余热长时间没有找到。伽莫夫是在1948年提出火球模型的,十几年后,1964年才发现了大爆炸的余热。当时有一些搞相对论的专家想找大爆炸的余热,用各种办法寻找,看宇宙空间中有没有余热,但没找着。这时候另外两位射电天文学家却在无意中找到了。

射电天文学家是干什么的呢?他们研究来自宇宙空间的无线电波。我们知道,人的肉眼看到的都是可见光,后来有了望远镜也是看星星射来的可见光。但是有些天体不发可见光,只发射无线电波,还有一些天体既发可见光,又发无线电波。所以来自宇宙空间的无线电波也很重要,我们也能够从中知道宇宙空间的很多信息。

当时有两位美国射电天文学家,一位叫彭齐亚斯,另一位叫威尔逊。他们改装了一套原来用作接收卫星信号的天线装置,打算用它来寻找来自宇宙空间的无线电波。他们设计好这套装置以后,尽量想办法降低噪声,提高装置的灵敏度,先把它调好,再进行观测。但他们发现调到一定程度,噪声就降不下来了。他们想肯定是天线有问题，于是把整个天线拆开，进行检查。发现在天线的核心部位，鸽子修了一个窝，还拉了一堆鸽子粪。论文当中写了他们清洗鸽子粪，把窝也拆掉了。当然讲述这个过程的时候，他们采用了很文雅的词来描述，说他们发现了一堆鸽子的白色分泌物，然后把这些分泌物给洗掉了。但是进行了这些操作之后，噪声依然存在。

这回他们明白了，这个噪声可能是宇宙空间本来就有的，并不是他们的设备造成的。这个噪声是热力学温度 2.7 开的微波背景辐射。大家知道温度很高的时候，物体主要的辐射处在可见光波段，温度低下来，可能就跑到波长较长的红外波段去了，再低就到微波波段了。热力学温度 2.7 开（我们通常说 3 开）的热辐射，就是微波波段的辐射。微波背景辐射发现之后，大爆炸模型得到了公认。在 20 世纪 60 年代后期和 70 年代，大爆炸宇宙学迅猛发展起来，大家普遍相信了这个模型的正确性。

膨胀没有中心

人们经常有一个问题，就是从地球上看到，宇宙空间在向外膨胀，所有的星系都在远离我们，是否我们这里就是爆炸的中心呢。对不对？不对。实际上，站在任何一个星系上都会看到别的星系在远离自己。为什么呢？请大家看图 5-13 中这个小孩吹气球，你看这个气球，气球上有很多墨水点，这些墨水点表示一些二维的星系，这个气球就是一个二维空间。小孩一吹，这个二维空间就膨胀了。对于任何一个墨水点来说，其他的墨水点都在远离它，对不对？所以在这个膨胀的宇宙中，没有膨胀的中心，或者说每一点都是膨胀的中心。

图 5-13　膨胀的宇宙示意图

宇宙的创生、暴胀与演化

图 5-14 讲解了宇宙演化的过程，对宇宙演化的描写较详尽。总的说来就是，宇宙最初的时候是无中生有的，时空和物质一起从虚无当中冒出来。需要说明的是，宇宙刚刚从虚无中诞生出来的那一段时间（10^{-43} 秒以内），既分不清

上下、前后、左右，也分不清时间和空间，只是在 10^{-43} 秒之后这些东西才能够分清。

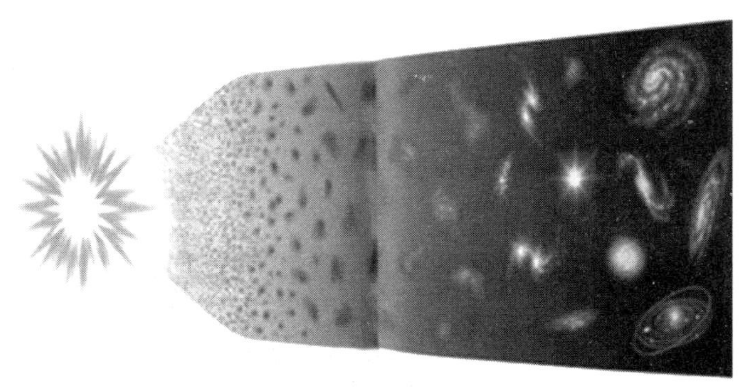

图 5-14　宇宙演化的示意图

接着先经历了一段比较平稳的膨胀、降温过程，然后宇宙出现一个以真空能为主的时期，这时宇宙进入暴涨阶段，一个迅猛膨胀的阶段。在这一演化过程当中，原有的真空演变为"过冷的"、不稳定的假真空状态。接着假真空态会一下子跃迁到能级较低的真的真空态，此时大量的真空能转化成为物质能，从"虚无"中涌现出来，使宇宙回升到高温状态，然后便又恢复为平稳膨胀的状态，在膨胀中逐渐降低温度。温度逐渐降低以后，出现了夸克、胶子和轻子；然后就是质子、中子的形成；然后是原子核的形成，原子、分子的形成；更后来就是恒星、行星和星系的形成、演化；生命的出现，生物的进化，有些生物还发展成为比较高级的生物，产生了思想和意识，其中一些高级生物还在那儿提问题，问：我们为什么会从宇宙中产生呢？比如我们人类，就是这样的生物。

宇宙膨胀还是脉动

现在我们知道宇宙有两种演化方式。如果三维空间是负曲率的，曲率 $k<0$，是一个伪超球面，或者是平直的，曲率 $k=0$，是一张超平面，那么宇宙的三维空间就是无限无边的，它会永远膨胀下去。还有一种情况是，三维空间曲率是正的，$k>0$，那么它是一个超球面，这个时候它的空间是有限无边的，而且是脉动的，不断膨胀又收缩。图 5-15 就画出了两种情况：在 $k<0$、$k=0$ 的时候它是永远膨胀下去的，如果 $k>0$，就是三维空间的曲率大于 0，那么空间就膨胀然后又收缩。收缩时温度当然又重新上升。如果是永远膨胀的话，就会越来越冷，逐渐趋于热力学温度零开，却又达不到零开，它就这么演化下去。如果是一胀一缩的话，就有一个空间不断膨胀、温度不断降低的时期，然后空间又重新收缩，温度又重新高起来。

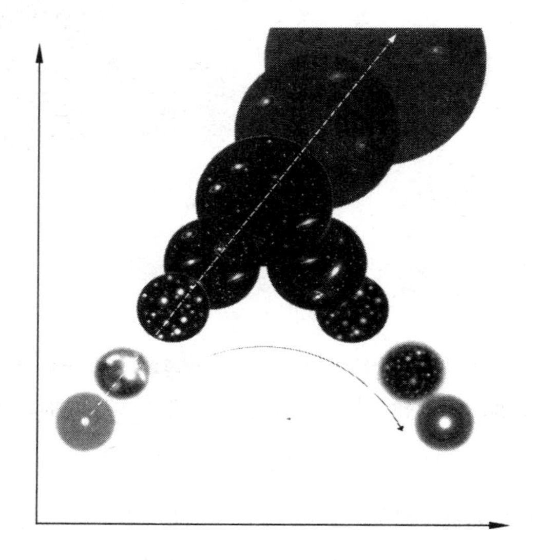

图 5-15　宇宙膨胀的几种情况

那么我们的宇宙到底将来会怎么样呢？研究表明，我们宇宙中的物质有一个临界密度。这个临界密度是每立方米 3 个核子，或者说 3 个氢原子。如果宇宙中的物质平均密度大于这个临界密度的话，这个宇宙膨胀到一定程度就会收缩，宇宙将是脉动的。因为物质密度比较大的话，物质间的万有引力作用就比较大，也就是说，吸引效应会比较大，大到一定程度，就能够使宇宙膨胀转变为收缩。如果物质密度达不到这个临界密度，那么宇宙就会永远膨胀下去。虽然吸引效应能促使膨胀减速，却不能使膨胀速度降到零，更不能使膨胀转化为收缩。

最初得到的观测数据表明，宇宙中物质的密度远小于临界密度，所以认为宇宙会永远膨胀下去。但是，另一些人研究河外星系的红移，发现这些星系虽然在远离我们，但是远离我们的速度下降得很快，即所谓的减速因子很大，这又似乎表明宇宙的膨胀将逐渐停止并转化为收缩。这就是说，研究减速因子得出的结论与研究临界密度得到的结论相反。那个时候有很多研究讨论纠缠在这个问题上。也就是说大家不太清楚，宇宙中的物质密度到底是多大，究竟是大于临界密度还是小于临界密度。有人猜测宇宙中物质密度可能正好等于临界密度，但又觉得有些怀疑。

5. 宇宙居然在加速膨胀！

近年来上述矛盾更加大了。大在哪儿呢，就是通过对一类超新星离我们距离的观测，发现宇宙目前根本不是在减速膨胀，而是在加速膨胀，从大约 60 亿年前开始，宇宙就从减速膨胀转变为加速膨胀了。这一发现完全颠覆了宇宙膨胀一直是逐渐减速的认识。

天文学上的测距：量天尺

我们知道，天文学上测距有很多种方法。最古的时候是采用三角法，比如测月亮到地球的距离怎么测，可以从地球上的两点去观测月亮，形成一个三角形，地球上的基线长度是知道的，然后再测定两个观测点到月亮的连线与基线的这两个夹角，就可以算出月亮离我们的距离。后来还有其他很多种方法。比较著名的有一个变星方法。有一种变星叫造父变星，这种变星的变光周期跟它的真实亮度有关系，知道它的变光周期，就可以知道它的真实亮度，然后再用眼睛看它的视亮度，视亮度和真实亮度有差别的原因，就是它距离我们远。依据造父变星视亮度和真实亮度的差值，就可以判定这个造父变星所在的星系离我们的距离了。所以造父变星就成了一种标准烛光，一种量天尺。

Ⅰa 型超新星：新的标准烛光

现在的问题是什么呢？天文学家突然发现又有一个东西可以作为测量星系距离的标准烛光。这就是Ⅰa 型超新星爆发。不同超新星爆发的规模是很不一样的，不能随便选一颗超新星用它爆发的亮度作为标准烛光去判定它离我们的远近。因为超新星的个头可以差异很大，它炸完以后有没有剩下星体，剩下什么星体，剩下一颗中子星，还是剩下一个黑洞，这些剩余星体有多大，都是不一定的。所以它爆炸的规模很不一样。但有一种超新星爆炸的规模，许多天文学家认为是一样的。什么呢？就是Ⅰa型超新星。

这种恒星本来它不会超新星爆发，它形成的是一颗白矮星。我们知道形成白矮星以后就不会爆发，然后它就会冷却下来，慢慢地变成黑矮星。但是如果这个“太阳系”，白矮星所在的“太阳系”，里头还有其他恒星，也就是说它处于一个双星或聚星（多个恒星组成）系统，那么其他恒星的物质就会被白矮星吸引过来围着它转，很多物质被吸积进去，于是白矮星质量逐渐增加，但白矮星有个质量上限，就是钱德拉塞卡极限——1.4个太阳质量。超过1.4个太阳质量的白矮星是不稳定的，它内部的泡利斥力抵抗不住万有引力，就会塌下去而爆炸，形成超新星，这就是所谓Ⅰa型超新星。它是白矮星吸积了大量物质以后，质量超过了钱德拉塞卡极限，也就是1.4个太阳质量的时候，形成的爆炸。

这样爆炸形成的超新星，第一，它的质量不足以形成黑洞，也不足以形成中子星。结果是什么呢，当然是全部炸飞。它没剩下渣滓，全部炸飞掉。第二，个头都差不多，都刚刚超过1.4个太阳质量就炸了。所以许多人认为，这类超新星爆发的规模和亮度都差不多，是可以作为标准烛光的。

天文学家利用它作为标准烛光，重新测定遥远星系离我们的距离，并和这些星系的逃离速度比较，就发现宇宙在诞生的初期，膨胀确实是逐渐减速的。但是在60亿年前突然变成加速了，从减速膨胀变成了加速膨胀。

排斥效应：透明的暗能量

怎么来解释这种加速膨胀呢？加速膨胀表明必定有个排斥力在起作用，于是有人就提出一个观点，说宇宙中可能存在暗能量。所谓暗能量是这样一种物质，它的压强是负的，所以它起了推动膨胀的作用。而且，它在宇宙中是均匀分布的，在宇宙膨胀过程中，暗能量的密度是保持不变的。但是随着宇宙空间体积的不断胀大，宇宙中暗能量的总数不断增加，它所产生的排斥效应就越来越强，终于压倒了普通物质间的万有引力造成的吸引效应，使宇宙膨胀从“减速”转变为“加速”。而且，这种暗能量还有一个奇特性质：不参加电磁相互作用。不参加电磁相互作用就使人看不见它，它既不发光，也不挡光，它对光是透明的。这种物质就叫暗能量。

吸引效应：透明的暗物质

在此之前，天文学家还猜测有一种暗物质，暗物质是什么呢？它产生吸引作用，它产生万有引力的吸引效应，但是也不参加电磁作用，对光也是透明的，看不见。暗物质的最初提出大概是在研究银河系这类星系转动的时候。

用牛顿力学来研究银河系中恒星的转动就会发现有问题。银河系的银盘的旋转角速度应该与向心加速度有关。它应该受到一个向心力，这个向心力就是银河物质产生的万有引力。但是从银河系外围的这些恒星的转动速度来看，作为引力源的银河物质似乎并不都集中于银心，而是呈晕状分布，并且它们产生的万有引力，应该比我们看见的银河系中心的发光物质所能产生的引力要大很多。但是我们又只能看到那么多发光物质，而且这些发光物质比较集中于银心，不呈晕状分布。

有人说是不是尘埃和气体的质量没有考虑进去呢？不是。因为尘埃和气体都会挡光，光过来了有些气体不仅会被照亮，而且自身也会被激发而发光。这是因为恒星的光照到它们上面以后，把它们的分子能级激发了，所以它们本身也发光，我们能看见。即使一些尘埃干脆把光挡住了，我们也能看见有黑不溜秋的一块。但是现在这种晕状分布的物质是你看不见的，它不参加电磁作用，跟玻璃一样，跟以太一样，透明的，光就穿过来了。但是它有万有引力，这种东西就是所谓暗物质。在研究远处星体的引力透镜和其他效应时，天文学家也产生过存在暗物质的推测。

当代的两朵乌云：暗物质与暗能量

暗能量跟暗物质都是透明的，暗物质是成团结构的，基本上是聚集在有恒星、有星系的地方，比如银河系的中心附近，许多人推测存在大量的、我们看不见的这种暗物质。暗物质是跟普通物质聚在一起的，是成团结构的。而暗能量呢？是在宇宙当中均匀分布的。在宇宙膨胀过程中，它不是密度减小，而是密度保持不变。所以随着宇宙的膨胀，宇宙中的暗能量总量就越来越多，排斥效应就加大了，因此宇宙就变成了加速膨胀。

对这两个问题，很多人进行了研究。到现在为止，论文已经有一万多篇，有的人说有两万篇了，但是问题没解决。到底暗能量和暗物质是什么，大家想了很多稀奇古怪的物质形态，但都不足以说服人。

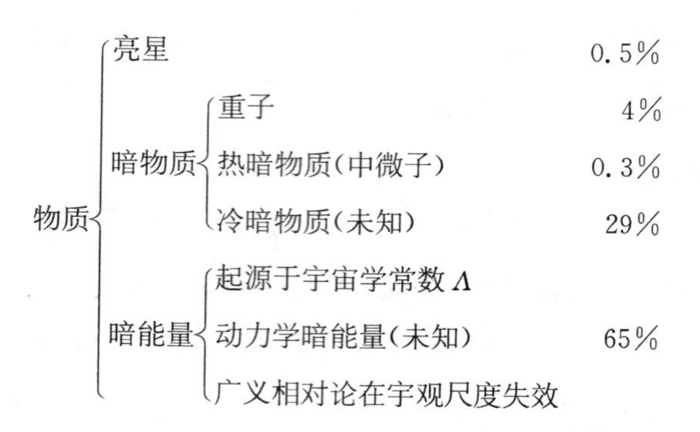

这个表告诉我们宇宙中物质的分布大概是什么样的。比如说，我们通常看到的亮星，根据现在的估计，质量大概占宇宙中物质的 0.5%，而暗物质中的重子物质(这还不是真暗物质，这不是我刚才说的那种暗物质)，包括尘埃啊，气体啊，黑洞啊，都算在内，大概占 4%。还有一部分是所谓热暗物质，比如中微子，假如有质量的话，它能占宇宙中总质量的 0.3%。这些加起来不到 5%。这些物质是我们知道的，它们都是我们熟知的普通物质，它们的结构我们是知道的。

表中的冷暗物质才是我刚才说的那种暗物质。这种暗物质大概占宇宙中物质总量的 29%。它不参加电磁作用，对光是透明的，产生万有引力，只产生万有引力。还有暗能量，大约占宇宙物质总量的 65%，也是对光透明的，但是呢，它起排斥作用，因为它的压强是负的，使宇宙加速膨胀。

现在对暗能量的猜测有几种，一些人认为它是动力学暗能量，就是说它是一种新的物质形态，许多搞粒子物理的人想了很多稀奇古怪的模型来描述暗能量，论文发表了不少，但问题还是解决不了。看起来很困难，搞不清楚是怎么回事儿。

另外一些人认为，其实这东西并不神秘，并不存在什么奇特的“暗能量”，宇宙加速膨胀其实是爱因斯坦方程中含 Λ 的宇宙项造成的。看来爱因斯坦方程还是应该含有宇宙项。

还有一些人认为，宇宙项这一项太简单，只是一个常数 Λ 乘上一个 $g_{\mu\nu}$，仅凭宇宙项这个简单的东西，不足以解释宇宙的加速膨胀。他们认为可能要对爱因斯坦方程做大的修改。在宇观尺度上，广义相对论需要做大的修改。

如果只考虑宇宙项就能完全解释宇宙的加速膨胀，那是最好的，也是最简单的解决方式。不需要设想怪异的物质形态，广义相对论也基本不用修改，爱因斯坦方程还可以用，只需加入宇宙项。要是这样子的话，那就表明爱因斯坦所认为的他犯的最大的错误其实不是错误。对于暗能量和暗物质，现在我们所知道的情况就是这样。

自然科学从哥白尼到现在才 500 年，我们对宇宙，特别是早期宇宙的了解还是十分不够的。现在可以肯定的是什么呢？宇宙是均匀的，是无边的，是膨胀的，是不断演化的。这些认识大家还比较一致，至少现在的学术界是比较一致的。至于宇宙是有限无边呢，还是无限无边呢？它膨胀以后会不会缩回来呢？这些事情现在还没有比较牢靠的、比较一致的看法。另外，对于宇宙早期演化的详细描述，往往基础不牢。现在自然科学才诞生 500 年，想把宇宙最早期都给描写清楚，实在是根本不可能的事情。所以，对越早期宇宙的描述，越不可靠。随着科学的发展，会不断地把它完善起来。

有一位天体物理学家就跟大家说："千万不要去追一辆公共汽车、一个女人，或者一个宇宙学的新理论，因为用不了多久你就会等到下一个。"

今天的讲座到此为止。有的网友提出来想看一些文字资料。下面这几本书有我所讲的这些内容的文字资料。

赵峥. 物理学与人类文明十六讲[M]. 北京：高等教育出版社，2008.

赵峥. 探求上帝的秘密[M]. 北京：北京师范大学出版社，2009.

新版更名为《探求宇宙的秘密》，2013.

赵峥. 相对论百问[M]. 北京：北京师范大学出版社，2011.

赵峥. 看不见的星：黑洞与时间之河[M]. 北京：清华大学出版社，2014.

谢谢大家！

第六讲　时空隧道与时间机器

绘画：张京

现在来讲第六讲《时空隧道与时间机器》，这些东西都是大家感兴趣的。我这里讲的不是小说，而是从科学的角度来探讨这些内容。不过在讲之前，我还想对“大爆炸”宇宙再做一些解释，原因是关于膨胀宇宙的内容太多，我们不可能用一讲的时间将内容都讲完，所以我现在要把上一讲遗留的一个很重要的部分，也就是关于大爆炸的一些模糊观念和认识，给大家讲一下。我讲述的这些内容发表在《科学的美国人》上面，是美国的两个天体物理学家写的，紫金山天文台的陆埮先生介绍我看这篇文章，我看了以后，觉得澄清了我头脑当中的很多错误观念。陆先生也认为这篇文章很好，所以现在就把这部分内容介绍给大家。

1. 澄清对“大爆炸宇宙”的几个模糊认识

大爆炸没有中心

首先，“大爆炸”描述的宇宙膨胀(图 6-1)，是一种什么种类的膨胀？一般人可能会想，这个大爆炸模型肯定是空间当中，有一包炸药或者是什么东西“咚”一下炸了。像图 6-2(a)这张图似的，有一包炸药，“咚”，炸了，刚开始，物质都集中在爆炸处，爆炸处的压强大，外面的压强小，然后爆炸物质逐渐扩散开来。显示出爆炸有一个中心。

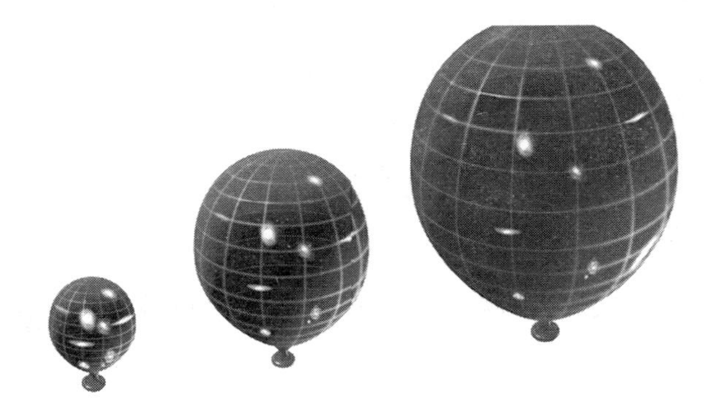

图 6-1 膨胀的宇宙

但是，正确的膨胀宇宙模型不是这样的，按照正确的膨胀模型(图 6-2(b))，宇宙刚开始起源于奇点，其实奇点并不属于时空。按照现在的看法，“奇点”就

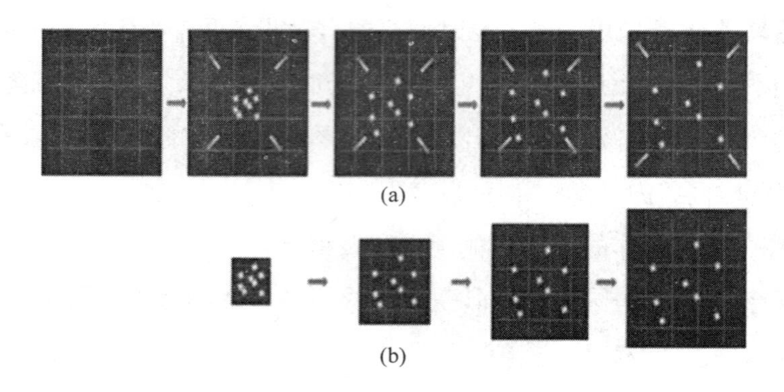

图 6-2　大爆炸是什么种类的爆炸

是时空当中抠掉的一个点，实际上宇宙是“无中生有”的。时间、空间和物质是同时诞生的，它们从奇点开始，或者说是从虚无当中产生出来的。然后你看，产生的物质是均匀分布的，空间在膨胀，物质的密度在减小，物质跟着空间膨胀散开，空间膨胀得大一点，物质就散得开一点。物质的密度随着空间的膨胀在减小，但每一确定时刻空间各处的密度总是保持相同。爆炸没有中心，或者说每一点都是爆炸的中心。

时间与物质一起从虚无中诞生

时间和空间是跟物质一起创生出来的。大家会想，科学家这想法很聪明啊。

我要跟大家讲，时间跟物质同时诞生，不是科学家首先提出来的，而是神学家首先提出来的。公元 4 世纪的时候，也就是公元 300 多年的时候，有一位著名的基督教思想家圣奥古斯丁就提出来，上帝在创造宇宙的同时创造了时间，上帝是在时间之外的。

他为什么想出这么一个观点呢，主要是有一帮反教会的人，在那故意提一些怪问题，让那些主教、神父们答不出来。比如有人就问了，说上帝在创造宇宙之前，他在干什么呢？这个问题不好回答。有些神职人员答不出来，十分气恼，就对提问题的人说：“上帝为敢于问这类问题的人准备好了地狱。”然而这种恐吓并不能使提问题的人服气，于是圣奥古斯丁出来说，根本就没有“以前”，宇宙诞生“以前”根本没有时间。上帝是在时间之外的，时间是和宇宙一起被上帝创造出来的，你就别问“以前”了，“以前”什么都没有。

现在的科学家也继承了这个观点，就是时空是和物质一起“同时”诞生的，在此之前没有时间。

宇宙学红移不是多普勒效应

还有一个问题，宇宙学红移是多普勒效应吗？我一直认为是多普勒效应。我小时候看到的那些天文科普书以及后来看到的一些天文学书籍都在讲，这是一种多普勒效应，从哈勃开始就认为是多普勒效应。

最近十几二十年吧，我开始注意到有一些天文学的书，以及与相对论有关的天体物理的书上面，不再讲它是多普勒效应，但是也没说它不是多普勒效应。我当时想，这是怎么回事呢，说一句它是多普勒效应多直观啊，多好理解啊，他们为什么不讲呢。我估计就是写的人也没有搞太清楚，看到外国人不说了，他也不说了，但是也不知道是不是，不能肯定。

其实，真正的宇宙学红移不是多普勒效应。但是我们看到的天体红移不都是宇宙学红移，实际上有两种情况，一种情况是我们星系群内部的这些星系，它们之间相对移动，在空间中作相对运动，我们看到有蓝移有红移，这种情况确实是多普勒效应。

但是在我们本星系群之外的其他的那些星系团和星系群，统统产生红移，统统在远离我们，这就是宇宙膨胀造成的宇宙学红移，遵从哈勃定律。这种红移不是多普勒效应，而是宇宙空间自身膨胀造成的。

多普勒效应是空间本身不变化，观测者和光源在空间中作相对运动造成的。或者是光源相对观测者运动，或者是观测者相对光源运动，总之是在空间中作相对运动，这种情况是多普勒效应。你看图 6-3(a)这三张图，宇宙空间不变化，星系在远离我们。右边是我们的地球，星系在向左运动，我们看到的景象是星系在退行，产生红移。但是这种效应是各向异性的，为什么呢，假如星系的左边还有一个地球，那里的观测者觉得星系在向他靠近，他看到的就应该是蓝移了。

但是我们看到四面的星系，除去本星系群内部的几个星系之外，都是红移，怎么回事呢，这是因为宇宙学红移的本质是空间在膨胀，但是星系和地球，在这

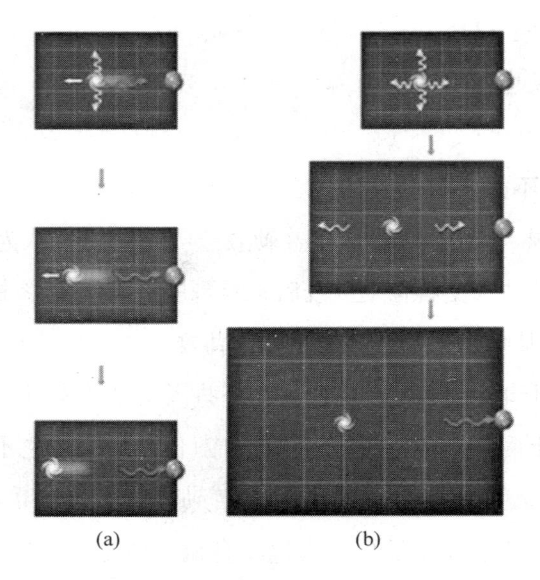

图 6-3　宇宙学红移不是多普勒效应

个空间中的位置(坐标)并没有动(图 6-3(b)的三张图)。

什么意思呢,设想空间有很多网格,有坐标格,很多坐标线打的网格。星系在这组网格上的坐标点和地球在这组网格上的坐标点本身都没有变化,并不移动,并不是说跑到另外一个格点那里去了,而是这些格子本身在扩展。这样子的话,星系与地球在远离,但它们不是在空间中作相对运动,而是空间本身在膨胀。这样造成的红移不是多普勒效应,所有观测者都会认为远方的星系在远离自己,都会看到红移。这就是宇宙学红移的本质。

星系的退行速度可以超光速

宇宙学红移反映河外星系在退行,它们在远离我们,远离的速度可以超光速吗? 如果它是多普勒效应的话,肯定不能超光速。为什么呢,因为相对论禁止超光速运动发生,如果一个物体在空间中作超光速运动,或者信号超光速,因果性就要发生混乱。你看一下图 6-4(a)的两张图,它们表示空间没有膨胀,而星系都在远离我们,离我们越远的跑得越快,这是多普勒效应。你会发现,越远的星系逃离得越快,它逃离我们的速度会逼近光速,但是不能达到光速,否则就违背相对论了。

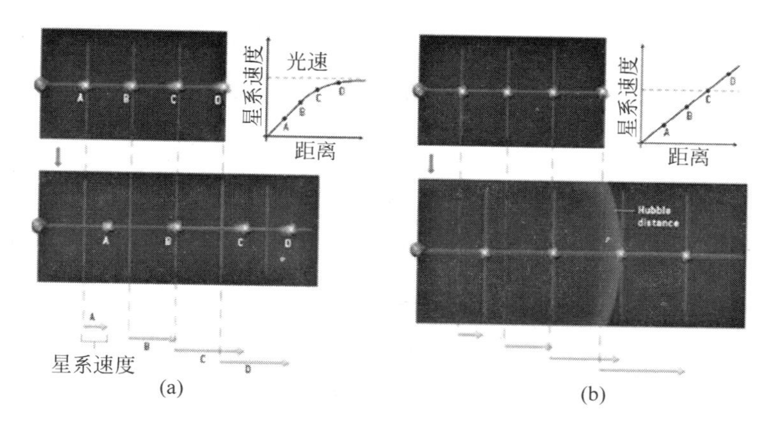

图 6-4　星系的退行速度可以超光速

但是我们现在所讲的情况并不是空间不动，星系在运动，而是如图 6-4(b)的两张图所示，这些星系在网格上的坐标并不动，但是空间扩展了，格子在拉大，所以看起来这些星系都在逃离我们，都在退行。离我们越远的，退行速度越快。为什么呢？你比如说，空间以 10%的速度扩张，那离我们 1 千米的物体，一秒钟以后距离我们 1.1 千米；离我们 10 千米的物体，一秒钟以后就离我们 11 千米；离我们 1 万千米的物体，一秒钟以后就是 1.1 万千米了，所以越远的跑得越快。

那么有一个地方，星系的逃离速度会正好是光速，这个距离被称为哈勃距离。比哈勃距离离我们更远的星系将超光速地远离我们。在哈勃距离之内的这些星系，退行速度没有达到光速。

所以远方的星系，可以以超光速逃离。我记得前些年有一位外地的老师对我说，有本书上介绍，河外星系的逃离速度可以超光速，我说不会。其实我的理解是错的，他看的那本书是对的，但是当时我没有特别注意到这个问题。河外星系的退行速度是可以超光速的，它不违背相对论，因为这种退行速度不是物体的运动速度，也不能传播信号。

能看到超光速退行的星系

如果这个星系的逃离速度比光速快的话，我们还能不能看见它呢？也就是说它在哈勃距离之外，我们能不能看见它呢？回答是能看见。

为什么？本来在哈勃距离之外的星系，它那网格扩张的速度比光速快。它发射的光朝你来了，是以光速过来的，但是光子所在的网格点逃离的速度比光速还快，你应该看不见。但是这个哈勃距离又是怎么得出来的呢？大家看这个式子，

$$d = c/H \tag{6.1}$$

这是哈勃距离的公式。它来自哈勃定律 $V=HD$，D 是星系离我们的距离，要注意：式中，V 是星系逃离我们的速度，如果逃离我们的速度 V 正好是光速 c，这个距离 D 就叫作哈勃距离，哈勃距离特别用小写字母 d 来表示。哈勃距离是光速除以哈勃常数，可是天文观测表明哈勃常数不是个常数。

哈勃当年认为它是个常数，望远镜越来越好以后就发现，哈勃常数是随时间变化的，所以就改叫它哈勃参数了，只把我们今天的哈勃参数叫作哈勃常数。哈勃参数随着时间的增大在不断地减小，这个 H 在不断地减小，所以 d 就在不断地增大，这就是说哈勃距离会增大。

你看图 6-5(a)这两张图就是错误的，它表示哈勃距离是不变的。这两张图的情况，随着空间的膨胀，哈勃距离并没有变。在哈勃距离之外的这个星系，以及它射出的光子，都永远在哈勃距离之外，所以我们不可能看到这个星系，因为空间膨胀造成的它的退行速度和它射出的光子的退行速度都超过了光速，所以我们看不见它。

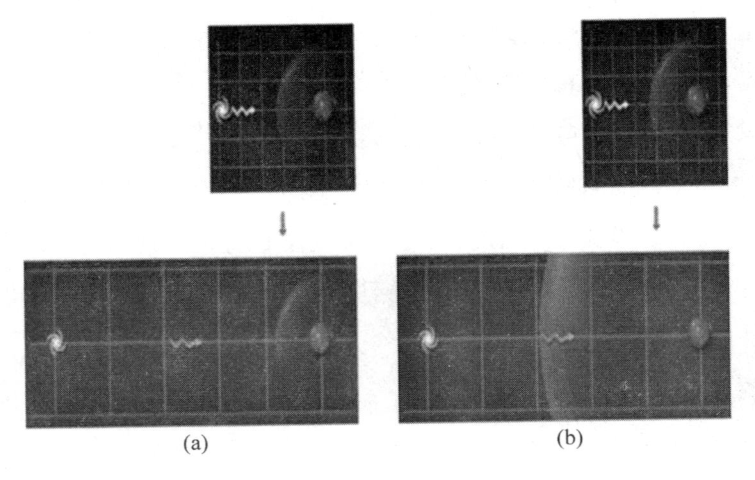

(a) (b)

图 6-5　为何能看到退行速度超光速的星系

但是请看图 6-5(b)这两张图。因为哈勃参数随着时间在减小，哈勃距离在增大，最初哈勃距离比较近，后来哈勃距离变大了，光子被哈勃距离给囊括进来了。这个时候空间膨胀造成的光子退行速度就小于光速了，光子就能到达我们这里了，于是我们就能看见这个星系了。所以哈勃距离之外的星系发出来的光，我们还是能够看见的，这是因为哈勃距离在不断地增大。

可观测宇宙有多大？

还有一个问题，可观测宇宙有多大？我们知道宇宙的年龄大约是 140 亿年，有人就想了，我们所能看到的最大距离肯定是 140 亿光年。我以前也是这么想的，实际上不是。为什么呢，这是因为光源发出来的光，跑过来是需要时间的。在光跑过这段距离的时候，光源又往远方跑了。设想一个发光时距离我们 140 亿光年的星系，我们看到它发出的光的时候，已经过了 140 亿年，在这段时间内，宇宙空间的膨胀，使它进一步远离我们，这个星系已经离我们不止 140 亿光年了。现在计算的结果认为，大概是三倍于 140 亿光年，也就是说，我们应该能够看到距离我们大约 460 亿光年的东西(图 6-6(b))。现在我们看到的最远距离大概是 100 亿光年。这个距离说不大准，天文学上的东西，你把数量级说对了就已经很不错了，经常连数量级都说不对。由于天体离我们太遥远，你不

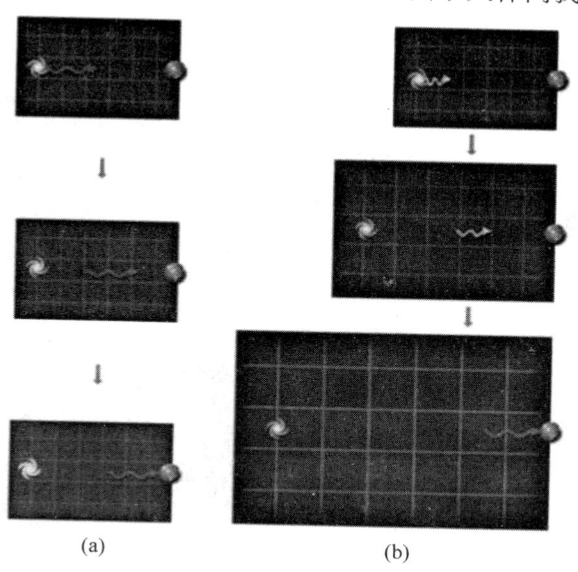

图 6-6　可观测宇宙有多大

能想象成物理实验室精密测量的那些东西，那是没法比的。这就是关于可观测宇宙的大小的问题。当然，如果空间不是膨胀的，宇宙学红移反映的是多普勒效应，那么你只能看到140亿年前的东西，也就是距离我们140亿光年的东西。

宇宙膨胀，我们自身不膨胀

还有一个问题，既然宇宙在膨胀，那么宇宙中所有物体是不是都在膨胀？大家想一下：假如我们人也在膨胀，桌子椅子都在膨胀，尺子也在膨胀，这不等于没膨胀嘛，是不是？都在膨胀就等于没膨胀。既然我们能观测出宇宙膨胀，那我们自己和我们用的尺子肯定是后来不膨胀了，否则我们怎么可能测出宇宙在膨胀呢？

为什么我们自身后来不膨胀了呢？我们来解释一下。图6-7(a)是错误的，它表示所有的东西都在膨胀，星系本身也在膨胀，要是这种情况，我们就感觉不出膨胀来了。因为你的尺子也在膨胀，那不等于没膨胀嘛。实际上是这样的，刚开始的时候，空间在膨胀，随着空间在拉大，星系本身也在膨胀，所有的东西都在膨胀。但是膨胀到一定程度以后，物质的万有引力效应(时空弯曲造成的吸引效应)就越来越发挥作用了，这个时候呢，星系团本身就不膨胀了，星系本身也不膨胀了，我们的桌椅板凳也不膨胀了，尺子也不膨胀了，但是星系团和星系团之间的距离还在拉大，还在膨胀，所以我们会看到，其他的星系团在远离我

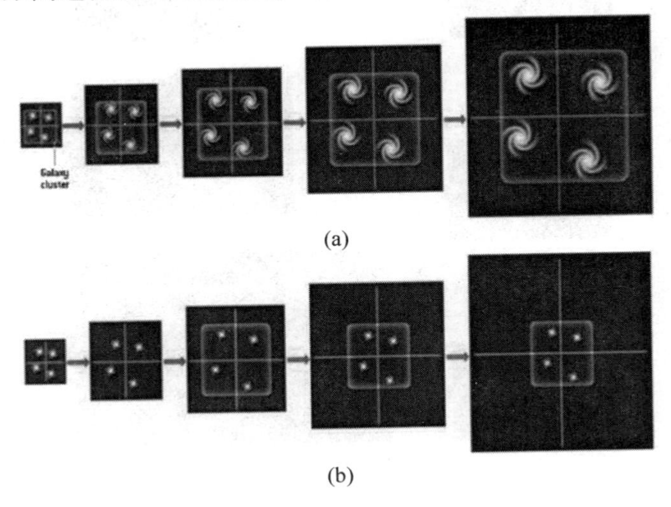

(a)

(b)

图6-7　宇宙中的星系团自身是否膨胀

们,但是星系团本身的个头就这样大了,不再膨胀了。有人说是不是绝对不膨胀,那也不敢说,也可能还有一点,这还需要进一步深入研究。现在认为是基本上不膨胀了,比如说我们太阳系就不膨胀了,我们银河系也不膨胀了,我们银河系所在的这个本星系群也不膨胀了,其他的星系团也不膨胀了,但是星系团(群)之间的距离在拉大。

2. 虫洞——时空隧道

管道与手柄

现在我们就来讲下一个问题,“虫洞”与时空隧道。什么是“虫洞”?虫洞就是时空隧道,就是连接不同宇宙的“管道”。研究表明,膨胀的宇宙可以有多个,如图6-8所示,每一个泡代表一个宇宙,就是一个膨胀的宇宙。膨胀的宇宙可以有一些管道相通,这些管道就叫“虫洞”。有的管道的两个开口在同一个宇宙当中,就像一个手柄一样。还有一些管道,是连接不同的宇宙的。这些管道都叫作“虫洞”,或者叫作时空隧道。有了虫洞以后,时空的拓扑结构就不一样了。比如原来在我们这个宇宙泡当中,从一点运动到另一点,只可以在这个泡当中走,虽然你可以走不同的路径,但是它们都在这个泡当中。现在呢,多了管道了,你可以通过管子走了,所以时空的结构有了一个变化,时空从单连通变成了多连通。就是可以走通过管子的路径,也可以走不通过管子的路径。

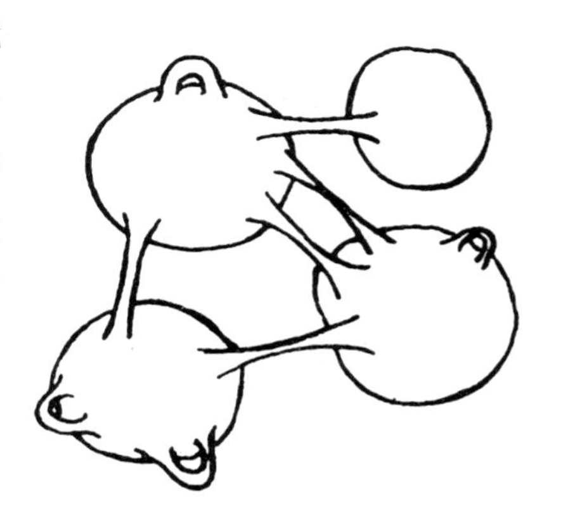

图6-8 虫洞与时空隧道:管道与手柄

现在来具体介绍虫洞,我们感兴趣的首先是可以通过的虫洞,不可通过的虫洞我也会提到。现在来说两种可以通过的虫洞。

洛伦兹虫洞

一种叫作洛伦兹虫洞,还有一种叫欧几里得虫洞。洛伦兹虫洞是能够存在一段时间的,它真是一个管子。一个洛伦兹虫洞出现的话,我们在天空中会看见一个球,这个球就是洛伦兹虫洞的洞口。火箭从这里进去,就会看到一条隧道(即虫洞),通往别的地方。这条隧道处在更高维的空间中,火箭可以通过隧道前往它的另一个洞口。虫洞的那个洞口在哪里呢,它可能在别的宇宙当中,那你一去就很难回来了。也可能就在我们的宇宙当中,比如说它在另一个地方。例如两个洞口,一个在北京,一个在纽约,从北京进去以后从纽约出来了。此外,这种虫洞也有可能通到未来,或者通到过去。

欧几里得虫洞

还有一种虫洞,欧几里得虫洞,看不见有洞口,它是瞬时通过的。就是说物体穿过它时用的是虚时间,不是通常的实时间。比如这种虫洞口从这里飘过去碰到一个同学,这个同学就没了,没了到哪去了呢,不需要任何时间,他就在另外一个地方冒出来了,比如纽约的某个大楼上面,"噔"一下出来一人。穿过它的人还可能回到过去,一下回到大禹治水的时候,大禹身边一下"噔"冒出一个人,大禹一看:哟,怎么来了一个戴眼镜的,哪来的呢?这种离奇的情况似乎可能发生。不过,现在的研究比较悲观,认为这种欧几里得虫洞即使存在,也不会有太大个的。大概通过基本粒子还可以,太大的,通过人,现在认为可能性不大了。但是那种能长时间存在的洛伦兹虫洞,大家还都在讨论,也许有大的,人和火箭可以穿过的。

爱因斯坦的贡献——爱因斯坦-罗森桥

说起虫洞的由来,最早还是爱因斯坦提出的。爱因斯坦 1915 年提出广义相对论,1916 年的下半年,史瓦兹希尔德,就得到了广义相对论的第一个严格解,这个解表示一个不随时间变化的球对称的时空是怎么弯曲的。这个解叫史瓦西解,最简单的黑洞就是这种时空里面的黑洞,叫"史瓦西黑洞"。

史瓦西解出来以后不久,就发现那里面不仅有黑洞,而且有虫洞。当时不叫虫洞,叫爱因斯坦-罗森桥,是爱因斯坦跟他的助手罗森搞的,它是怎样的呢?你看图 6-9,这就是爱因斯坦-罗森桥。上面这个片(曲面)是一个宇宙,下面这个片是另一个宇宙。大家注意,宇宙指的是图中上、下两个片组成的曲面,指的是片,中间的空档不是,空档是更高维的空间了。这个模型其实应该转 90 度,它转 90 度以后,左面是一个宇宙,右面是另一个宇宙,这两个宇宙之间,有一个喉咙通过，这个喉咙就是爱因斯坦-罗森桥，又叫“喉”。通过喉可以从一个宇宙前往另一个宇宙。但是很遗憾，研究表明，只有超光速的东西才能过得去。我们知道，超光速的东西和信号都是不存在的，所以爱因斯坦-罗森桥是不可穿越的虫洞。1935 年提出来以后，有一些数学家在那里研究，搞物理的人兴趣不大。一看过不去，物理兴趣就小了。

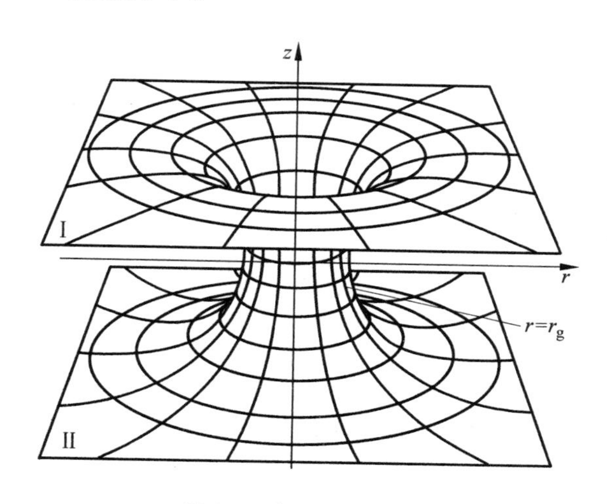

图 6-9　爱因斯坦-罗森桥

没有质量的质量，没有电荷的电荷

1957 年，米斯纳和惠勒提出“虫洞”这个名称，但是他们研究的虫洞(图 6-10)，仍然是不可通过的虫洞，仍然要超光速的东西才能通过。他们把虫洞的洞口看成质量，或者看成电荷，叫“没有质量的质量”，“没有电荷的电荷”。在 20 世纪五六十年代的时候，他们的理论还风行了一阵，我 60 年代还买了一本他们写的英文书，里面就有虫洞，在那慢慢看，当时看不懂。

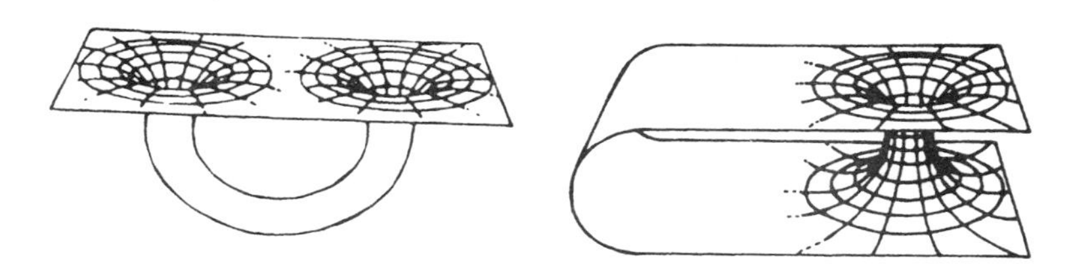

图 6-10　米斯纳与惠勒提出的虫洞

这位惠勒，原来是搞氢弹的，是跟泰勒一起搞氢弹的。最早搞黑洞的一些著名人物，都是搞原子弹、氢弹的。奥本海默是原子弹的设计师，他提出黑洞的概念，当时叫"暗星"，惠勒给"暗星"起了个名字，叫"黑洞"，这个名字就叫下来了。"虫洞"也是惠勒起的名字，也叫下来了。苏联最早研究黑洞的泽尔多维奇，也是搞氢弹的，后来搞黑洞，搞宇宙学。米斯纳是惠勒的学生，他们和索恩一起，在20世纪50年代合写过一本巨著《引力》(*Gravitation*)。这是一本影响很大的广义相对论百科全书。

3. 可通过的虫洞

黑洞作为星际航行通道的猜想

真正提出可以穿越的虫洞，并对这类问题进行科学研究，是从1985年开始的。当时有一个天文学家叫萨根，他写了一本小说叫作《接触》，讲述人类通过时空隧道到织女星去旅行。他是这样想的，你看图6-11，时空是弯曲的，上面是我们的地球，下面是织女星，织女星距离地球26光年，就是光要走26年才能到达。

图6-11　通过虫洞做星际旅行

这个小说很难写啊，你说我发一个光信号过去26年，回来又26年，这个小说就没法写了，是不是。他说没有关系，在地球附近有一个黑洞，有个黑洞的洞口，织女星附近有个白洞的洞口。从黑洞掉进去，从白洞出来，一个钟头就穿过去了。几个小时火箭就从地球飞到织女星了，这样小说就可以写了。通过连接黑洞和白洞的管道，这个旅行就可以实现了(图 6-12)。

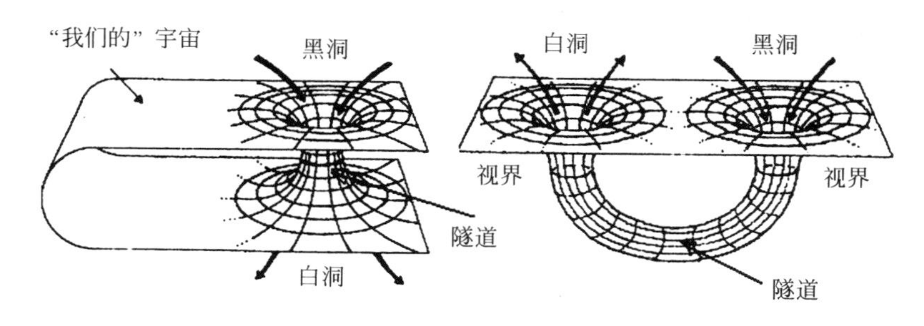

图 6-12　黑洞与白洞作为时空隧道的猜想

萨根写完以后，没有把握。因为他不懂广义相对论，他是个搞行星的天文学家。大家知道，一般搞天文的人都不懂广义相对论，只有很少量的人懂广义相对论，其他人，一般也就知道一点，但是知道得不多，没有什么把握。这就跟搞广义相对论的人一样，一般的也是对天文可能知道一点，但是知道得不多。就像我这样，就属于知道一点，但是知道不多的人。真正既懂广义相对论，又懂天文的人，还真是很少的。

萨根既然没有把握，他就写信问他的朋友索恩。索恩是惠勒的学生，上面提过的那个米斯纳也是惠勒的学生(索恩后来和韦斯、巴瑞什一起，因为直接探测到了引力波而获得 2017 年的诺贝尔物理学奖)。

索恩的建议

索恩认为不行。有一些黑洞，进去以后，里面似乎有个通道可以往前走，有人还觉得，通道的出口就是白洞。最初有些人真的觉得那地方可以通过，但是后来发现这种通道不稳定，只要有飞船在那一过，一扰动，"啪"，那喉咙就掐死了，就过不去了。索恩认为，设想通道的洞口是黑洞或白洞肯定不行，黑洞和白洞内部的通道不稳定，一扰动就断掉。

索恩建议他改用虫洞，干脆就把这个通道看作虫洞，两个洞口就是虫洞的洞口，这倒还是可行的。这样一搞呢，大量的小说、电影就出来了，描写通过时空隧道，比如洛伦兹虫洞(图 6-13)、欧几里得虫洞，到未来、到过去、到远方，还有制造时间机器这一类的文学作品都出来了。

我看过一个美国电影，有一个人一下子蹦到了法国大革命的时候，国王被

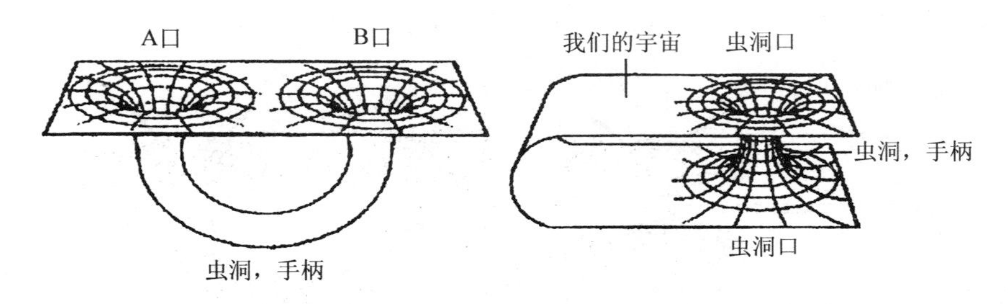

图 6-13 洛伦兹虫洞作为时空隧道

革命群众抓到监狱里面的时候，他一下子在法国国王那里出现了，要救法国国王。这要是真给救出去了，历史不就得改写了吗？这个国王路易十六最后是被送上断头机的。当时那个革命党也够恐怖的，创造了一种杀人的机器，叫断头机，把国王和王后都送上了断头机。当然电影最后的结局是没救成，要不然这事就麻烦了，历史怎么写？

索恩的开创性论文

对虫洞的真正科学研究，就是萨根的小说引起的，他使索恩开始注意虫洞问题。索恩跟莫里斯(Morris)和尤尔特塞韦尔(Yurtsever)，三个人合写了一篇研究文章——《时空中的虫洞及其在星际旅行中的用途》。这篇文章发表在《美国物理学杂志》上，这份杂志本来是给中学教师看的一种教学杂志，突然登了这么一篇高水平的论文，有人说使这个杂志陡然生辉。索恩的研究发表以后，霍金这些人也都进来研究了。好多人都进来研究，研究的结论是：现在的量子引力理论认为，有可能存在虫洞；改变时空拓扑、制造时间机器都是可能的，但是也不一定保证准能造出来。

量子引力的困难

所谓量子引力理论，就是把量子论和广义相对论结合的一种理论。大家都知道，量子论跟狭义相对论的结合非常成功，这种理论叫量子电动力学，后来发展为量子场论。这个理论跟实验高度符合。但把引力场量子化，也就是把广义相对论与量子论结合起来，这件事情碰到了意想不到的大困难。好多人研究，都没干出个所以然来，反正每做出一个方案，最后都发现有毛病，也不知道怎么回事。现在比较走红的是超弦理论。超弦，国内研究的人比较多，所谓比较多也就是百十个人。比如中国科技大学的卢建新，中科院理论物理所的李淼等人，还有北京师范大学的吕宏。另外一种理论叫作圈量子引力。圈量子引力基本上是我们学校一家在搞，独此一家。比如马永革教授，朱建阳教授都在做，另外还有比如说像高能所的凌意教授，他是我们这儿出去的，是梁灿彬先生的研究生，后来在国外读的博士。他们都是北师大这个组出来的。主要是这两种理论，但是遇到的困难都很大，我觉得短期内前景都不乐观，但是他们很顽强，还在那儿做。这项研究需要很深的数学，很难懂。

量子引力理论是把量子论与广义相对论结合的理论。由于它遇到大的困难，所以又提出了量子宇宙学理论，作为研究宇宙的过渡性量子理论。但是这些理论，都还确定不了虫洞一定有还是一定没有。不过，因为它可能有，所以就有人在那儿进行研究。但是初步研究表明，一旦制造出虫洞来，就会改变时空拓扑。霍金认为这就必定会出现闭合类时线。

回到过去的闭合类时线

什么叫类时线？就是四维时空中的一种曲线。比如说你们各位在位子上坐着，在三维空间当中，上下、前后、左右都确定，你们每个人都是一个点。但是在四维空间中还有时间轴呢？你们一定会随着时间前进。因为你们空间位置不动，每个人必定描出一条平行于时间轴的直线，这条线就叫作你的世界线。假如你运动，你在空间中作匀速运动，它会是四维时空中的一根斜线，你要作变速运动就会是一条曲线。这种曲线，都叫世界线，只要是描写亚光速粒子运动的，就叫类时世界线，简称类时线。

凡是静止质量不为零的东西，比如说质子、电子或者人、火箭都沿着这类曲线走。光子是以光速运动的，描出的世界线就是类光线。如果是超光速的，就叫类空线。类空线是不能传递信号也不能有物体走的，所以大家最感兴趣的是类时线和类光线。霍金说，你要造出个虫洞的话，必定会出现闭合类时线。

闭合类时线是什么意思啊？就是说这个人沿类时线转一圈儿又回到原来的位置了。这可不是说你们有个同学出去转了一圈回来又坐在这儿了，空间位置他是转回来坐这儿了，但是时间已经不是刚才那个时刻了，所以他并没有回到四维时空的同一点，只是回到了三维空间的同一点。类时线那种世界线是四维时空当中的曲线，所谓回到原位就是他要回到四维时空的同一点，回到自己的过去。也就是说，沿这条曲线的同学要回到以前的自己，这种曲线就叫闭合类时线。这种线的出现，对因果性的破坏会是很大的，一会儿我们还要再讨论这种情况。

时空的泡沫与浪花

牛顿对时间和空间做了研究。其实牛顿的很多观点来自他的老师巴罗。我们对巴罗知道得很少，巴罗是卢卡斯讲座的第一任教授。巴罗这个人很了不起，他有很多思想，牛顿关于绝对时空的很多观点是从他那儿来的。他认为牛顿比自己强多了，就把教授位置很快让给了牛顿。巴罗这个人无论从学术还是人品来讲，都很了不起。

牛顿认为时间是一条河流，一条永远不停地流逝的河流。他认为有一个绝对的空间，还有一个绝对的时间，二者互不关联。在他看来空间和时间都是平直的。爱因斯坦则把时间和空间看作是一个整体。他的狭义相对论认为时空是不可分割的，但仍认为是平直的。广义相对论进一步认为时空是弯曲的。物质的存在会造成时空弯曲。当然，没有物质的时空仍是平直的。不过，无论牛顿还是爱因斯坦，都认为时空是平滑的、光滑的。

但是从量子论的角度来研究时空的话，你就会发现时空并不是绝对平滑的。在很小很小的范围来看，时空就不是那么平滑了，时空存在涨落，会呈现浪花与泡沫。这种情况就像海面上空飞行的飞机。当飞机在高空飞的时候，你觉得海面完全是平的，但你飞得低一点，就会看见微微的波浪，要是贴近海面去看，泡沫、浪花就全都看见了(图 6-14)。

宇宙泡的创生

时空也一样，并不像你想的那么平，从小范围看就会不一样。特别是在宇宙早期，整个时空处在很小范围之内，所以它肯定是不平静的。有人说，宇宙刚开始就跟一锅粥似的，处于一种混沌状态。“嘭”，冒出一个泡来，这个泡就是一个膨胀的宇宙。你看图 6-15 这个泡就是一个膨胀的宇宙，这中间的一块黑的，就是我们望远镜现在能看到的时空区域。“噔”，又冒出一个来。最后随着宇宙膨胀，逐渐降温以后，时空就逐渐凝固了。

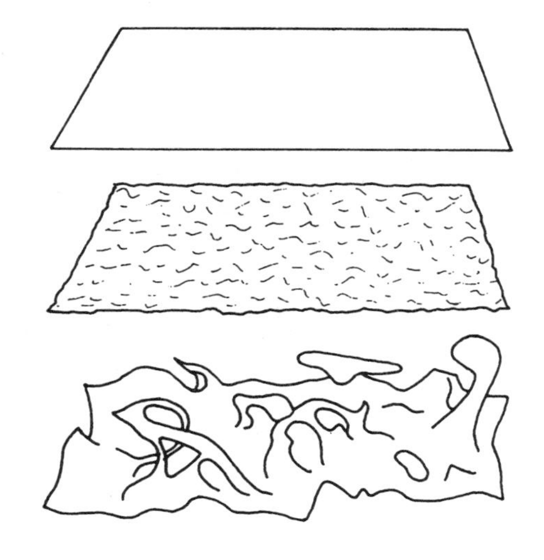

图 6-14　时空如海面

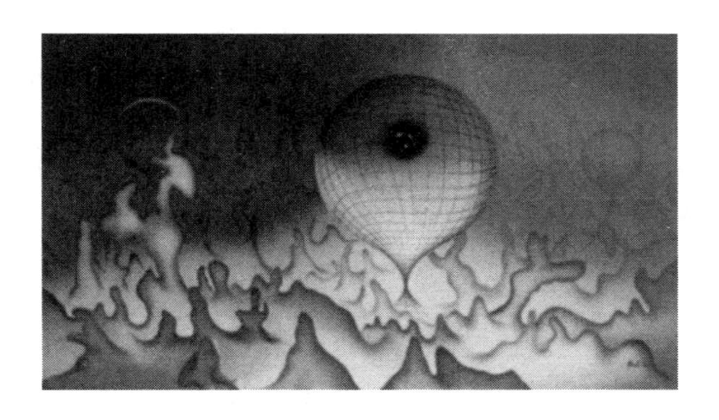

图 6-15　极早期宇宙

现在对宇宙的想象也是多种多样的。比如图 6-16，有人认为有一个母宇宙，有多个子宇宙，还有孙宇宙，你一看，跟癌症似的，反正想象成什么样的都有。

维持虫洞需要负能量

现在，经过仔细研究发现，你要维持一个虫洞，把洞口撑开，中间还要有个喉，把喉也撑开，要想维持它的话，就需要有负能量。我们知道 $E=mc^2$，对于负能量，质量就是负的。对于负能的物质，按照牛顿第二定律 $F=ma$，你朝一个方向施力 F，它结果不是朝运动的方向加速，而是反向加速，这就是负能物质的一

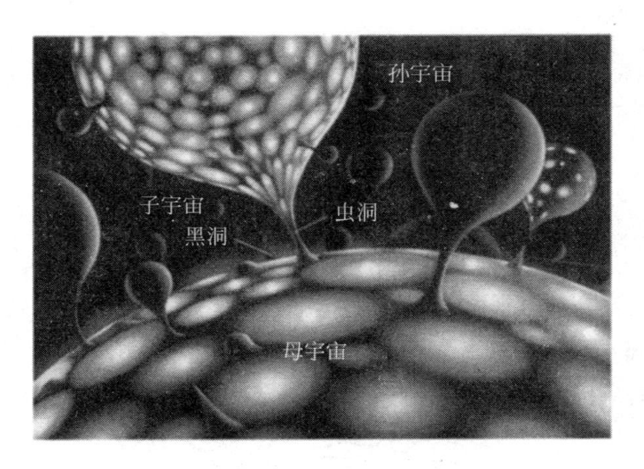

图 6-16　母宇宙与子宇宙

个特点。负能物质我们谁也没见过。

有人说负能物质是不是就是反物质？不是反物质，反物质是什么？就是构成原子的原子核，是由反质子和反中子组成的。反质子跟质子一样，只是带的是负电。反中子与中子的差别只在于磁矩不同。围绕这种“反核”转的是正电子，正电子与普通电子的区别仅在于它带正电荷，那就是反物质。比如说反氢，我们已经在实验室造出来过几颗反氢的原子。反物质与正物质一样，质量都是正的。但是反物质在宇宙空间很少，当然现在有一个问题，为什么反物质会很少，这个问题还不大清楚。

负能物质也不是暗物质，暗物质的质量是正的，它是产生万有引力的。也不是暗能量，暗能量为什么有排斥效应呢，不是因为它的能量是负的，而是因为它的压强是负的，它的能量还是正的。

真空的边界效应

我们是不是绝对没有见过负能量呢，在实验室中见过——卡西米尔效应(图 6-17)。卡西米尔在 1948 年提出一个观点，他说在真空当中，平行放置两块金属板，就会感觉到这两块金属板之间有一种吸引力，向中间靠。这可不是说这两块金属板带电啊，一块带正电一块带负电，那大家早就知道电荷异性相吸

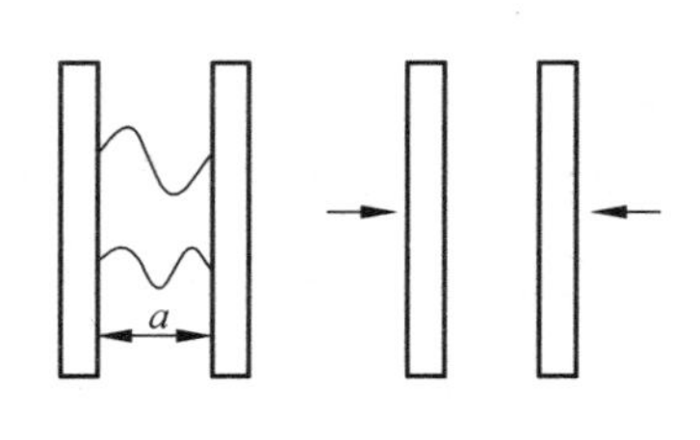

图 6-17　卡西米尔效应

了，那是库仑定律决定的，根本不新鲜。卡西米尔用的这两块金属板是绝对不带电的，然而平行放置以后会产生吸引力，这种吸引力是怎么产生的呢？卡西米尔认为，这是因为这两块金属板放到真空中以后，就相当于把真空挖了两个洞，真空的拓扑结构就变化了。

为什么会有这么一种往中间的吸引力呢？它是这样的，因为真空并不是绝对的“空”、绝对的平静，真空中会不断地产生虚的粒子对，虚的正粒子和反粒子，产生又湮灭，产生又湮灭。同样的，它要产生虚光子对，在真空当中不断地有虚光子产生和湮灭。但是如果虚光子产生在这两块板之间，因为光是电磁波，电磁场在金属板上的电场强度必须是零，因此在两块板之间的虚光子就必须形成驻波。这就对虚光子的波长产生了一个限制，两板之间不是什么波长的虚光子都可以存在，只有那些波长能形成驻波的虚光子才可以存在，这就对板间虚光子的数量有了限制。而两块板外侧的真空中的虚光子，随便什么波长的都可以有，所以外面的虚光子远远多于里面的，就产生一个往里面的压力，实验中就会观测到两块板似乎有一种吸引力。

荷兰的莱顿实验室早就测到了这种吸引力，而且测量值与卡西米尔的计算值相符。现在有很多文章研究卡西米尔效应。这两块金属板之间的物质能量是负的，为什么呢？我们知道真空是能量的零点，板之外的真空就跟普通的真空一样，能量为零。这个能量零点是包括了真空涨落产生的虚粒子的贡献的。两块板中间的这个区域，因为虚光子的数量少了，所以那里的能量是低于一般真空的能量的，所以就呈现负能量。

大家看，这两块板之间的负能密度有多大。当两块板相距一米的时候，他们实验室测到的是相当于每立方米有 10^{-44} 千克这样的负能密度。这一负能密度导致两板之间产生卡西米尔力。这个密度相当于 10 亿亿（10^{17}）立方米有一个基本粒子，这点负能量简直是太小了。还有没有其他负能情况呢，有，黑洞附近也有负能量。

黑洞与负能量

现在认为黑洞附近也有负能量，但是黑洞到现在一个也没确认，而且黑洞附近的负能量也很弱。可是撑开虫洞所需要的负能量实在太大了，撑开一个半径1厘米的虫洞，需要相当于地球质量的负能物质，撑开一个半径1000米的虫洞，需要相当于太阳质量的负能物质，如果要撑开一个半径1光年的虫洞，需要大于银河系发光物质总量100倍的负能物质。有人说有那个必要吗，有必要撑开半径1光年的虫洞吗，半径1000米不就行了吗？火箭从中间不就能飞过去了吗？不行，虫洞里面有张力，那个张力大到能把火箭扯碎，不但把火箭和人扯碎，连原子都扯碎。

虫洞作为时空通道的条件

虫洞必须达到什么程度才可通过呢？研究表明，这种张力是跟虫洞半径的平方成反比的。有人得到这么一个公式，

$$F=\frac{F_{\max}}{r^2} \tag{6.2}$$

式中，$F_{\max}$是什么呢，就是物质所能承受的最大的张力，半径是以光年来计量的。如果这个虫洞的半径小于一光年的话，那个F，也就是虫洞里面出现的张力，会大于物质所能承受的最大的力。所谓物质能够承受的最大的力，就是原子不被扯碎的力，现在我们就以这个为标准，来研究这个虫洞是否可以穿过去。有人说那原子没扯碎，人扯碎了怎么办？人扯碎了现在先不管，现在只考虑原子不扯碎，先考虑这个问题，人不扯碎那要求就更高了。要维持这样一个虫洞，需要相当于银河系发光物质100倍质量的负能物质。我们从来没有看到过大量的负能物质，所以撑开虫洞现在看来条件是很苛刻的。

信息穿过虫洞的奇想

但是有人产生了别的聪明想法，就是如果张三想过去，扯得太厉害了过不去怎么办呢？是不是可以把张三的信息发给那边儿的人。先给张三做一个全息的解剖分析，然后把他的所有信息发过去。那边儿呢，因为物质的结构基本上都是普通的这些物质，然后那边再组装一个张三，这不张三就过去了吗？可是这件事情不是像你想象的那样简单，只要肉体弄个张三就行的。还有他的思想呢？他的意识呢？他的智慧呢？他的知识呢？这些东西你怎么弄过去啊，都是问题。所以这件事情，虽然说起来好像是个办法，实际上这个办法也是非常不可行的，至少在我们可预见的将来是绝对不可能的。所以要撑开一个可通过

的虫洞还真是很困难的事。

4. 时间机器

从梦想到科学

现在我们来谈一下时间机器。在相对论诞生之前就已经有人在那儿设想时间机器了。威尔斯，这个人是个很了不起的既有科学知识又有历史、人文知识的作家，他写过一本叫《时间机器》的小说，还写过不少别的书，都写得很好。1895 年，狭义相对论诞生之前十年，广义相对论诞生之前二十年，他写了这本《时间机器》。这本书我没有看过，他不是依据相对论写的，那时候相对论还没有诞生。

真正出现对时间机器的研究，是在相对论诞生之后，探讨利用虫洞来造时间机器。大家看图 6-18 这个虫洞，它有两个洞口，一个洞口在地球上，另外一个装在火箭上，然后人坐着这个火箭出去旅行，在宇宙空间中高速地运动，然后返回来。利用狭义相对论和广义相对论结合，就能够近似算出来。结果是，这个人在 12 点的时候进入虫洞口，但是呢，他还没进去，就看见自己乘坐的火箭回

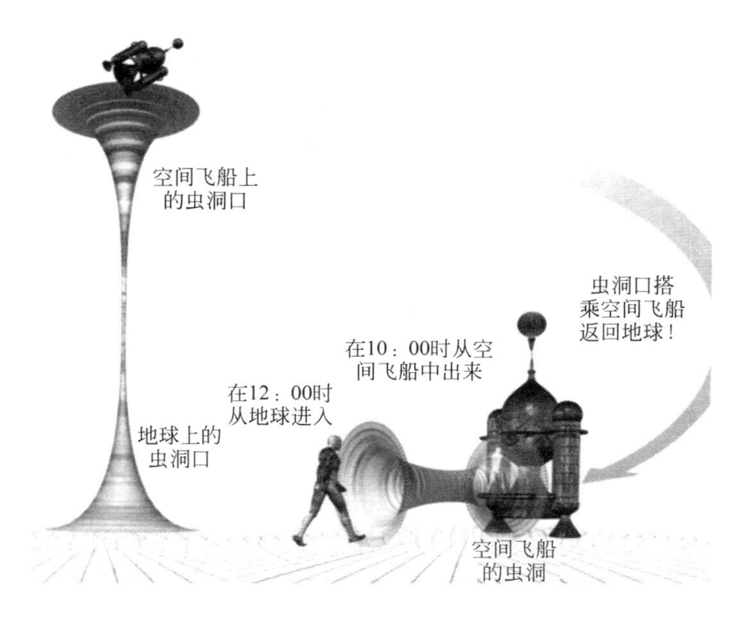

图 6-18　利用飞船和虫洞制造的时间机器

来了，10 点钟的时候，就发现那个火箭回来了，自己从那个火箭上的另一个虫洞口出来了，他还没走就看见他自个儿从返回的火箭上下来了，回来了。研究表明，似乎能造出这么一个时间机器。

在中国作者所写的书中，除去科普书以外，学术方面讲到时空隧道和时间机器的，可能只有一本书。就是刘辽先生和我，还有我们的两位博士生，张靖仪和田桂花合写的一本书，叫作《黑洞与时间的性质》(北京大学出版社，2008)。在那本书里，刘先生写了一章，是介绍虫洞和时间机器的，那本书是从学术的角度来论述的，虽然书上面有我的名字，但是我写的是黑洞部分，刘先生写的虫洞与时间机器部分。那本书是北京大学理论物理丛书当中的一本。

回到过去的时间机器

制造时间机器需要什么呢？就是要有一个洛伦兹虫洞(图 6-19)，它有两个洞口，一个洞口，洞外的距离远远大于洞内的距离，洞内的距离是比较小的，然后一个洞口留在这儿，另一个洞口高速运动然后又返回来，运动足够长的时间的话，利用狭义相对论的时间变慢效应，就可以造成一个时间机器。

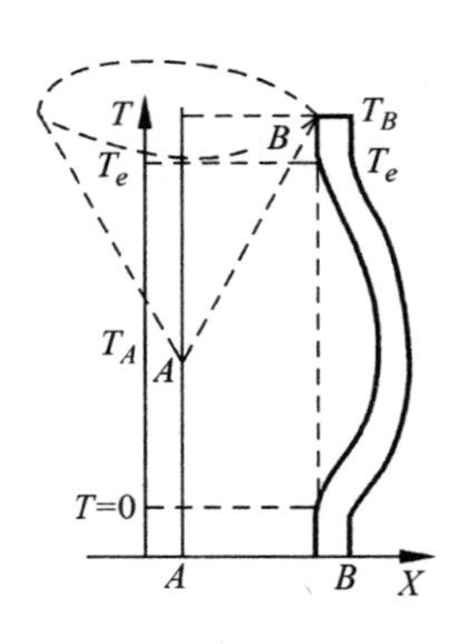

图 6-19　构造时间机器的原理

构成时间机器就一定会出现闭合类时线。要不然你也不会把它叫作时间机器。它能使一个人回到自己的过去，大家感兴趣的不就是这个问题吗？但是回到过去就构成了闭合类时线，构成闭合类时线就有很大问题，比如说这人一下回到过去了，回到他父母谈恋爱的时候，他把自己的父母给拆散了，那他是怎么出来的呢，对不对？要是这家伙是个坏小子把他母亲杀害了，那他更出不来了，这种问题怎么解决呢？可以说，这种问题现在还解决不了哇。

现在认为，构造时间机器，大概要有这么几个时空区，一个就是一个正常的时空区，供我们生活。还有一个呢，就是有一个存在闭合类时线的时空区，也就是存在时间机器管道的那个时空区。这两个区之间，还有一个叫作柯西视界的类光超曲面，上面存在闭合类光线。一般来说，需要具备这几个区域来构造时间机器。

猜想与争论

因为时间机器会破坏因果性，就像我刚才说的，所以大家就很怀疑，时间机器到底能不能造出来。霍金就认为，这个东西其实造不出来。他提出个“时序保护”猜想，说：一定有一个物理规律不允许出现闭合的类时线，不允许一个人回到自己的过去，也不准把信息传到过去。比如说这个人考大学没考上，因为题没做出来。那怎么办呢，赶紧把信息发回去，发回到他考前的时候，看看这题是怎么解的，看会以后他就又考上了。那他到底考上没考上呢？实在太荒谬了，所以一定要有一个物理规律能够阻止他，不能回到过去，也不能把信息传回到过去。

另外有一位俄罗斯的物理学家诺维科夫，现在他去了美国了。这个诺维科夫也是一个不简单的人物。他提出了一个“自洽性原理”，说可以让人回到过去，但是不能破坏因果性。这叫“自洽性原理”。

诺维科夫挺有意思，刚开始他不认识萨哈罗夫。萨哈罗夫是苏联物理界的泰斗级人物，氢弹的设计师，一次，萨哈罗夫在核武器试验场工作时，到诺维科夫所在的研究所办事。萨哈罗夫这个人平常衣衫不整，不大注意外表。他一推门进了诺维科夫待的屋子，诺维科夫一看，以为萨哈罗夫是一个老百姓，找他们要啰嗦什么事儿呢，就喊：“出去！看你那个样子，把你的衣服好好整一整。”萨哈罗夫还真的就出去了，到洗手间把衣服整了一下。他们同屋的一个人，一下跳起来了，说：“你疯了，他是萨哈罗夫。”哦，原来是萨哈罗夫。不过，一会儿萨哈罗夫回来了，他也没有为这事生气，就和他们讨论起问题来了。

那么什么物理规律能够破坏闭合类时线呢，霍金认为，可能是真空极化的能量，靠近柯西面那儿有真空极化的能量，而且那个能量很大，可以把闭合类时线破坏掉，他做了一个证明。后来刘辽先生跟他的两名研究生（李立新和许建梅）合写了一篇文章，对霍金所提出来的那个猜想，他们找了一个反例。李立新现在回国了，这个人本科是北大毕业的，后来考了我们的硕士生，在我们这儿学的相对论。他又去了美国，在普林斯顿大学拿了博士学位，然后在哈佛读了博士后，在德国的爱因斯坦研究所工作了五年，现在回到了北大，在科维里理论物理研究所工作。他现在是世界上比较有名望的搞宇宙学和时空隧道理论的专家。

那么这个阻止回到过去、影响过去的规律到底是什么呢，我自己有个猜想，也许就是热力学第二定律。热力学第二定律告诉我们，时间只能往前发展，不能够转回来。所有的自然过程都是不可逆的。我认为霍金的时序保护机制可能就是热力学第二定律。根本的物理定律不会太多，所以很可能归根结底是热力学第二定律。

物理学的两个特别分支

我们知道物理学当中有两个分支是特别值得注意的，一个是广义相对论，因为其他的物理学分支都认为时空是平直的，物质在里头相互作用，物质和时空之间相互没有影响。就好像时空是舞台，物质是演员，演员跟舞台相互没有影响。只有广义相对论认为物质的存在会使时空弯曲，也就是说演员对舞台会有影响，舞台对演员也会有影响，这是广义相对论的一个特点，除去广义相对论的所有的物理学分支都是不考虑物质对时空的影响和时空对物质的反作用的。

还有是热力学，包括广义相对论在内的所有的物理学分支都认为时间是可逆的，就是可以去又可以回来的。广义相对论里面虽然有黑洞还有白洞，但它算出来的只是个“洞”，并没有告诉你是黑洞还是白洞。黑洞和白洞都是爱因斯坦方程的解，两者是对称的，并不体现不可逆性。其他的物理分支，包括量子力学全都是可逆的。唯独热力学第二定律告诉我们，自然过程不是可逆的，时间是有一个流逝的方向的。虽然现在有人谈论热力学的时间箭头，宇宙学的时间箭头，心理学的时间箭头，我认为所有这些箭头归根结底都是热力学的时间箭头，都是热力学第二定律的表现。为什么会有热力学第二定律？为什么会有不可逆性？不清楚。这种不可逆性，不能够从其他的理论推出来，所有从其他物理理论推导出不可逆性的企图都失败了，这个事情也是很奇怪的。

阿瘖瘖！

好，我们看，假如宇宙中真的出现了一个虫洞，大家会看到什么呢？会看到一个球状的虫洞口。那个洞里的景象跟外面的天空是不一样的。正如李白的诗：

洞天石扉，

訇然中开，

青冥浩荡不见底。

你看到的景象可以说是别有洞天了。还有一位艺术家写过这么一首诗，说：

只闻白日升天去，

不见青天降下来，

有朝一日天破了，

大家齐喊阿㧟㧟。

这个球状的虫洞口，难道不像天破的一个洞口吗？“㧟㧟”两个字我问了好几个人念什么，然后又查了字典，最后确认它念“guǎi guǎi”，苏州那边的人表示惊讶的时候常常说：㧟㧟。这两个字，不是小乖乖的那个乖乖，而是这个㧟㧟。这首诗的作者是谁呢，是才子画家唐伯虎，是他在自己的画卷《白日升天图》上面题的一首诗。

我今天的报告就讲到这儿，谢谢大家。

第七讲　激动人心的量子物理

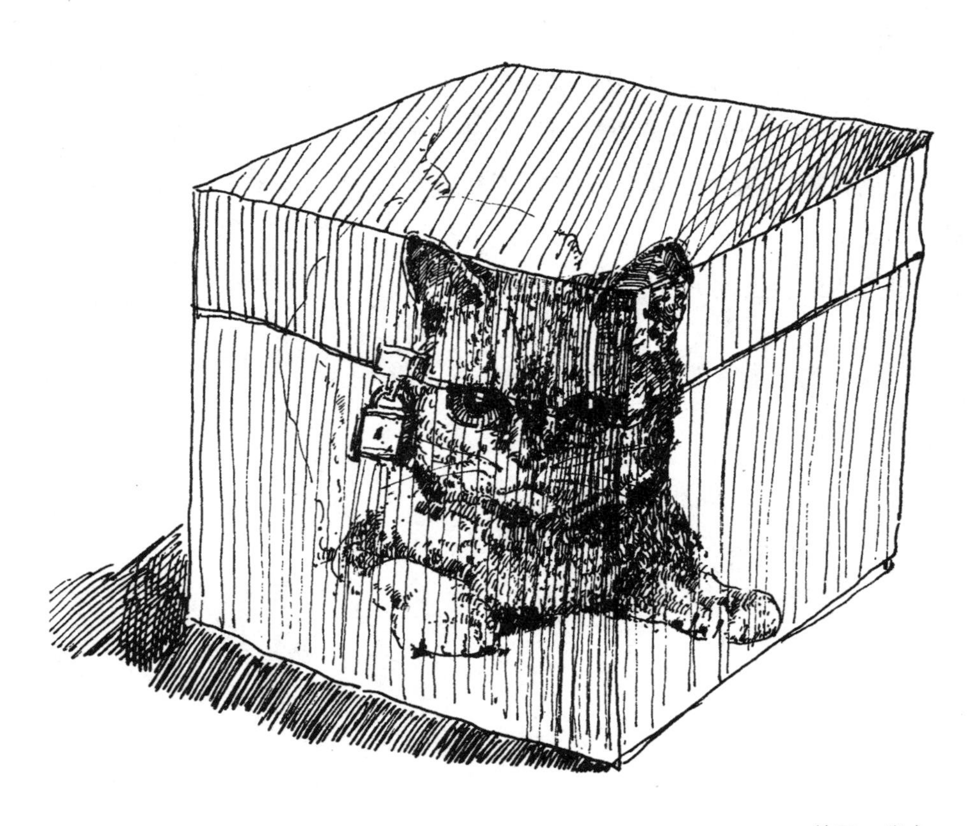

绘画：张京

这一讲介绍量子物理的内容。主要介绍原子物理学和量子力学的发展，以及在发展过程中的论战。大家都知道，量子力学发展中的论战是很激烈、很有趣的，也很具启发性。

1. 原子物理学的发展

元素周期律的发现

我们首先要讲一下原子物理学的发展。原子论是从古希腊开始就有的，古希腊人认为，原子是物质的最小单元，是不可分的。到了 19 世纪，人们逐渐发现了一些新东西。首先是，1869 年门捷列夫发现元素周期律。

在此之前，英国的化学家纽兰兹做了重要探索，他发现，如果把元素按照原子量大小的顺序排列起来以后，就会有一个规律，基本上是 8 个元素一个周期，化学性质会有一个周期性变化，他把这个规律叫作八音律。在英国皇家化学学会上，他做了一个报告，结果被大家讽刺了一通。有人说，你很聪明啊，你怎么想起来把元素按原子量的顺序排一排，你怎么不把元素按拉丁字母的名称 abcd 排一排，看看有什么规律啊。结果纽兰兹就没有再搞下去。当然，人家也抓住了他的一些弱点，他的顺序排得比较呆板，8 个，8 个，……，前两行还不错，第三行以后就有点问题了。

比纽兰兹稍微晚一点，俄罗斯的化学家门捷列夫得到了一个更准确的规律。门捷列夫，有一本书上说他是俄罗斯人和蒙古人的混血儿，出生在中亚。他们家八个孩子，他是最小的。父亲去世以后，他母亲经营工厂，最后经营不下去了，于是就回到了俄罗斯的内地。他母亲非常辛苦，一个人将八个孩子带大，最后把最小的儿子送进了师范学院。这个最小的儿子就是我们熟知的化学家门捷列夫。为什么把他送进师范学院呢？因为师范学院不用交学费，他家里经济条件实在太困难了。

我想，化学家中没有比门捷列夫更杰出的人物，只有跟他水平差不多的。但是，门捷列夫既没有得诺贝尔奖，也没能当上科学院院士。为什么没当上科学院的院士呢？因为他同情学生运动，沙皇政府不允许他当院士。诺贝尔奖呢，在评奖的时候，有一次是提名了，讨论的结果是四票对五票，一票弃权，把他给否了。

那次奖给了谁呢？给了一个假发现：化学家莫瓦桑用石墨制出了金刚石。因为当时化学家已经知道石墨和金刚石都是碳元素，莫瓦桑是一位杰出的化学家，他就想用石墨烧制出金刚石。结果，烧了一炉没有，烧了一炉又没有，但他坚信一定能烧出来，就继续烧。他的助手都认为他烧不出来，但是又没法说服这个老板不干，所以在有一次装炉的时候，有一个助手就在里面搁了一颗金刚石。等到开炉的时候，发现里面有一颗金刚石，高兴坏了，烧出金刚石来了。莫瓦桑到死都不知道他没烧出金刚石来。

现在我们知道石墨是可以造出金刚石的，但是需要高压，莫瓦桑是在常压下做的。这件事情责任不在莫瓦桑，但是这个发现是个错误发现。另外呢，错误的评价使得门捷列夫没有能够得奖。

第二年，这个评委会觉得，这次奖大概应该给门捷列夫了，结果他死了。诺贝尔奖只给活人，不给死人，所以在座各位要想得诺贝尔奖，身体还得搞好一点。不但要做出成就，还要活得够久，挺到发奖的那一天，对吧。

伟大的师范生

门捷列夫非常杰出，我们大家看。有两位伟大的师范生：一位是最杰出的化学家门捷列夫；另一位是最杰出的物理学家爱因斯坦。因为爱因斯坦上的是苏黎世工业大学的师范系，上的是一个培养大学和中学的数学、物理教师的一个专业。大家知道，还有一位非常伟大的师范生，是谁呀？毛主席。他是湖南第一师范的师范生。

所以我们师范院校的学生，应该有信心，只要你好好干，你是可以干出最优秀的工作的。而且像我们这个学校，老师是不会耽误大家的，只要你肯干，你会是很有希望的。前些年我作报告时开玩笑，说我们北师大虽然没有培养出诺贝尔奖获得者，但是培养了一个诺贝尔奖获得者的父亲。杨振宁先生的父亲是我们北师大数学系毕业的。现在，我们北师大中文系，不是已经培养出了诺贝尔奖获得者吗！

光谱线的规律

在周期律发现前后，还有一些重要发现。一个是发现了光谱线，发现各种元素都有一根根光谱线，但是找不到规律。

有一个做光学实验的人，想起自己的一个朋友，是位中学的数学老师。这人有一个爱好，对任何自然现象都想找找有没有数学规律。于是，这位搞光学实验的人就把这个事情告诉了这位数学老师。

这位数学老师叫巴耳末。巴耳末弄来弄去就搞出来一个巴耳末系，找到了规律。第一个规律找到了，第二个规律大家就会用类似的方法找，就比较容易发现了。这些规律的发现，对玻尔轨道模型的提出，是有启发性的。所以巴耳末的贡献是很大的。大家注意，他也是一位中学老师。

X 射线的发现

此外，1895 年的时候，伦琴发现了 X 射线。别的发现，一般老百姓都不大容易知道，不大容易感兴趣。这 X 射线一出来，立刻轰动了当时西方有文化传播的世界。

为什么呢？别的你不懂，说这东西一照能把骨头照出来，老百姓都懂。所以大家兴趣很浓厚。有很多贵族和贵妇人都要求看看伦琴的那个装置，那个 X 射线，把手放在那儿照一下，看看怎么样。伦琴也不怕耽误工夫，每次都细心地准备，每次都给大家讲解。讲完以后，就说我们实验室比较缺经费。

我们现在已经知道了，光谱线是原子外层电子的能级跃迁，或者说外层轨道之间的电子跃迁产生的，是外层轨道的行为。

那么伦琴射线呢，伦琴射线也不是原子核反应，它是用电子束把原子内层电子打飞以后，外层电子跃迁过来产生出来的，能量比较大。但还不是核反应，只是核外电子的行为。

天然放射性的发现

真正的核反应是 1896 年贝克勒尔和居里夫妇发现的。贝克勒尔是法国的一位物理学家。他研究铀的时候，有一次把铀矿石放在了抽屉里面，抽屉里面有一堆没有感光的黑纸包着的胶片，上面有一把钥匙，他把铀矿石放在了钥匙上面。结果，在他要使用这些胶片的时候，发现胶片感光了，有这把钥匙的像。他猜测铀矿石是不是发出了什么射线呢，当时大家认为可能是 X 射线，或者是什么其他的穿透力强的射线。

不久居里夫妇对这一现象进行了深入研究。当时皮埃尔·居里刚刚结婚，他的夫人就是非常著名的居里夫人。那时居里夫人要做博士论文，皮埃尔建议她选了这个题目。

奋斗的女生

居里夫人是波兰人。当时波兰已亡国了，被俄罗斯和德国瓜分了，东部归了俄罗斯，西部归了德国。他们家分在了俄罗斯占领的那一半。居里夫人的父亲是一位中学老师，他们家的孩子都很用功。居里夫人的波兰名字叫玛丽娅，她年轻的时候受到过两次人格上的侮辱。第一次是沙皇派来的监督官，认为她的俄语讲得不好，把她叫起来站在那里，训了一顿。她感到非常大的羞辱，觉得自己的祖国灭亡了，才受到这样的侮辱，因此她非常爱国。

第二次发生在玛丽娅高中毕业以后。她本来很想继续深造，但是那时候全世界只有法国的大学招收女生。而且呢，她姐姐已经去法国了，他们家的经济条件不可能再供她上大学，她就当了家庭教师。那一年放暑假的时候，主人家在外面上大学的大儿子回来了，跟玛丽娅的年龄差不多，两人就谈上恋爱了。这一家的女主人，也就是男孩子的母亲，把儿子训斥了一顿，说你怎么能找一个平民的女儿呢，我们家是贵族。虽然他们都是波兰人，玛丽娅的父亲还是知识分子，是中学的教师，但他没有贵族身份，于是女主人坚决切断了这段关系。玛丽娅感到非常屈辱，非常难过，一气之下去了法国，到法国求学。

玛丽娅上大学的时候特别刻苦，大家可以看她的小女儿给她写的传记——《居里夫人传》，从这本书里可以看到她的奋斗经历。这本书写得非常好。玛丽娅当时生活很艰苦，住在一个小阁楼里，有好几次晕倒了，邻居赶紧去找她姐姐和姐夫来看她。一看，她家里什么吃的都没有，就一点儿水萝卜，严重的营养不良。后来姐姐就把她接到自己家养几天。但是她姐姐家离学校很远，她很快又跑回去住了。这样，到毕业时候，她拿了数学和物理两个硕士学位。特别幸运的是，在毕业前夕，经人介绍她认识了皮埃尔·居里。

居里夫妇的结合

皮埃尔·居里比她大好几岁。皮埃尔当时已经做出成就了，他的实验做得很好，跟他哥哥一起得出了磁学的居里点和居里定律，还发现了压电效应。皮埃尔很喜欢玛丽娅。因为当时女孩子学自然科学的很少，即使能够上大学，也基本上都是学文科的。皮埃尔希望玛丽娅毕业后能留在法国。她说不行，她想她的父母，她想回家，怎么说都不行，皮埃尔很遗憾，只得看着她走了。

走了半年多，皮埃尔突然收到了玛丽的信（玛丽是她的法文名字），说她在家的情况确实像皮埃尔对她说的：你回去什么也干不成，还是在法国能干点什么。她觉得真是这样，她说还想回法国。皮埃尔·居里一听，那简直喜出望外啊，立刻就欢迎她来。玛丽回来后，皮埃尔还领她到自己家里。

皮埃尔的父亲是医生。国外医生的待遇是非常高的，是知识分子的上层。法国是当时世界上最民主、最自由、最平等的一个国家。法国人种族歧视很少，特别是在皮埃尔家里面，他父亲曾经是巴黎公社社员，本身就十分同情下层人民。

皮埃尔的父母对于出生于被压迫民族的女孩子一点都没有排斥，很希望儿子和她交往。于是，他们两个在父母的支持下结婚了。他们旅行结婚，两人骑着自行车在巴黎周围的地方转了一下。

默契的合作成就伟大的发现

回来以后他们两个就开始研究铀的放射性。在研究过程当中，居里夫人觉得很可能在铀矿石里面还有放射性比铀强的其他元素，应该把它提炼出来。

居里夫人提议是不是用沥青，从人家修路的沥青渣滓中去提炼。皮埃尔·居里认为可能行，但是这件工作太艰苦了，尤其不适合一个女人去做，于是建议她放弃，但是玛丽坚持要干，最后皮埃尔说好，那就一起干吧。

两个人把学校里一个废旧的、放化学仪器的仓库租下来，那个仓库里面是一个储藏室，外面是一个小院。他们就在外面盘了一个灶，支了一口锅熬沥青。仓库里面呢，把实验台清理了一下，架起了一些仪器在那儿做实验。皮埃尔在里面做实验，玛丽拿一个大铁棍在锅里面搅沥青。

每到喝咖啡的时候，两个人就坐在一起商量，下一步应该怎么办。两个人做不同的题目，提炼新元素这件事情主要由玛丽在做，皮埃尔给她出主意，两个

图 7-1 居里夫妇在实验室工作

人不停地讨论、提炼、实验(图 7-1)。

最后终于搞出来了,发现了一种新元素——钋,起这个名字是为了纪念居里夫人已经灭亡了的祖国——波兰。几个月后,又发现了另一种放射性更强的元素——镭。

这些放射性元素的发现立刻轰动了世界。首先,做出这个发现本身就令人震惊,而且是位女科学家做出来的,还是一位被压迫民族的妇女做出来的。居里夫妇和贝克勒尔一起由于发现天然放射性获得了 1903 年的诺贝尔物理学奖。

在不幸中奋斗

此时,居里夫妇的科研事业正如日中天,可是很不幸,不久皮埃尔 · 居里就在过马路的时候被马车撞了,并且去世了。这件事情对他们的家庭打击非常大,居里夫人一下子失去了事业上的挚友和生活上的伴侣,但是她非常坚强,带着两个女儿,仍然继续做实验,搞研究。

皮埃尔 · 居里去世以后,他所承担的有关放射性的课没有人能讲,只有居里夫人能接手。学校原先不想让居里夫人讲课,因为那时法国大学的讲台只有男人可以站在上面,没有女人讲课的先例。

德国也是那样。德国有位女数学家当时也是讲不了课,希尔伯特后来发火了,说,怎么了? 这讲台又不是澡堂子,为什么只有男人能站在上面,女人就不行。

那时妇女走上讲台也是很艰难的一步。法国的大学虽然收女生,但女的主讲教师还没有。由于实在没有其他男人能讲这门课,没有办法,法国这所大学只好破例,让居里夫人上讲台。那天她穿着黑衣服、披着黑纱——丧服,走上讲台讲课。

后来,居里夫人由于创建放射化学,又获得了诺贝尔化学奖。下面我们还会讲到她的大女儿、大女婿得诺贝尔奖。这是令科学界很振奋的一件事情。

西瓜模型和土星模型(图 7-2)

1897 年汤姆孙发现了电子。原来人们认为原子不可分,后来发现的光谱线、X 射线、放射性等现象,都似乎表明原子是有结构的,但又都说不出进一步的东西来。如今发现了电子,原子里面竟然有电子,带负电,那是不是还有一些东西带正电呢。

于是,汤姆孙就提出西瓜模型,这是大家比较熟悉的,就是说,原子就像一个均匀带正电的西瓜一样,其中那些瓜子是带负电的电子,镶在西瓜里面。这个模型可以解释周期律,但是不能解释光谱线。

日本有一位学者叫长冈半太郎,我们没怎么听说过他,但是卢瑟福的论文当中引用过这个人的工作。长冈提出了一个土星模型,他也认为,原子是个带正电的球,但是电子并不像汤姆孙的西瓜模型那样位于原子里面,而是在原子外面,像土星的光环一样,有很多电子围着它转(图 7-2)。他这个模型能解释光谱线,但不能解释周期律。不过土星模型不同于后来的核模型,长冈认为原子是一个像西瓜一样的实心球,质量和正电荷并不是集中在核心,而是均匀分布在整个球上。

图 7-2　西瓜模型和土星模型

行星模型

后来,卢瑟福发现了 α 射线和 β 射线,不久之后别人又发现了 γ 射线。卢瑟福是新西兰人，是一个农场主的孩子。他来到英国继续求学，成为一位非常杰出的学者。他发现了 α 和 β 射线，更重要的是他用 α 粒子做了一个散射实验：用 α 粒子去打击原子。卢瑟福是汤姆孙的学生。他想，按照导师的这个模型：原子像个大西瓜，均匀带正电的西瓜，如果用带正电的 α 粒子打过去，由于正电荷间的排斥作用，α 粒子打进原子以后会有一个偏转角。卢瑟福经过计算，认为应该是图 7-3 这样的一个偏转图像。

可是实际上，实验中打过去的结果，却是向四面八方的散射（图 7-4）。只有正电荷集中在核心，才可能产生这样子的散射。由此看来，原子里面基本上是空的，似乎所有带正电的物质都集中在原子的中心，就是今天所说的原子核。

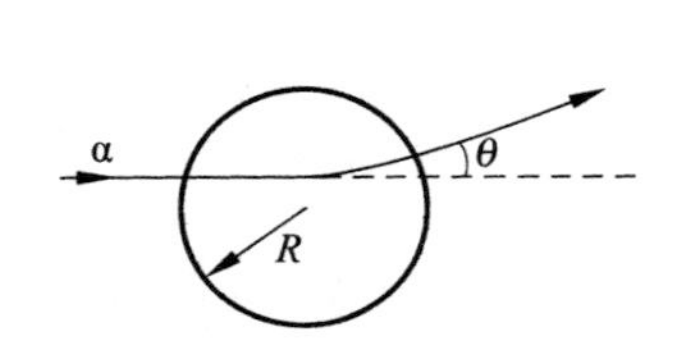

图 7-3　西瓜模型预言的 α 粒子偏转

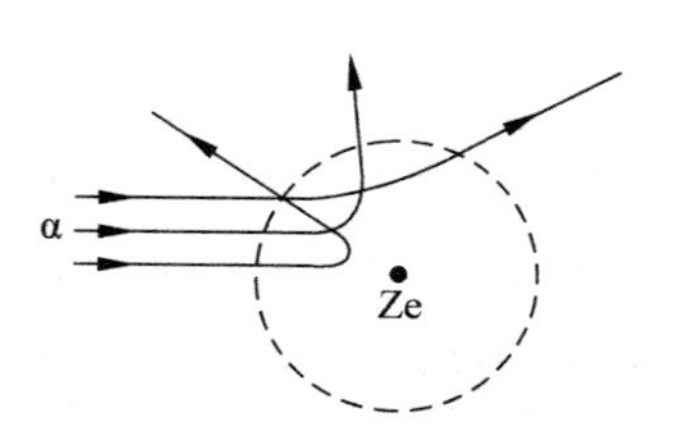

图 7-4　α 粒子的散射实验

于是卢瑟福提出了原子的核模型，中间是个原子核，电子围绕着它转，像行星围绕太阳转一样，这叫作行星模型。

行星模型有一些缺点，它解释周期律和光谱线好像都还有问题。另外，学过电动力学的人都知道，一个带电粒子如果作变加速运动的话，它应该有电磁辐射。电子围绕原子核转，肯定是个变加速运动，它要产生辐射。一旦辐射，能量就会减少，那么电子就会越转圈越小，越转圈越小，最后就会落在核上。因此这个原子模型是不稳定的，这是卢瑟福模型的一个严重缺点。

杰出的卢瑟福

卢瑟福是一位杰出的导师，他培养了很多优秀的学者，培养了 11 个获得诺贝尔奖的学生，特别著名的就是玻尔和查德威克，还有卡皮查。卡皮查是搞低温物理的。

卡皮查是来自苏联的优秀学生。苏联在十月革命以后，有几次稍微把国门打开一点，派出去一些学者。卡皮查跟一位老先生来到英国考察，考察以后他就不想回去了。但是卢瑟福怕影响英国和苏联的科学交往，不愿意收他当研究生，劝他回去，说“我已经招满了。”“你招多少呀？”“我每年就招30个学生，我已经招满了。”“你就那么严格吗？有点误差没有啊？”卢瑟福说：“有误差，5％。”“你看，加上我还不到5％”，于是卢瑟福就把他留下来了。

卡皮查留在卢瑟福那里干得很出色，成为一位杰出的低温物理专家。后来他又去苏联访问，被苏联给扣下来了，让他留下来，为祖国服务。按西方的说法是：你干不干，你要不干就把你枪毙了，如果你要干，那么你要多少经费就给你多少，给你购置所有需要的仪器。于是，卡皮查就留了下来，苏联也确实买了很多仪器装备给他，从此苏联的超导研究就发展起来了。

卢瑟福后来得了诺贝尔奖。他获得的是化学奖，不是物理学奖。当时物理学奖和化学奖没有严格的界限。当诺贝尔奖评委会评奖的通知寄来的时候，他的学生从传达室拿到诺贝尔奖评委会的信，“咄咄咄”就跑上楼去，“老师啊，诺贝尔奖评委会给你来信了。”卢瑟福和在场的人都很高兴。卢瑟福拿过来一看，就哈哈大笑起来了，说：“你们看哪，他们给我的是化学奖。我一辈子都是研究变化的，不过这次变化太大了，我一下从物理学家变成化学家了。”

玻尔模型：轨道量子化

现在我们再来看一下卢瑟福的学生玻尔。玻尔是丹麦人。丹麦古代曾经是一个强国，但那个时候已经比较落后了。丹麦现在在欧洲也不算最发达的国家，有点像欧洲的农村似的，不过它们的农村也是比较发达的农村。因为那个地方的人能吃得了苦，所以丹麦那地方老出优秀运动员。

玻尔对他老师的模型进行了重大改造。大家都知道，就是轨道量子化（图7-5）。玻尔认为，核外的电子只能在若干特定的轨道上运行，这些轨道不会变化。为什么轨道会这样分离？为什么不会变化？玻尔说他不知道，但是只要这样假定，就能解释周期律和光谱线，而且原子结构也会

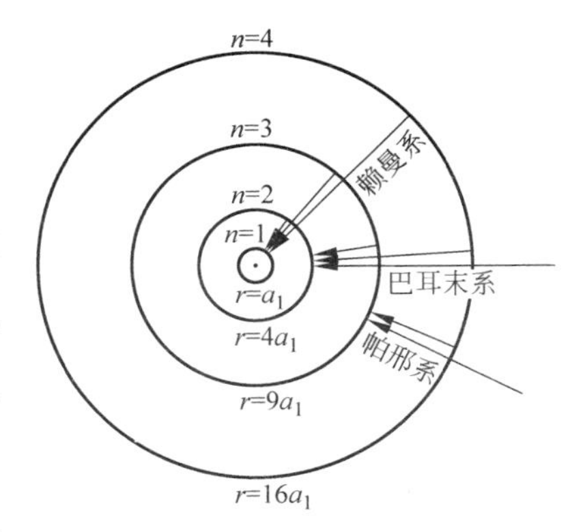

图7-5　玻尔的轨道量子化

稳定。

泡利不相容原理

当时还有一位年轻物理学家——泡利，他提出来一个不相容原理。因为有了这个轨道模型以后，人家还会想，既然电子应该往最低的能级跑，为什么电子不都聚集在最下边的能级呢？如果电子都聚集在最下边的能级，光谱线不好解释，周期律也不好解释。

泡利就假定，每个轨道上有两个状态，每一个状态只能容纳一个电子，这叫不相容原理。这两个状态是什么？泡利说不清楚。为什么会有这个原理？也不清楚。有了这个原理，最里层轨道的状态填满后，电子就要填外层轨道，然后再填更外层轨道，一层一层往外排，这样就把周期律和光谱线全都给解释清楚了。当时人们觉得这简直太棒了，把量子的规律终于搞清楚了。

尖刻的批评家

泡利是奥地利人，这个人非常聪明。他做实验不行，他到哪个实验室，哪个实验室就出问题，不是瓶子打碎了，就是仪器烧了。但是这个人搞理论特别有一套，他非常聪明。他太聪明了，就总是觉得别人都不行。他预言过中微子，21岁出版过一本相对论。我有这本书的中文版。即使今天再来看，这本书都是高水平的。可他21岁就把这本书写出来了。

泡利曾反对李政道和杨振宁的宇称不守恒猜想。当时李杨两个人说，弱相互作用下左右不是严格对称的，左好像比右强一点，于是就提出宇称不守恒的观念。但是左和右对称多美呀，不对称显然就不太美，泡利跟别人讲："我就不相信上帝会是个左撇子。听说吴健雄要做实验，我相信吴健雄的实验一定会证明李杨两人是错的。"那时泡利在德国，跟他的同事讲："你们信不信，我可以和你们打赌，我可以把我全部家产都押上来打赌。"没有人反驳他，也没人和他赌。

过了些日子，吴健雄的实验出来了。泡利在后来回忆时说："那天下午我一连收到了三封信，都是告诉我说吴健雄的实验支持了李政道和杨振宁的理论，当时我几乎休克过去。现在李杨两个人很高兴，我也很高兴，因为没人跟我打赌，要是有人赌的话，我就破产了。"

大家知道，杨振宁有三个重要贡献是可以得诺贝尔奖的。有一个比发现

“宇称不守恒”更重要的贡献是“杨—米尔斯场”，这是对韦耳规范场论的重要发展。现在所有的规范场理论都是建立在“杨—米尔斯场”基础上的。因为时间的关系，规范场不好讲太多，简单地说，那就是一种物质相互作用的场。

杨振宁搞出这个理论以后，在一次报告会上作介绍。主持会议的是奥本海默（第一颗原子弹的总设计师），泡利坐在旁边。杨振宁刚说了一句，泡利在下边就问了一个问题——你这个场质量是多少？

什么意思呢？电磁场量子化后是光子，所谓电磁场质量就是光子质量。电子场量子化后就是电子，所谓电子场质量就是电子质量。

泡利就问这个场质量是多少。杨振宁说这个场的质量现在还不太清楚，然后就想继续讲。泡利又问“质量到底是多少”，杨振宁只好面对泡利，说质量现在还不太清楚。泡利说你这理论质量都不清楚，还在这儿讲什么呀。杨振宁当时就没办法了，只好呆站在那里。因为那时杨振宁很年轻，泡利、奥本海默这些人都是老前辈。此时奥本海默就捅泡利，说：“你先让他讲。”于是杨振宁才往下讲了。

杨振宁做完报告的第二天，他住的旅馆房间的外面放着一封信，一看是泡利的。泡利说像你这种治学态度，我根本就没有办法和你讨论。然后就说你看过谁的论文没有……，据杨先生自己讲，泡利的那个建议还是很不错的。

泡利还批评过那位发现反质子的赛格雷，他是意大利的物理学家。赛格雷有一次做报告，做完报告步出会场的时候，泡利和赛格雷一起往外走，一边走一边说：“你今天这个报告，是我这几年听见的最差的一个。”后面有个年轻人听见泡利讲这个话就笑起来了。泡利一回头看他笑，又说：“你上次那个报告除外。”

上帝的皮鞭

学者们给泡利起了个外号，叫“上帝的皮鞭”，表示他很厉害，不留情面。为什么叫“上帝的皮鞭”？

“上帝的皮鞭”是对匈奴领袖阿提拉的一个称呼。大家知道，东汉的时候大将军窦宪把北匈奴击败以后，北匈奴越过中亚往西迁移。两百年以后出现在欧洲平原上，把欧洲的那些国家打了个落花流水，欧洲所有的民族都往西移了个位置，给匈奴人腾地方。这叫民族大迁移，欧洲历史上的民族大迁移。后来，公元400多年时又出现一个匈奴领袖阿提拉，率领军队一直打进法国和意大利，欧洲人称他为“上帝的皮鞭”。这就是泡利绰号的由来。

2. 人才特别快车

你学数学没有希望

现在我们该讲量子力学的建立了。先讲一下海森堡。海森堡从小喜欢数学。他的父亲是慕尼黑大学教希腊文的文学教授。海森堡中学毕业以后，想学数学，父亲就去找他们学校的数学家林德曼，想把儿子推荐给林德曼。林德曼让海森堡去面谈。

林德曼据说是研究超越数的，这个方面我不懂。但是林德曼有一项工作，我一说大家就会明白。自古以来几何作图题里面有三大难题。一个是用直尺和圆规能不能三等分一个角，这是大家最熟悉的；还有一个，能不能用直尺和圆规做一个正方形，使它的面积和一个已知圆的面积相等，即化圆为方；第三个问题是能不能用直尺和圆规画出一个立方体，使它的体积是原来立方体体积的两倍，即立方倍积问题。

这三个难题都持续了上千年，无人能解。现在我们知道这三个难题的答案都是不行。而林德曼首先证明了化圆为方不行。

海森堡去见林德曼时，推开他的办公室以后，光线很暗，半天才看清楚，一个白胡子老头坐在桌子后面，抱着一只小狗，那只小狗很不友好，汪汪汪老叫，闹得海森堡心神不定。林德曼问了几个问题，越听越觉得不行，眉头越皱越紧，后来他又问了一个问题：“你都看过什么数学书呀，看过谁写的数学书呀?”海森堡说看过韦耳的，听完这个话以后，林德曼说了一句，“看来你学数学是没有什么希望了。”

为什么呢？韦耳这个人搞的不是纯数学，是应用数学。韦耳是非常杰出的数学家，他在物理上的贡献是很大的，但在纯数学上可能贡献不大，他搞的不是那种纯数学。

另外大概还有其他的问题。哥廷根大学数学界的内部有一些矛盾。其中一个矛盾是，当时他们学校里有一位非常漂亮的女士，好几个年轻的数学才子都追求这位女士，最后被韦耳追到了。大概其他人，觉得韦耳追到了，有点遗憾还是怎么着，搞不大清楚。比如说冯·卡门，钱学森的那位老师也是失败者之一，也没追上。

索末菲的人才快车

海森堡一看反正学不成数学了，他想那就学物理吧。于是他父亲就又介绍他去见物理教授索末菲。海森堡去见索末菲，索末菲模样很威严，穿得非常整齐，西装革履，胡子翘着，很像普鲁士军官，但是说话很和蔼。问他："你看过什么书，你喜欢什么？"听他讲了以后，说："好吧，我收下你。但是你要注意，作为一个初入门的学生，首先你要立大志做大事；另外要从简单的问题做起，要先易后难，积累经验，树立信心，然后去做更难的题目。"并鼓励他要勤奋地做练习。

索末菲培养学生有一套办法，他办了一个由研究生和优秀本科生组成的研讨班，叫作"人才特别快车"，其中有泡利，还有海森堡。泡利先在这个班学习，毕业后留在这个班当助教。

学术的天堂：哥廷根大学

除去慕尼黑大学之外，对海森堡产生重大影响的还有哥廷根大学。哥廷根大学是全世界第一所在教学和科研上具有充分自由空气的大学。那所学校所在的小城是一座大学城，居民大都是为这个学校服务的，比如说给学生提供宿舍、午餐……

这所大学学术氛围非常之浓厚。教授讲完课以后，走在半路上碰到学生，学生会在路上问老师问题，最后学生越聚越多，在马路上围成了一圈，听那位教授在街上演讲。学生们讨论问题的时候也是如此，有时候白天习题没有做完，半夜里有人做出来了，就跑出去找他的同学，**"哨哨哨"**敲窗户，喊这题我做出来了。还有个学生，摔了个跟斗，一下倒在地上，别人要来扶，他说："别扶，别扶，别打扰，我的问题正有点儿开窍呢。"

这所学校是非常值得注意的，有一本书叫《比一千个太阳还亮》，这本书是讲美国制造第一颗原子弹的，但其中有一大段内容是介绍哥廷根大学的。

我上大学的时候读过那本书，看了讲哥廷根大学的那段以后，内心震动非常之大。我觉得我们办大学的方法有些是不对的，是有很大缺陷的。也就是说，不要用办中小学的办法来办大学，大学应该是一个自由讨论的、具有自由学术空气的地方。

大家来看哥廷根大学，这个学校在数学方面，有高斯、黎曼、克莱因、希尔伯特、韦耳、冯·卡门、冯·诺依曼等，这些数学家都是在那里工作或学习过的。物理方面有玻恩、劳埃、奥本海默、康普顿、狄拉克、鲍林、洪德和约丹，这一个个物理学家也都是从那里出来或者在那里工作过的。所以那所学校真是不简单啊，真是我们学习的榜样。

愚蠢的问题受欢迎

当时玻恩在哥廷根大学主持一个理论物理研讨班，数学大师希尔伯特经常来听。这个研讨班有一句格言叫“愚蠢的问题不仅允许，而且受欢迎”，就是要自由讨论，鼓励青年人勇敢发言。因为数学逻辑是很严谨的，而搞物理的这帮人呢，是一边猜想着一边研究。希尔伯特听完他们的讨论之后觉得：哎呀，怎么这个样子啊！希尔伯特感叹之后就说了一句话：“看来物理学对于物理学家来说实在是太困难了！”讽刺了一通。

由于处在世界数学研究的中心，又经常有数学家光临，玻恩的课题组，比其他大学的物理课题组更加偏爱数学。海森堡刚开始到那里觉得很不习惯。海森堡是在慕尼黑大学学习和工作的，后来，索末菲介绍他和泡利到哥廷根大学去看一看，这样他们跟哥廷根大学就有了一些来往。

玻尔曾到哥廷根大学访问了十天，这十天在哥廷根大学的历史上叫玻尔节。索末菲带着泡利和海森堡去参加。海森堡和泡利在会上向玻尔提问题，索末菲又带着他们和玻尔一起出去散步，玻尔对这两个年轻人非常器重，就对他们说：“欢迎你们随时到哥本哈根来！”然后玻尔就回国了。

3. 矩阵力学与波动力学

当时量子力学有 3 个带头人，一个是索末菲，他比较偏重实验；一个是玻恩，比较偏重数学；再一个就是玻尔，比较强调物理思想。因为时间关系我就不讲那么多了。我在我们学校有一个 30 课时的讲座，叫“从爱因斯坦到霍金的宇宙”，时间比较充分，我会讲得更详细一些，你们要是愿意，可以去听。

海岛上的灵感：海森堡创建矩阵力学

现在来讲真正的量子力学的建立。真正的量子力学，首先是从矩阵力学开始建立的。创建矩阵力学，海森堡的贡献最大。海森堡在玻恩的启发下，认识到看不见的东西其实并不重要，重要的东西是我们能够看见的，实验上能够测到的东西。他注意到玻尔说的那个电子轨道，谁也没有看见过。能看见的是什么呢，是光谱线，光谱线反映的是两个轨道的能级差，而不是轨道本身。所以海森堡认为：重要的不是轨道，而是轨道之间的能量之差。能级差，才是最重要的。

1925年的春夏之交，海森堡患上一种过敏性疾病，在北海的一个小岛上疗养。在轻松悠闲的生活中，他的思想终于有了飞跃。他创造了一套符号，用这套符号，不依赖玻尔的模型就能算出光谱线来。玻尔他们知道后很感兴趣，也都很高兴。

玻尔这个人非常大度，跟学生总是平等地讨论，从来不摆架子。所以他能吸引一大批年轻人在他的周围，比如说海森堡、泡利、狄拉克、朗道这些人都在他身边工作过。

海森堡成功地创造了一套符号，但这套符号不满足乘法的交换律。海森堡当时很担心，觉得“这东西怎么会不满足乘法交换律呢，我这里面说不定会有问题，如果有问题就会在这个地方！”其实他的理论正确就正确在它不满足乘法的交换律上，正是不满足乘法交换律，把量子效应引了进来。

这一年海森堡写了一篇文章，海森堡的数学水平不是特别突出，但他的物理思想非常棒，他写的文章物理思想很创新，但文章结构不是那么严密。文章出来以后玻恩看见了，觉得“海森堡文章中的这些符号有点像矩阵啊！”因为玻恩在哥廷根大学，哥廷根是数学中心，所以他知道数学中有矩阵这个分支。玻恩这么一讲，他身边的一个年轻人约丹就说：“玻恩教授，我熟悉矩阵，我们俩一块儿干？”玻恩同意了，于是两个人一起在海森堡工作的基础上，完成了一篇文章。然后他们又把海森堡拉进来，三个人又搞了一篇文章，这在历史上就叫作“一个人的文章，两个人的文章和三个人的文章”，这三篇文章就把矩阵力学建立起来了。玻尔他们非常高兴，觉得把轨道模型的理论往前推进了一大步。

山峰上的灵感：薛定谔创建波动力学

正在他们高兴的时候，却听说瑞士那边有一个叫薛定谔的物理学家，搞了一套波动力学，没用他们的矩阵，只用微分方程就把那些光谱线也算出来了，他们觉得很奇怪。这个时候索末菲就邀请薛定谔到慕尼黑大学做报告。

薛定谔建立波动力学的过程是这样的。先是法国的德布罗意提出了物质波的理论，认为正像光波具有粒子性一样，电子等实物粒子也具有波动性。

公式

$$E = h\nu \tag{7.1}$$

和

$$\boldsymbol{p} = \hbar \boldsymbol{k} \tag{7.2}$$

就是德布罗意波的表达式，其中 E、$\boldsymbol{p}$ 分别为粒子的能量和动量，ν、$\boldsymbol{k}$ 分别为对应的德布罗意波的频率和波矢，其中

$$\boldsymbol{k} = \frac{2\pi}{\lambda} \tag{7.3}$$

$$\hbar = \frac{h}{2\pi} \tag{7.4}$$

λ 为波长，h 为普朗克常数。

德布罗意的老师朗之万不知道这个理论对不对，就把有关的东西寄给了爱因斯坦，爱因斯坦看后非常赞赏。

奥地利物理学家薛定谔当时在瑞士的苏黎世大学工作，他们那个学校经常与苏黎世工业大学一起在周末的时候举行联合的学术报告会。有一次薛定谔在做完报告以后，主持会议的教授德拜对薛定谔说：“你今天讲的那些没有太大意思，听说德布罗意搞了一个物质波，你能不能下次把他的这个工作介绍介绍。”薛定谔说：“可以！”在第二次会议的时候薛定谔就讲了，讲完以后德拜就问：“它既然是个波，它的波动方程是什么样啊？”薛定谔想，对啊，德布罗意波没有方程啊！于是他就去努力寻找。过了一段时间以后，他又出来做报告说：“上次德拜教授说德布罗意波没有方程，我现在找到了一个！”

这就是著名的薛定谔方程，量子力学最基本的方程。他是用经典力学和光学的类比建立起来的，他有一本小册子叫《关于波动力学的四次演讲》，你们可

以翻一翻。

公式

$$\mathrm{i}\,\hbar\frac{\partial\psi}{\partial t}=-\frac{\hbar^2}{2\mu}\nabla^2\psi+V\psi \tag{7.5}$$

就是薛定谔方程。式中，μ、V 分别为粒子质量和势能，ψ 为对应的德布罗意波的波函数。

薛定谔是在 1925 年末和 1926 年初的时候把这个方程找到的，当时他跟他的一个女友在阿尔卑斯山上度圣诞节和新年。薛定谔年轻时候曾经有一个非常喜欢的姑娘，但是被这个姑娘的母亲给坚决切断了。这位母亲觉得薛定谔是平民出身，配不上自己贵族家庭的女儿。这件事对薛定谔打击很大，但也可能起了积极的作用。有人认为，当初薛定谔如果跟这位最喜欢的姑娘结婚的话，也许他就很满足了，他可能就做不出什么发现了。

这次在阿尔卑斯山上跟他共度圣诞节的女友是谁？不清楚。有人认为，这位女友与他的共同生活激发了他的灵感，对他建立波动力学起了积极作用。所以有一些传记作家，专门到那里去调研和考察，最后也没考证出来这位女士到底是谁。

刚开始的时候，薛定谔建立的是一个相对论性的波动方程，但这个相对论性的方程跟实验对不上，他后来又退回到非相对论情况，才得到那个正确的方程。为什么相对论的不行，非相对论的反而行呢？相对论性的方程是跟粒子的自旋有关的，不同自旋的粒子有不同的波动方程。薛定谔得到的那个方程对于自旋为零的粒子是对的，但是电子自旋是 1/2，所以这个方程不行。非相对论的波动方程跟自旋无关，因此他退到非相对论情况反而成功了。

海森堡与薛定谔的初次交锋

薛定谔方程出来以后轰动非常大，因为物理学家都熟悉微分方程而不知道矩阵。今天在你们看来，矩阵其实很简单，可是当时的物理学家都没听说过这个东西，所以海森堡他们那套矩阵力学的影响还不如薛定谔的波动力学大。薛定谔的波动力学一出来大家就都注意到了，于是索末菲邀请薛定谔到慕尼黑大学来报告一下他的工作。

1926年7月薛定谔来了。他作报告的时候，教室挤得满满的。他讲完以后，坐在听众当中的海森堡就从拥挤的人群里站起来，提了几个问题，说："你这个理论里没有不连续性，它怎么能得出量子效应呢?"然后又问了一些问题，把薛定谔给问住了，弄得薛定谔很难堪。这个时候主持会议的维恩站起来示意海森堡坐下。说："薛定谔教授的理论当中的问题，他自己会慢慢解决，你还是把你的功课弄得好一点!"

维恩怎么这么说话呢？原因是此前不久，他参加了海森堡的博士学位答辩，海森堡的导师是索末菲。答辩委员会主席就是维恩，维恩是位实验物理学家，海森堡的论文是搞流体力学的，本来他这论文讲的也没有什么问题，好像就可以通过了，结果在无意之中维恩问了一个关于光学误差的问题，海森堡不会，这就引起维恩注意了。又问他，"你跟我讲一讲法布里-珀罗干涉仪是怎么回事啊?"他讲不出来，维恩一看，怎么讲不出来，又问："你跟我讲一讲显微镜的原理吧。"海森堡也不会，然后说："那望远镜呢?"他也不会。"那蓄电池呢?"还不会。维恩想，这个家伙简直是连本科毕业的水平都达不到，怎么能给他博士学位呢，就不想让海森堡通过。在他们讨论的时候，海森堡的导师索末菲出来力保。最后答辩委员会投票，索末菲给了一等，还有一位也给了一等，另外的人呢给了二等，那个维恩坚持给了海森堡一个四等，就是不及格。结果折中了一下，给了他三等，也就是将将及格。当时海森堡很恼火，本来博士答辩完了之后有一个酒会，他连酒会都没参加就跑了，当天晚上直接去了哥廷根大学，向玻恩诉苦去了。玻恩还不错，说没关系，成败不决定于一两件事，还是欢迎海森堡经常到他们那里去。

在薛定谔的报告会上，维恩还记着这事，又冲海森堡来了，海森堡当时很不高兴，第二天就不参加这个会，出去玩去了。他同时给玻尔写了一封信，告诉他这边讨论的情况。

4. 关于量子力学本质的大论战

我真后悔来这里：玻尔与薛定谔的论战

玻尔也知道薛定谔这个工作还是很重要的，于是邀请薛定谔到他那里访问，薛定谔到了哥本哈根，玻尔到车站去接他，寒暄了几句之后玻尔就开始问问题，之后一直到开会，继续问问题。玻尔手下是一批非常优秀的年轻人，问题提得非常尖锐，他们问："你这个波是个什么波啊？""粒子和这个波是什么关系啊？"薛定谔说："粒子就是'波包'"，但是那些人反应很快，说："在真空当中，德布罗意波的各个频率成分的波速是不一样的，要发生色散。要是基本粒子是'波包'的话，这'波包'一会儿就散开了，消失了。"问得薛定谔面红耳赤答不出来。

两天以后薛定谔就病倒了。玻尔去看他。薛定谔说："我真是后悔，我干吗要来这儿呢！"玻尔说："你不能这么想，大家提问题是因为你的工作不错，假如你的工作不行，我们就不会问那么多问题了。"然后玻尔又继续问他问题。

薛定谔待了几天以后，很不愉快地离开了哥本哈根。回去以后他又进行了一些研究，1926 年的下半年他证明了波动力学和矩阵力学是等价的，以后就把矩阵力学和波动力学合在一起称为量子力学。

论战愈演愈烈：概率波与测不准关系

1926 年，玻恩提出了波函数的概率解释，认为德布罗意波是概率波。波函数的模的平方表示粒子出现的概率。

后来，海森堡又在 1927 年提出了测不准关系，如以下两式所示，

$$\Delta x \Delta p \sim \hbar \tag{7.6}$$

$$\Delta t \Delta E \sim \hbar \tag{7.7}$$

式(7.6)表示位置和动量不能同时确定，这样粒子就没有轨道了。式(7.7)表示时间和能量也不能同时确定。例如激发态的能级宽度和电子在这个能级上的平均寿命之间，满足这个测不准关系，能级越宽越不稳定，电子在这个能级的寿命越短。第二个测不准关系一般人不大注意，一般比较注意第一个。

量子力学诞生之后，一直伴随着论战，它的主流派称为哥本哈根学派，承认测不准关系。这个主流派的理论是在矩阵力学的基础上建立起来的，他们也认识到了矩阵力学和波动力学是一致的。这个学派认为波动力学中的波是一种概率波，表示粒子在一点出现的概率。量子力学只能告诉我们粒子处于某种状态的概率，不能确定地告诉我们是否一定在某种状态出现。

这个理论遭到了一些很优秀的物理学家的反对，比如爱因斯坦、薛定谔和德布罗意，还有后来的玻姆，他们坚决不同意这个观点。双方经常论战，反对的一方不断地提出各种反例来说明概率波的理论不对，但是都被哥本哈根学派的人一个一个地驳倒。

薛定谔始终不愿意承认概率波这套理论。爱因斯坦也认为概率的描写肯定不是最终的理论。有一些玻尔那边的年轻人就讽刺薛定谔，说薛定谔方程比薛定谔本人更聪明。

薛定谔引领生物学革命

是不是这样呢？历史表明，不是这样。薛定谔非常了不起。薛定谔是个大器晚成的人。当时的许多杰出学者都是二十几岁就做出成就了，薛定谔是三十九岁才创建波动力学的。

薛定谔后来又创出新成就，在生命科学方面作出了划时代的贡献。他 1943 年在爱尔兰都柏林的三一学院发表了连续演讲，题目是“生命是什么?”。

薛定谔提出几个重要观点，一个是“生命来自负熵”，这个观点很重要。一般人都以为人们吃东西只是为了补充能量。维持生命最重要的条件是补充能量，能量是生命的源泉。薛定谔指出这种看法不对，没有抓住本质。如果只是为了补充能量的话，我们都不用生产粮食了，只要挖煤就行了，只要把这屋里的暖气烧得比 37℃高一点，那热量不就往身体里面流吗？但是经验告诉我们，这样并不能维持生命。

薛定谔指出，关键在于生命需要负熵来维持。需要高质量的能量，低熵的能量。与低熵相伴的能量才是生命的可用能，或者叫有用能。与高熵相伴的热能是比较低级的能量，对生命用处不大。他认为，生命的关键不在于能量，而在于负熵。这是一个非常重要的结论。

他又说:“遗传密码的信息存在于非周期的有机大分子当中”，历史表明他的预言是正确的。现在的 DNA 理论和他的预言正好相符。

他还指出，“生命是以量子规律为基础的，量子跃迁可以引起基因的突变”。这一预言也已被实验所证实。

DNA 的双螺旋结构的两个发现者——生物学家沃森和物理学家克里克，

青年时代都读过薛定谔的《生命是什么?》这本重要著作。这本书有中文版,你们可以找来读一读,一定会有收获。

单电子引来的疑难

我们现在要对波函数的概率解释说几句。先来看一下经典粒子的运动(图7-6)。比如说有一支枪往靶上打子弹,枪和靶之间有一个屏,上面有两个缝,把下面的缝2关住,只开上面那个缝1的话打出来的强度(即打在靶上的子弹数密度)分布是 P_1 这根曲线;要是把1这个缝关住开2的话打出来的强度分布是 P_2 这根曲线;你要是两个缝都打开的话打出的是 P_{12} 这根曲线,它正好是 P_1 与 P_2 两根曲线的叠加。这是粒子的情况。

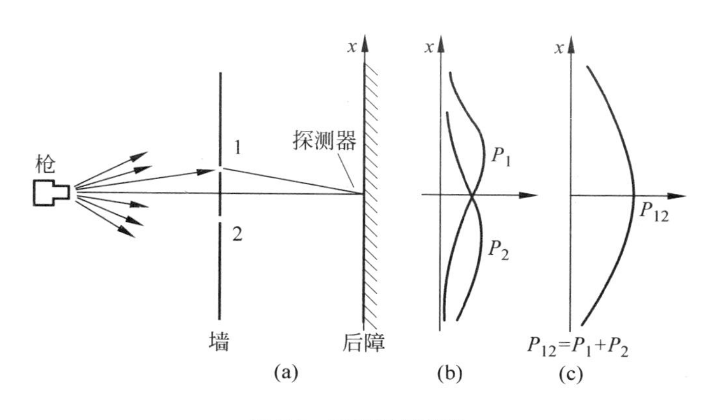

图7-6　子弹双缝实验

那么波的情况呢(图7-7),你把缝1挡住,它的强度分布曲线是 I_2 这根曲线,如果你要把2这个缝挡住呢,得到的是 I_1 这根曲线。两个缝都打开,就会有干涉现象,出现的强度分布曲线不是 I_1 和 I_2 的简单叠加,而是后面的有干涉条纹的这条线。

现在用电子来打靶(图7-8),这么小的粒子打靶的话,就会发现,跟波的情况非常相像。你把2这个缝挡住它打出来的强度分布是 P_1,你要把1挡住,打出来的是 P_2,两个都打开,居然出现了干涉条纹,这就说明了电子是波,电子的运动具有波动性。

有人猜想这或许是电子之间的相互作用造成的,是大量电子的行为,如果电子一个一个发射,可能就不会出现干涉条纹了。

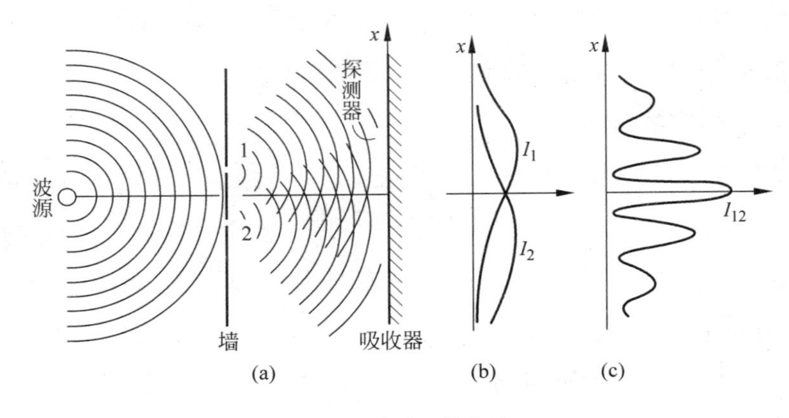

图 7-7　水波双缝实验

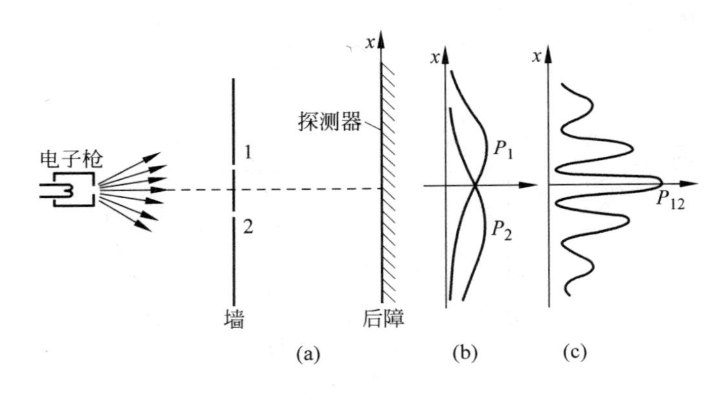

图 7-8　电子双缝实验

后来人们做了单电子干涉实验，就是让电子枪里边出来的电子几乎是一颗一颗的，它们之间相互没有影响，结果仍然打出了干涉条纹。这个问题，一直到现在，都有很多人觉得不清楚。就好像一个电子能够同时穿过缝 1 和缝 2，其行为就像图 7-9 所画的这个量子滑雪者一样，相当诡异。甚至有人猜测是不是电子有“自由意识”，在过缝 1 的时候，它知道缝 2 开没开。因为电子波如果是概率波的话，电子作为一个粒子似乎它只能走缝 1 或者只能走缝 2，似乎不可能同时走缝 1 和缝 2。但这又如何理解干涉条纹的出现呢？只好想象它走缝 1 的时候知道缝 2 开没开，它走缝 2 的时候又知道缝 1 开没开，只有这样才会出现干涉条纹。这太令人难以理解了，所以这个问题一直引起大家很大的兴趣。

图 7-9　量子滑雪者

概率波的实验支持

大家知道，其实我们打出来的干涉条纹，我们通常看到的干涉条纹，是大量的光子或者电子形成的条纹（图 7-10）。如果粒子（光子或电子）是一个个打过来的话（图 7-11），刚开始屏幕上没有点，或者有一个点，然后稍微多一些点，点打得多了，就逐渐地形成了条纹。

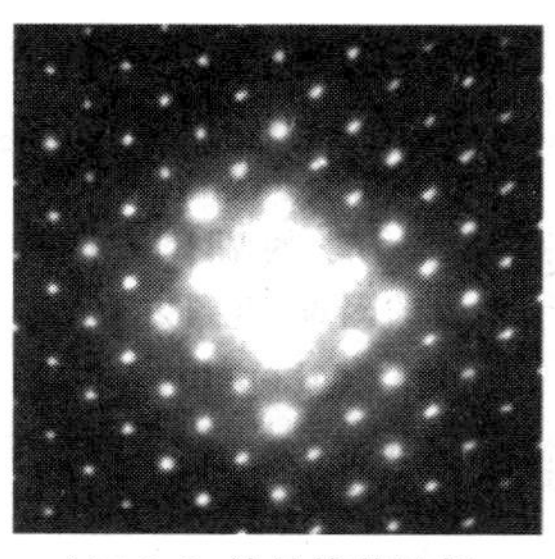

(a) MoO_3单晶的劳埃相

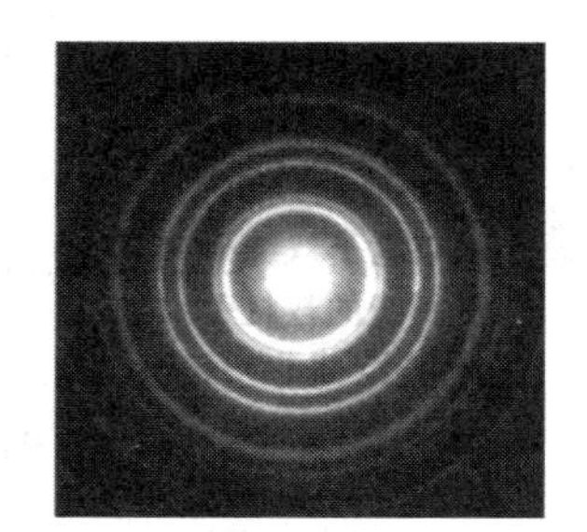

(b) Au多晶的德拜相

图 7-10　电子衍射的劳埃相和德拜相

也就是说，这个波，粒子对应的波，它传播的过程是以波动的形式，但是相互作用的时候是粒子的形式，集中在一个点上，打得多了，才逐渐形成干涉条纹。这种波为什么会是这样？当然用量子力学是可以严格算出来的，但是许多人还是觉得在物理图像上很难让人理解。我想一般人都会觉得确实很奇怪。

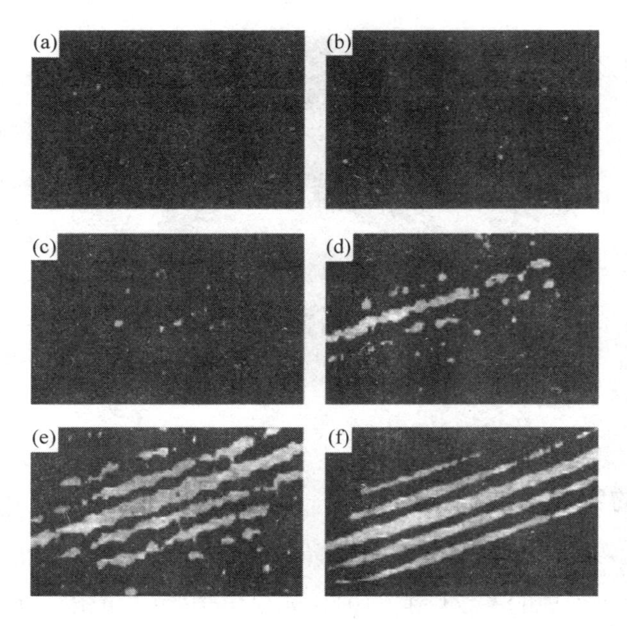

图 7-11　真实实验中获得的电子干涉图样

神奇的隧道效应

还有一个有趣的问题是隧道效应(图 7-12)。有一个高的势垒,一个经典粒子射过来,如果粒子的能量低于这个势垒的话,粒子就肯定过不去,如果能量高的话就肯定过去了。

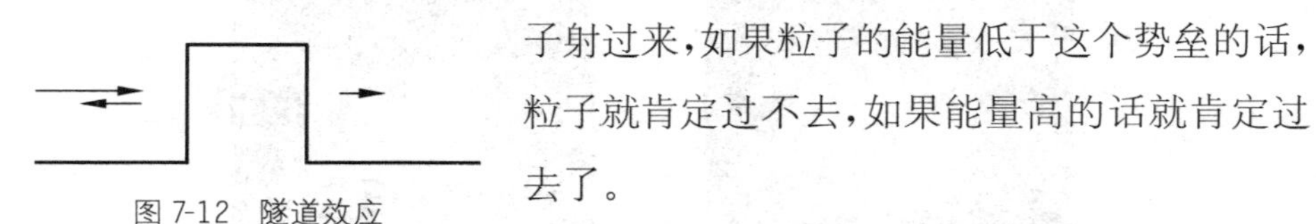

图 7-12　隧道效应

但是量子的情况却不同,粒子过来的时候如果它能量比势垒低,仍会有一定的概率穿过去,当然也会有一定的概率被反射回去。如果能量比势垒高,也会有一部分被反射,不会都越过去。这就是量子力学中的隧道效应。

为什么会有隧道效应,粒子能量不够为什么也会越过去? 现在一般的解释是: 这个粒子过势垒的时候借用了能量,利用测不准关系提供的可能性,它从"虚无"中借用了能量。越过去后再把借用的能量还给"虚无"。由于测不准关系的限制,粒子借用的能量 ΔE 越多,它可借用的时间 Δt 就越短。因此粒子穿越势垒的过程必须很快。有时甚至必须超光速。这是一种直观的理解。

有一种观点认为,穿透势垒好像是瞬时的,好像不需要时间,为什么会是这样子还不太清楚。穿过势垒不需要时间，这件事情有些人研究过。

我们最近在弯曲时空当中也研究过这个问题。在平直时空中，假如粒子穿过势垒不需要时间的话，它进入势垒的时刻 $T=1$，那么从势垒穿出的时刻也是 $T=1$。可是在有的弯曲时空当中，两个时间点“同时”，并不意味着两个点的时间值等同，它会有一个差，“同时”的时刻值由于时空弯曲会不相等，会有一个有限的差值。我们就按照那个差值来算，得出来的是跟其他理论相符的结果。

我们在一篇计算黑洞辐射概率的论文中，研究了黑洞附近的势垒贯穿效应，结果发现粒子“瞬时”穿过势垒的观点是有道理的。

暗箱中的粒子

再看一个粒子在箱中位置的实验(图 7-13)。有一个暗箱，隔成 A 和 B 两个部分，隔板上有小孔，电子可以通过。箱子里头有个电子。它在 A 还是在 B？大家想，它不是在 A 就是在 B。

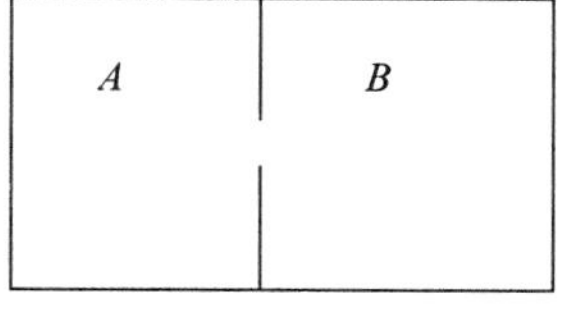

图 7-13　暗箱中的粒子

但是量子力学计算的结果是，你打开这个箱子看之前，电子同时在 A 和 B，它是同时处在这两个部分，那打开箱子呢，你一开箱它就缩到 A，或者缩到 B 了。但你开箱之前，它不是说已经在 A 或者已经在 B 了，你一开，一观察，它就缩到一个点上去了。

很多人觉得这好像让人不可思议。也就是说，在观察之前，电子是处在状态 1 和状态 2 这两个波函数的叠加态中，电子的波函数是一个叠加的波函数。你一观察，它就缩到状态 1 或者缩到状态 2 了，它不会在观察时还同时处在状态 1 和状态 2 两个状态中。

既死又活的猫

许多人觉得哥本哈根学派的上述理论很难让人接受，薛定谔就提过一个反例，叫薛定谔猫(图 7-14)。他说，把一只可怜的猫关在一个箱子里，这个箱子内部上面有个电磁铁，是个继电器，吸着个铁锤，底下有个装氰化氢毒药的瓶子，旁边有个放射性原子。这个原子如果衰变了，发射粒子了，打进这个盖革计数器，计数器一接收粒子，继电器就断电了，一断电，铁锤就掉下来，把毒药瓶打碎，猫就死了。如果这个原子在这段时间里头没有衰变，它不发射粒子，继电器就不断电，毒药瓶就不会碎，这猫就活着。

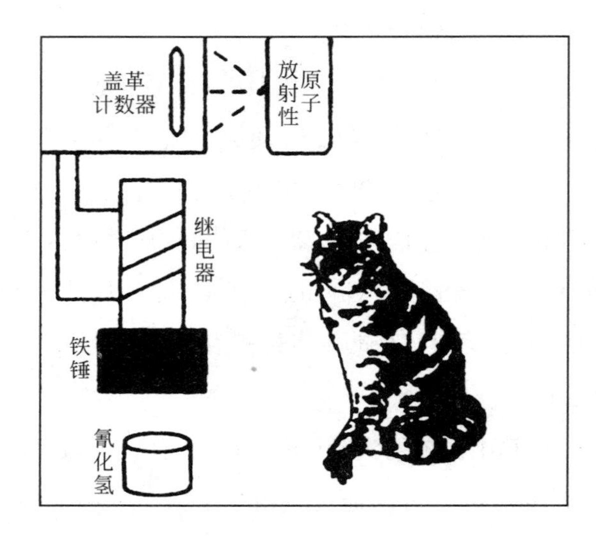

图 7-14　薛定谔猫

这样就会有一个问题，在你开这个箱子之前，这猫是处于什么状态，是死还是活？你打开箱子，它肯定不是活着就是死了。那么开箱之前是什么样，根据量子力学的理论，开箱之前它处在既死又活的状态。而且按“既死又活的状态”计算的结果，跟开箱之前它就已经死了或者依然活着，这样计算出来的结果是不一样的。也就是说，如果你承认量子力学的话，你就得承认开箱前，猫同时处在既死又活的状态，但是你一开箱它就死了或者活着。

爱因斯坦、薛定谔一方觉得这个思想实验表明量子力学的统计解释有问题，玻尔一方也无法解释清楚。爱因斯坦讽刺说：“我就不信，一只老鼠，你看它一眼整个宇宙都会变化了，这怎么可能呢。”一直到现在，学术界还在争论薛定谔猫这个反例，当然整个的讨论还是有利于哥本哈根学派的。

爱因斯坦的光子箱

1930 年，在第六次索尔维会议上，爱因斯坦向玻尔提出挑战说：“你看我能同时确定能量和时间。你们那个测不准关系，不是说能量和时间不能同时确定吗？你看，这儿有个箱子（图 7-15），箱子上面有个弹簧秤，箱子里头有个钟，箱子旁边有个小口。设想一个光子从这个小口出去。我打开这个口，噔一下光子出去了，它的质量不就减少了吗，减少了一个光子的质量，那么弹簧秤指针就会

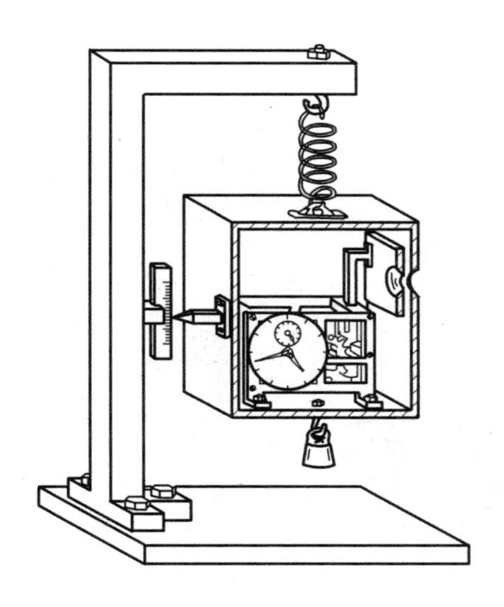

图 7-15　爱因斯坦的光子箱

移动，所以我就可以从弹簧秤指针位置变化知道出去的这个光子的能量，又可以通过钟表指针知道它出去的时刻，这两项测量互不影响，这不就把光子射出的时刻和光子能量两个量同时精确确定了吗，怎么会遵从你那个时间能量测不准关系呢。”

提出这个反例以后，当天晚上有人对玻尔说，爱因斯坦肯定又是错的。但是玻尔觉得很震惊，觉得这个反例还真的不好回答。他一晚上没睡好觉，研究这个问题。玻尔在半夜里经过仔细思考，最后得到一个答案。

这个答案总的意思是说，光子射出时盒子会获得一个向上的动量 p，它来源于光子逸出造成的冲量。然而盒子的指针位置 x 会有不确定度 Δx，它来源于盒子动量的不确定量 Δp 及位置动量不确定关系 $\Delta x\Delta p\sim\hbar$。盒子动量不确定度又来源于光子逸出造成的冲量的不确定，而冲量不确定来自光子质量 m 的不确定，从质能关系 $E=mc^2$ 可知，m 的不确定本质来自光子能量的不确定量 ΔE。另一方面从广义相对论可知，引力势能低处会产生红移和时间变慢。光子高度的不确定 ΔH 就是指针位置不确定值 Δx，所以 Δx 导致的引力红移(即时间变慢)，会造成光子从小孔射出的时间的不确定量 Δt，而且计算可以证明，此 Δt 与光子能量的不确定量 ΔE，恰好满足测不准关系 $\Delta t\Delta E\sim\hbar$。

爱因斯坦听了玻尔的上述答复后不再讲话。玻尔运用爱因斯坦自己的广义相对论的引力红移理论，成功地反驳了他的反例。图 7-16 是他们讨论的时候，两人在思考问题。

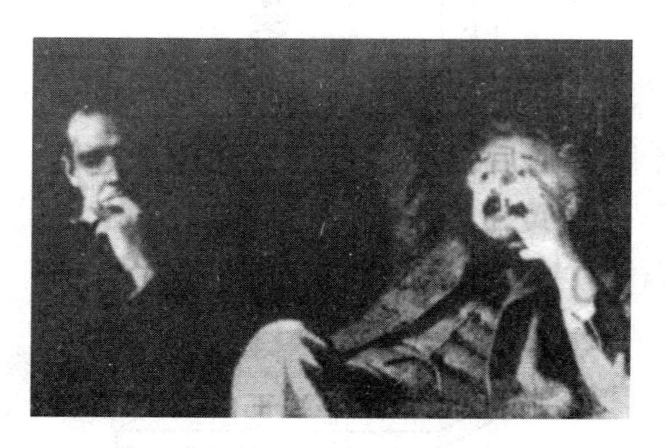

图 7-16　爱因斯坦与玻尔在沉思

争论还在继续

然而，爱因斯坦等人始终没有服气，量子力学的争论一直持续，爱因斯坦后来说了一句很有名的话："上帝是不掷骰子的。"不可能最后的结果就只是个概率，概率性的理论不可能是最终理论。他还说："我花在光量子上的时间是花在广义相对论上的 100 倍，可还是不知道什么是光量子。"这是爱因斯坦一直到死对这个问题的看法。

著名的物理学家费曼是非常聪明的一个人，他也写过一段话，说："有人告诉我说他懂得了量子力学，他错了，我相信现在世界上没有一个人真正懂得了量子力学。"

今天玻尔的理论已占了上风，大家都得承认。不管你懂不懂，反正用量子力学概率解释算出的结果跟实验相符。物理学是一门实验和测量的科学，它只承认与实验相符的理论，即使它很难理解。在哥本哈根学派理论占了统治地位的今天，玻尔强调："新理论被接受，不是因为反对它的人改变了立场，而是因为反对它的人都死了。"

索尔维会议

图 7-17 是第一届索尔维会议的照片，这里面都是重要人物。这次索尔维会议是爱因斯坦跟庞加莱唯一的一次见面，坐着的右边第一人是庞加莱。庞加莱

是卓越的数学家，同时也在法国的大学里讲理论物理。国外最优秀的教授都是讲课的，不像我们国家，稍微伟大一点儿的人就不想讲课了。右边坐着的第二人是居里夫人，他们是德高望重的学术界老前辈。站立的右边第二人是爱因斯坦。

图 7-17　第一届索尔维会议

图中从左到右，坐者：能斯特、布里渊、索尔维、洛伦兹、瓦伯、佩兰、维恩、居里夫人、庞加莱；站者：哥茨米特、普朗克、鲁本斯、索末菲、林德曼、莫里斯·德布罗意、克努曾、海申诺尔、霍斯特勒、赫森、金斯、卢瑟福、卡麦林-昂纳斯、爱因斯坦、朗之万

对量子物理就简单介绍到这里。

第七讲附录　玻尔对爱因斯坦光子箱实验的答复

1930年，在布鲁塞尔召开的第六届索尔维会议上，爱因斯坦提出著名的“光子箱”思想实验，用来否定“时间能量测不准关系”。

爱因斯坦设想，把箱上小孔的快门打开，其间只让一个光子逸出。由于光子逸出而造成的箱子重量变化，将使箱子上方弹簧秤的指针发生移动。箱子质量的变化等于逸出光子的质量，从质能关系可得到光子的能量。因此，从弹簧秤指针的变化，即可确定逸出光子的能量。而光子逸出的时间即快门打开的时间，可由箱子里的钟准确测定(图7-15)。

由于光子能量是由弹簧秤测定的，逸出时间是由钟测定的，这两个操作毫无关联，应该能够分别精确测定。这样，光子的能量和逸出时间就同时精确测定了，时间能量测不准关系则不再成立。

爱因斯坦认为，这说明测不准关系有问题，玻尔他们对量子力学的解释不自洽。

玻尔经过一夜的苦苦思索，终于找到了问题的答案，在第二天的会议上，玻尔做了如下答复：

光子的逸出，会使箱子受到一个向上的冲量，这一冲量是由逸出光子的重量$\left(\frac{E}{c^2}g\right)$和逸出过程的时间$t$决定的。此冲量转化为箱子向上的动量$p$，显然

$$p=\left(\frac{E}{c^2}g\right)t \tag{7.8}$$

根据量子力学，箱子的动量和弹簧秤指针显示的箱子的位置 x 应满足测不准关系式(7.6)

$$\Delta x\Delta p\sim\hbar$$

其中

$$\Delta p=t\,\frac{\Delta E}{c^2}g \tag{7.9}$$

另一方面，根据爱因斯坦广义相对论，时空弯曲得厉害的地方，时间会走得慢，即有引力红移现象。箱子在引力场中高度的变化(弹簧秤指针指示的变化)Δx 造成的时间变慢为 Δt，可从广义相对论算出

$$\frac{\Delta t}{t}=\frac{g\Delta x}{c^2} \tag{7.10}$$

把式(7.9)与式(7.10)代入式(7.6)马上得出式(7.7)

$$\Delta t\Delta E\sim\hbar$$

这就是时间能量测不准关系。玻尔用爱因斯坦自己的广义相对论，成功地否定了他的“光子箱”反例。爱因斯坦听了玻尔的答复后不再讲话。

实际上，广义相对论的时间变慢式(7.10)，从牛顿引力论也可以近似得出。

若光子在引力场中高度升高 Δx，光子的引力势能将增加，此增加来源于光子动能 ΔE 的减少，所以有

$$-\Delta E=mg\Delta x=\frac{E}{c^2}g\Delta x \tag{7.11}$$

由于 $E=h\nu$，所以有

$$-\frac{-\Delta\nu}{\nu}=\frac{g}{c^2}\Delta x \tag{7.12}$$

又由于 $\nu\sim\frac{1}{t}$，所以有

$$\frac{\Delta t}{t}=\frac{g}{c^2}\Delta x$$

此即引力场中时间变慢的式子(7.10)。

第八讲　比一千个太阳还亮

绘画：张京

这一讲介绍核能的利用，特别是原子弹和反应堆。首先讲一下中子的发现。我们已经讲过了元素周期律的发现、光谱线的发现、X 射线的发现、天然放射性的发现和量子力学的建立。量子理论发展的同时，核物理的研究也在进展，首先是实验方面。

1. 中子的发现

卢瑟福的猜想

1920 年左右，卢瑟福有一个猜测，觉得原子核里，除去质子以外，还应该有一种粒子，质量跟质子差不多一样，但是不带电，也就是我们今天所说的中子。他为什么这样猜测呢？他是根据对元素原子量和原子序的分析，比如说，氦元素的原子量是 4，而原子序数是 2，也就是说，有两个质子，似乎还有两个与质子质量相似，但是不带电的东西。于是他就产生了可能存在中子的猜测。

卢瑟福的学生当中，有人就开始寻找，但没有找到。1930 年，普朗克的研究生玻特，用 α 粒子轰击铍，打出了中子。玻特当时觉得是一种穿透力很强的不带电的射线，以为是 γ 射线。他把这个工作公布了。第二年，约里奥·居里夫妇，对这个问题又进行了研究。

小居里夫妇

约里奥·居里夫妇(图 8-1)就是居里夫人的大女儿和大女婿。约里奥出生于一个无产阶级家庭，他祖父是钢铁工人，父亲是巴黎公社社员。巴黎公社失败时他父亲突围，跑到卢森堡，后来平静下来以后，又返回了法国。

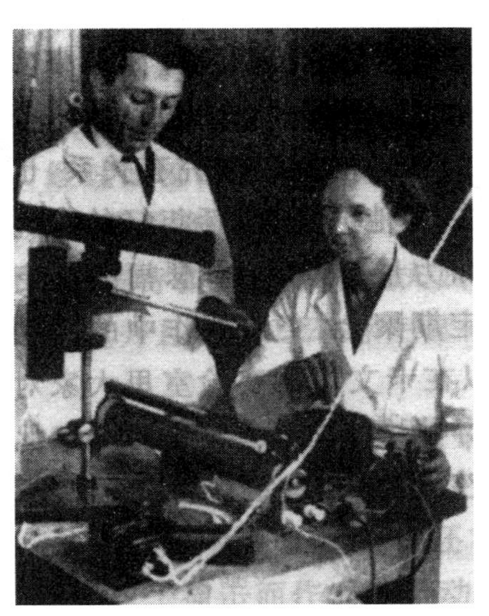

图 8-1　约里奥·居里夫妇在实验室中

约里奥本来跟居里夫人家没什么关系，原本不大容易接触到居里夫人。但是，他有一个同学，也是他的朋友，是朗之万的儿子。他们两人，一块儿上学，后来又在“一战”中一起当兵。战争结束，两人复员后工作不好找，朗之万的儿子就上他父亲的实验室去了。约里奥找不着工作。朗之万的儿子跟他父亲讲，说你看我这个好朋友找不到工作，我们这儿是不是还需要人。他父亲说我们这个实验室已经满了。朗之万的儿子又问那你能不能问问居里夫人，看看她那个实验室还缺不缺人。结果他父亲真去问了居里夫人，居里夫人说那让他来吧。来了一谈话，觉得这小伙子还行，就留下来工作了。

约里奥是学化学出身的。居里夫人的大女儿伊琳·居里比他大两三岁吧，也在那个实验室工作。伊琳·居里从小没有上正规学校，而是由几位科学家轮流讲课培养出来的。当时居里夫人等几个科学家搞教改试验，不让他们的孩子上学，由他们几个人亲自出面来讲课，培训这些孩子。伊琳主要学的化学，就在实验室帮她妈妈做实验。她的妹妹，是学音乐的，后来给她妈妈写了本传记，就是著名的《居里夫人传》，忠实地记录了她妈妈艰苦奋斗的一生。

伊琳这个人很文静，不爱讲话，而约里奥呢，特别爱讲话，于是就产生了一种吸引力。他们晚上做实验总是做到很晚，约里奥经常送伊琳回家。在居里夫人的同意之下，两个人谈恋爱，并结婚了，这就是著名的约里奥·居里夫妇。两个人后来在实验上，表现出很强的能力。

中子的发现

约里奥夫妇对玻特发现的射线很感兴趣，他们做了详尽的实验进行研究，就用这种射线打击石蜡，从中打出了质子。他们觉得这可能是 γ 射线。实际上，从动量守恒和能量守恒来看，用 γ 射线不可能打出质量那么大的质子来，但是他们物理略逊一筹，而且头脑中没有可能存在中子的想法，没有这种思想准备。

约里奥夫妇的论文一出来，卢瑟福的学生查德威克看到了，他正在那儿找中子。查德威克高兴极了，哎呀！他们看见了中子还不知道！挺高兴。于是，他也设计了一个跟那个实验类似的实验，把结果登在《自然》*Nature* 杂志上面，题目是《中子可能存在》。接着又登了一篇长文章，在英国皇家学会会刊上登出，题目是《中子的存在》。这下中子就被发现了。

约里奥夫妇很懊丧，自己做出来的发现，就从手底下溜走了。这正应了法国著名的生物学家巴斯德的一句话："机遇只偏爱有准备的头脑。"没有准备的头脑，机遇就会错过去。实际上，人的一生当中都会有很多机遇，大部分甚至绝大部分都被滑过去了。一旦抓住，就有可能做出大成绩。

约里奥夫妇虽然沮丧，但没有停止科学探索。他们两个人继续研究。不久，就用人工的方法制造出了放射性元素。在此之前放射性元素都是天然的，他们最先用人工的方法制造了放射性元素。

1935 年，诺贝尔奖评委会认为中子的发现应该发奖，但是有争论，有人认为，应该由查德威克和约里奥夫妇分享这次的诺贝尔奖，但是这个委员会的主席是查德威克的老师卢瑟福，卢瑟福说："约里奥夫妇那么聪明，他们以后还会有机会的，这次的奖就给查德威克一个人吧。"当然他也有一定的道理，因为还有玻特呢，一次奖最多只能发给三个人呀。

当年的下半年，同一个评委会评化学奖，因为物理学奖和化学奖是同一个评委会评的。大家一致同意把化学奖给约里奥夫妇，理由是他们发现了人工放射性。其实大家也在想，中子的发现他们也是有贡献的。玻特后来因为研究宇宙线获得了诺贝尔物理学奖。大概评委会也考虑了他对中子的发现也是有贡献的。大家都得了奖，应该说最后还是比较公平的。

2. 裂变与链式反应

裂变的发现

现在来讲裂变的发现。1938 年，约里奥夫妇用中子轰击铀，发现似乎生成了镧这种元素。在此之前发现的放射性，都是放出一个质子，原子序数减少 1，放出一个 α 粒子，原子序数减少 2，发射一个电子，原子序数增加 1，反正原子序数只改变 1 或 2，这回一下子从 92 似乎变成 57 了，此外还产生了一大堆其他东西，一时也不清楚都是什么。当时，约里奥夫人，即伊琳 · 居里，在实验室中宣布了这个结果，钱三强亲耳听过她这个报告。但是他们没有弄清楚这是怎么回事，觉得非常奇怪。

这个消息传到德国，德国有一个研究核物理的实验室，其中，有一个化学家

图 8-2　哈恩和迈特纳在做实验

叫哈恩，哈恩他们重复了约里奥夫妇的实验，肯定了产物就是镧和钡，他也觉得很奇怪。他们实验室原本有一个女物理学家，但是由于希特勒的迫害已经离开了，因为她是犹太人。这个人就是迈特纳。迈特纳搞物理，哈恩搞化学，两个人关系还可以，合作得也不错，工作做得很出色(图 8-2)。

迈特纳家的人都非常聪明。她由于是犹太人，感到希特勒上台以后迫害越来越厉害，于是就离开了这个实验室，流亡国外。她有一个侄子，叫弗里希，也是个核物理学家。他走得比较晚，想走的时候已经来不及了，希特勒准备把德国的犹太人都消灭在德国，不允许他们走了。

这时，恰好玻尔到那儿访问，玻尔跟弗里希单独在一起的时候，悄悄问他："你需不需要什么帮助?"弗里希说："我想赶快离开德国，你能不能帮我?"玻尔回去以后，给弗里希发了一封邀请信，邀请他到哥本哈根做短期访问。纳粹官员觉得很为难，玻尔威望那么高，不让他去也不好。反正是个短期访问，还得回来，就让他去了。结果弗里希一去就不回来了。

核的液滴模型

1939 年的新年，弗里希跟他的姑姑迈特纳两个人，在瑞典共度新年。犹太人不过圣诞节。因为耶稣虽然是犹太人，但他是犹太穷人的领袖。一般的犹太人不承认天主教，他们信犹太教，不承认耶稣，不承认耶稣的神圣地位。

迈特纳他们滑雪回来的时候看到了哈恩的信。看过信以后，对他的实验结果非常惊讶。弗里希觉得这根本就不可能，肯定是哈恩的实验做错了。迈特纳说不会的，她跟哈恩合作多年，他的实验技能非常精细，非常可靠，这个实验一定是可靠的。如果是这样的话，就好像是一个铀核分裂成了大小相近的两块。

于是迈特纳他们就构造了一个液滴模型，铀核像液滴一样，然后有可能变形、拉长、最后分裂(图 8-3)。他们用这样的模型，在理论上对核分裂做了解释。

顺便提一下，我们国家的钱三强、何泽慧曾经发现了核的三分裂和四分裂。铀核分裂会有能量放出来，但是仅仅一个单独的铀核裂成两个，没有多大能量，在工业上无法利用。

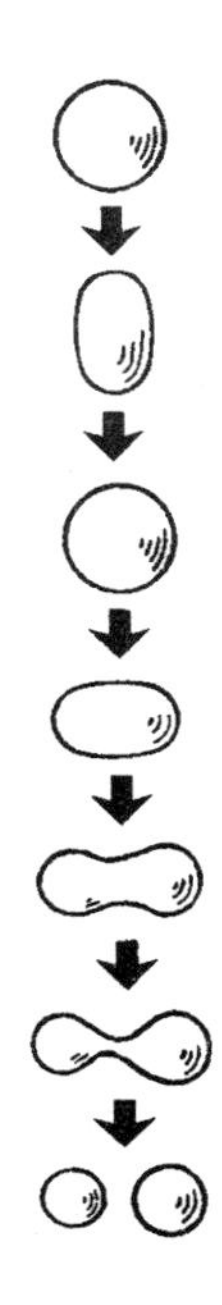

图 8-3　核裂变的液滴模型

链式反应

这时候约里奥·居里又做出一个重大的发现，约里奥·居里发现重核里的中子数是远远大于质子数的。比如铀，它的原子序是 92，也就是说原子核中含有 92 个质子。但是它的原子量是二百多，也就是说中子数是远远大于质子数的。大家知道，氦核有两个质子两个中子。一般轻原子核中的中子数和质子数基本上是相等的。所以如果一个铀核裂成了两个较轻的核，应该有多余的中子出来，而且这些中子出来以后，还有可能刺激别的铀核分裂，因为他们知道中子是可以刺激铀核分裂的。

如果一个铀核自发地裂变放出了多余的中子，这些中子刺激其他的铀核再裂变，再放出更多的中子，使更多的铀核再裂变……，这就形成了一种链式反应，如图 8-4 所示，像雪崩一样，能让核能大量地释放出来。这就可以用于工业生产，也可以用来制造武器了。

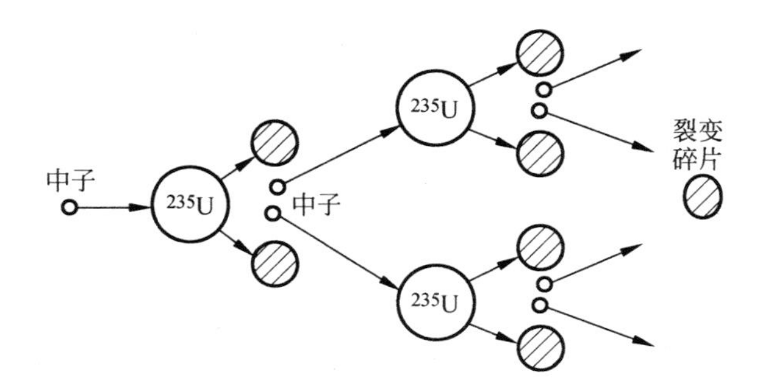

图 8-4　链式反应

约里奥很快就用实验证实了自己的想法，他明白自己找到了一条大规模利用核能的途径，找到了一种新的、可以大规模应用的能源。

约里奥立刻把自己的两个助手约到咖啡馆，商量是否公布这一重大发现。当时欧洲上空已经战云密布，他们的发现有可能用于战争，带来灾难。他们三个人讨论以后认为：火和电的发现都曾经给人类带来过灾难，但更多的是人类文明的进步，应该相信人类可以掌握自己的命运，所以他们公布了自己的发现，把论文登出来了，但是他们没有说出能造原子弹，所以一般人也不大注意。

半年多之后，美国的两个小组，即费米和西纳德领导的两个小组，也分别做出了同样的发现。但是约里奥这个组是最早做出来的。约里奥后来于 1944 年担任法国科学院院长，1946 年担任法国原子能委员会主席。他设计建造了美国之外的第一座核反应堆。他来过中国，到中国来访问，当然还有其他原因，他是法国共产党的中央委员，世界和平理事会的主席。

裂变与聚变

现在解释一下原子核裂变为什么会放出能量。假如有一个原子，它是由 Z 个质子和 N 个中子组成的，那么它总质量是不是就是 Z 乘上 m_p 加上 N 乘上 m_n 呢？这里 m_n 是中子质量，m_p 是质子质量，是不是就是前面这两项相加呢？实验发现不是如此。测得的核质量是式(8.1)中后面那一项 m，比前两项加起来要小。

$$B=[Zm_p+Nm_n-m(Z,A)]c^2 \tag{8.1}$$

为什么呢？就是这些质子和中子聚集在一起形成原子核时会放出一部分能量，放出的这部分能量，就是可以利用的能量。这个差 B 叫作结合能。

许多人研究过单个核子的平均结合能，就是用这种原子核的结合能的数量 B，除以核中的核子(质子和中子)数 A(约等于原子量)，所得结果就是单个核子的平均结合能。图 8-5 中有一条实验曲线，这条实验曲线显示了各种原子核的平均结合能。

对于轻元素来讲，它是比较低的，对于特别重的元素来说也是比较低的，但位于中间的元素则比较高。也就是说重的核一旦裂变，分裂为中间这些小的、比较轻的核，就会有能量放出来。因为中间的这些核的平均结合能比重核高。另一方面，中间的这些核的平均结合能比轻核也要高，所以轻元素的核聚合在一起也会放出能量，一种是裂变，一种是聚变，都可以获得能量。

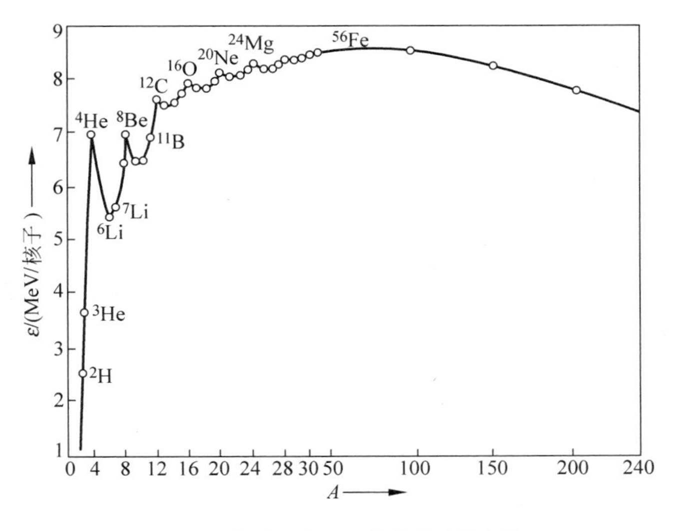

图 8-5　各种元素原子核的平均结合能

汤川的交换力

日本的汤川秀树是亚洲第一个得诺贝尔奖的人。近代史上，日本人对中国人的鼓舞还是很大的，他们有几个人做出很大的成绩，当然华人就会想，他们和我们同文同种，他们能做，为什么我们不能做。

当时猜测原子核内部有一种很强的引力，否则的话，原子核就会分裂了。这种力在原子核内部应该很强，应该远强于质子所带正电荷间的斥力。但是它的作用半径应该比较短，超出原子核之外就没有了。这种力就叫作核力。

汤川秀树推测这是一种交换力。中子和质子之间，或者质子和质子之间，中子和中子之间，交换一种粒子，交换这种粒子，就会产生一种吸引力，产生一种很强的吸引力。他利用测不准关系和质能关系，也就是利用式(8.2)、式(8.3)这两个关系，估算出了这种交换粒子的质量，是在质子和电子之间，所以叫作介子。实验证实了确实有介子存在。近年来，物理学家把汤川的理论发展改造成夸克理论和量子色动力学。大家可以利用这两个关系自己推算一下介子的质量。

$$\Delta t \Delta E \sim \hbar \tag{8.2}$$

$$\Delta E = \Delta m \cdot c^2 \tag{8.3}$$

3. 科学中心向美国迁移

约里奥首提原子弹

接着讲原子能的利用。首先是用在军事上。1939年,德国进攻波兰,欧洲战场全面爆发,法国对德宣战以后,约里奥找了法国军备部部长,建议法国制造原子弹对付希特勒。但是,法国没能挺住,马奇诺防线很快被突破了。

第一次世界大战的时候,德国和法国打阵地战,死的人很多。德国人总结出一套理论,说甭管对方的工事有多厚,有多结实,只要我们的大炮造得够粗,就能把它轰开。法国人发展了一套相反的理论,说甭管对方的炮有多粗,只要我们的工事修得够厚的话,它就轰不开。

所以第一次世界大战结束以后,法国把它的军费都用在修马奇诺防线,一个固定的很牢固的防线上,以为这样就可以在未来的战争中挡住德国人。结果希特勒的军队绕过了马奇诺防线,法国军队一下子就垮了。这样法国就没法造原子弹了。

约里奥在紧急情况之下,把他的实验室中的重水押运到法国南部的一个港口,装上了一艘去英国的船。然后他就返回巴黎,回到巴黎的时候,巴黎已经被德国占领了。德国占领军传讯了约里奥,问他重水哪儿去了?约里奥在回巴黎的路上就听说从那个港口开出的另外一条去挪威的船被炸沉了,他就说放在那条去挪威的船上了。那些重水是挪威的,他打算还给挪威,就在那条被炸沉的船上。德国人也就没有再问。因为德国当时已经普及初中教育了,德军官兵都知道居里这个伟大的名字,谁也不想没事给他们找太多的麻烦。德国人没有再找他更多的麻烦,但他也没法造原子弹了,只能搞些一般的科学研究。他后来参加了地下的法国共产党,在实验室中给游击队造炸药。第二次世界大战快结束时,约里奥还拿着手榴弹参加了解放巴黎的最后的巷战,在第二次世界大战期间约里奥夫妇大概就处在这么一种状态。

这个时候,在美国的科学家开始建议美国造原子弹了。他们很担心希特勒能造出来。因为德国有海森堡,有哈恩,搞实验的和搞理论的都有,而且海森堡纳粹思想非常严重,吹捧希特勒非常厉害,大家觉得他们肯定会帮助希特勒造原子弹。

希特勒如果造出来，大家都毫不怀疑他肯定敢用，他绝对不会有什么顾虑的。

费米——物理的全才

此时，已有一大批欧洲的物理学家逃到了美国，其中一个是费米。费米是意大利的物理学家。他是在相对论、统计物理、核物理这些方面，都做出了重大贡献的物理学家，而且理论和实验都行，后来设计了世界上第一座原子反应堆。他还培养了六个得诺贝尔奖的学生。所以费米是非常了不起的科学家。

在意大利，费米刚开始冒出来的时候，自己并没有太多的信心，他觉得意大利的科学不行。他说，在一个全是聋子的国家里面，有一个人有一只耳朵好用，大家就觉得这个人听力好得不得了，但是别的国家的人可能都有两只耳朵呀，你要去比就会觉得不行了。后来他有一次到德国去访问了几个月，访问后他觉得自己还是属于有两只耳朵的人，并不比德国人差。

费米后来做出了很多成绩，并获得了诺贝尔物理学奖。他去领奖的时候，准备趁此机会逃离意大利。他本人并不是犹太人，但他的夫人是犹太人，费米夫人跟他从小青梅竹马一起长大。费米带着全家到瑞典去领诺贝尔奖。那时为了安抚意大利的使馆，不要让他们怀疑自己准备走。费米还特地跑到意大利的使馆去问一问，回国的时候要办什么手续。结果当别人都不在场的时候，意大利使馆那位跟他谈话的工作人员就悄悄跟他说："费米教授，您全家不是都出来了么，您夫人不是犹太人么，你还回去干嘛呀？"于是他就放心了。其实，离开意大利之前，他就去过美国大使馆，要求移居美国。美国大使馆的人不认识他，说："我们美国，欢迎欧洲移民。不过有一条，弱智的人我们不要，所以明天您和您全家必须来做一下智力检测。"做过智力检测后，美国方面突然发现这位是诺贝尔奖获得者，赶紧就说不用再等什么了，马上就给他们签证，去美国吧。

顺便提一下，当时美国欢迎欧洲移民，不欢迎亚洲移民，美国、加拿大都对不起我们华人，帮他们修了那么长的铁路，最后他们把这些华人都赶走了。你要在这里，可以。但女人进不来，华人的妇女都不能进来，让你们自生自灭。当地人也不嫁给你，连印第安人都看不起华人。最近美国和加拿大政府都曾经为此有过道歉的表示。

费米的夫人回忆过跟费米的交往。他们俩的父亲是好朋友，所以他们从小就认识。费米的夫人说："我小时候第一次参加舞会时，只有十五岁，我打扮了很长时间，觉得非常高兴，不过当时我还是一只丑小鸭，我一直在那里坐着都没有一位男士来请我跳舞，真是非常尴尬。后来终于有个小伙子走到我跟前，邀请我跳舞，这个人就是费米。"她说她非常感激，让她从这种尴尬的局面下解脱出来。在诺贝尔奖颁奖的时候，有一个仪式，就是获奖者的夫人会有机会和瑞典的王子一块儿跳舞。她（费米夫人）说："跟一个白马王子在一块儿跳舞，这是每一个小姑娘从小就有的梦想，这次我终于有了这个机会，不过呢，这位王子已经六十岁了。"

炸弹仓里的玻尔

玻尔也移居到了美国。玻尔有犹太血统。第二次世界大战时丹麦对德国是有条件投降。因为开战以后德国的军舰一下就把丹麦唯一的军舰打沉了。丹麦海军马上就不行了，根本没多少装备，但是哥本哈根卫戍司令不想屈服，准备把武器发给老百姓进行巷战。国王说算了，我们根本打不过德国，和德国签订停战协定吧。投降，但是要有条件，其中一个条件就是犹太人你们不能带走。在这一点上，丹麦人还是够意思的。丹麦方面说，你们强迫把犹太人聚集到一起可以，但是要允许他们的邻居去探望他们，因为他们的邻居对他们的安全很关心。所以丹麦的犹太人差不多都活下来了。

当时希特勒在德国屠杀犹太人已经很厉害了，所以玻尔心里很担忧。这时候海森堡跑到哥本哈根去了。在玻尔的研究所附近，一些拥护纳粹的丹麦人建立了另外一个由纯种雅利安人组成的物理研究所，就是没有犹太人的一个研究所。

海森堡到那里作报告，作报告时他还故意问了一句，说玻尔教授怎么没来，还提醒大伙儿玻尔没有来，玻尔不是纯种人。接着海森堡又去拜访玻尔，两个人在实验室里谈话，又在草地上谈话，谈了些什么，后来两个人说的完全不一样。第二次世界大战结束以后海森堡被抓，海森堡说他那时一直劝告玻尔，说玻尔是安全的，绝对没有任何问题等。玻尔说根本不是这么一回事，他认为海森堡是坚定的希特勒的拥护者。

玻尔觉得自己非常不安全，他最后选择了偷渡，坐一艘小船冒险逃往挪威，海水把他全身都打湿了。逃到挪威以后，他又坐上一架英国的轰炸机，飞往了英国，然后坐船去了美国。坐轰炸机的时候，轰炸机上每个人都有位置，机枪手你也不能让他腾出位置，为什么呢，因为中途可能碰上德国飞机，机枪手还有任务。玻尔由于没地方坐，就到炸弹仓里了，结果玻尔还休克了，因为有一段高空缺氧，他没有戴好氧气面罩，休克了，当然好赖还是到了伦敦。

第二次世界大战以后有些记者就质问英国政府说，听说你们给驾驶员有个命令：飞机如果要迫降的话，不能把玻尔交给德国人，要把他扔到海里。是不是有这么回事？一直质问，一直到 20 世纪 70 年代、80 年代还有人在那儿质问英国当局，英国当局断然否认有这种事情。后来玻尔终于逃到了美国。

4. 原子弹的研制

美国启动曼哈顿工程

这些逃到美国的科学家都觉得希特勒可能制造原子弹，所以他们就希望美国赶紧造，一定要抢在希特勒之前造出来。于是，几个物理学家，西拉德、泰勒、维格纳，打算写信给美国总统，劝美国赶紧造原子弹。他们觉得自己的影响力不够，就去拜访爱因斯坦，请爱因斯坦写封信，爱因斯坦同意了，在信上签了字。这封信有人说是西拉德他们写的，但是不管怎么说吧，反正这封信是爱因斯坦签的字，签了字就是爱因斯坦的信。当时有一个罗斯福的朋友萨克斯，拿着这封信去见罗斯福，想跟罗斯福谈谈，但罗斯福没大听懂，罗斯福那时忙得不得了。

当时美国正在备战，因为觉得德国可能马上就会进攻美国，所以罗斯福当时紧张得不得了。美国总统是三军统帅，各种外交活动也非常多。美国当时已经在把大量军火卖给英国，还派舰队给运输船护航，以防德国潜艇攻击。同时允许他们的空军人员退役以后参加陈纳德的志愿空军到中国作战，不过现役人员必须选择退伍才能去。美国和德国、日本的矛盾越来越尖锐。

这时候，科学家们谈造原子弹的事，罗斯福根本听不进去，他忙得这么厉害，这个事儿到底有什么用也搞不清楚，就很冷淡。后来罗斯福看这个朋友不太高兴，就说："这样吧，明天早上，我请你吃早饭，你还可以再谈谈你那个东西。"萨克斯一晚上没睡好，第二天吃早饭，见了罗斯福就问："你知道拿破仑为什么会失败么?”这个问题问得也够远的。罗斯福说为什么会失败,他说就是因为拿破仑当时没有相信先进的科学技术。

萨克斯说,当时有两个美国工程师向拿破仑建议过,把蒸汽机装到船上,造机器船,这样在逆风的时候都可以在英国登陆。拿破仑就笑了,说他不相信没有帆这船还能走。于是没采纳这两个美国工程师的意见,结果法国就是因为海军干不过英国,最后失败了。

罗斯福说:“那照你的意思我要是不造这个大炸弹的话,我也会跟拿破仑一样最后失败了?”萨克斯说是这样。“好”,罗斯福就按了一下电铃,把他的副官,一个将军找来,对他说,“现在有一个重要的任务,这位先生会跟你讲,这件事情要马上行动。”

这件美国政府称为“曼哈顿工程”的事情刚布置下去,第二天珍珠港事件爆发,日本海军航空兵袭击了珍珠港,把美国炸得够呛。为什么呢,美国当时没想到日本敢这么干,虽然也觉得将来日本要打它,但是觉得那还是以后的事情,因此毫无防范。当时美国最担心的主要是德国,所以美国把大的战舰,都从大西洋挪到太平洋来了,移到珍珠港,以为这边安全一点,离德国远点。没想到日本人先动手了,在珍珠港把美国的大战舰炸了个正着,幸亏航空母舰当时不在港里,所以最后还击还快一点,要不然更不可想象。

奥本海默临危受命

太平洋战争爆发了,美国马上和日本、德国处于战争状态。后来,罗斯福任命熟悉工程建设的格罗夫斯将军负责曼哈顿工程,对格罗夫斯说这件事情只对他一个人负责,缺钱直接找他,不要跟国会、跟政府的任何人员谈起,只对他负责。格罗夫斯将军接受了这个使命,开始物色人选。有的人主张找一些德高望重的老教授来做,但是老教授一般都比较保守,而且精力也有限。将军发现有一个40岁左右的中年人比较合适,此人叫奥本海默,是在德国哥廷根大学毕业的。

第二次世界大战前,美国很多人跑到英国和德国去留学,因为美国那个时候科学还不太发达,最先进的还是欧洲。奥本海默就跑到德国去,在哥廷根大学上学。奥本海默在德国表现得很出色。他是玻恩的学生。他经常打断别人的报告，别人在上面作报告，正讲到半截，他就上去了，把人家粉笔拿过来，说这个问题啊，其实根本用不着这么讲，要是这样讲它就简单多了。奥本海默净弄这种事儿。有一次玻恩写了一篇论文，给他看，说过两天讨论讨论。过两天他来了，玻恩问他那篇文章看了吗？觉得怎么样？他说这篇文章写得很好啊，真是玻恩自己写的吗？怀疑他的老师是不是能写出这样的文章来，大概是因为玻恩的论文平时出错的可能性比较高，奥本海默有点怀疑。总之，奥本海默因为这种性格，得罪了不少人。

有些人向将军提议，奥本海默这个人够聪明的，可以胜任原子弹的研究。这时候他已经预言过暗星了，当时叫暗星，不叫黑洞。但联邦调查局说奥本海默不行，将军问为什么不行，联邦调查局说奥本海默这个人倾向共产党，他弟弟和弟媳都是美共党员，他的女朋友也是美共党员，他老看共产党的宣传品，说他这个人靠不住。可是将军觉得又没有其他合适的人。

格罗夫斯将军就跟联邦调查局的人说，先别着急，把材料拿过来看一看。他一看，也没有什么。因为职业军人和一般科学家在政治上并不那么敏感，搞情报工作的人把一个人说得黑不溜秋，其实别人看来，也没有什么太多的证据说明他有什么问题。于是将军就说还是用奥本海默，他跟联邦调查局的人讲，这件事情他直接对总统负责。

奥本海默受命担任了原子弹的总设计师。奥本海默开始找人到他那儿工作。其中很重要的一个任务，是测铀的临界质量。大家知道，原子弹爆炸，原则上来讲，只要这个铀的块头，超过了一个临界质量，它一定会炸。原因是这样的，铀里面一定会（有一定的概率）有一些铀核自发裂变，放出中子。放出的中子，会刺激别的铀核发生裂变，但是如果这个铀块儿不够大，那么很多中子就飞出去了，碰不到别的铀核，也就没有贡献了。再有呢，铀里有杂质，这些杂质会吸收掉一些中子，使它们不再做出贡献。因为造原子弹的铀是工业品，它不可能是绝对纯的，一定有杂质，而且每一次造出来的铀，杂质的成分和含量都会有差别，所以，就要经常测定铀的临界质量，以便确定多大个的铀块会爆炸。当时要找一个人来测临界质量，这项工作需要一个实验非常精细，又非常勇敢的人来做，需要有牺牲精神的人。

勇于献身的斯洛廷

有人推荐加拿大的年轻物理学家斯洛廷，说这个人可以胜任。他实验做得不错，而且很勇敢，战争一爆发他就要求参军，后来发现他是近视眼，军队不要他。但是测临界质量呢，近视眼没有关系，可以做。于是把斯洛廷找来，他同意了。他把两块铀装在一个架子上，然后用螺丝刀拧，使两块铀靠近，周围放了很多计数器，如果计数器嘎嘎响得厉害了，就赶紧把两块铀再拧开。拧开以后拿刀片削下一块，再让它们靠近，一直到计数器刚刚不响的时候，这时铀的质量就是临界质量，超过这个值它就会自动爆炸了。这样我们就知道，多大块的铀，就可以制成原子弹了。斯洛廷知道自己的工作很危险，他说他是在玩龙尾巴。龙在西方是一种很可恶、很凶狠的东西。中国人老说自己是龙，人家听着就有点害怕。

第二次世界大战之后，斯洛廷他们有一次测定的时候出事儿了。两块钚（钚是另一种可制成原子弹的元素）靠近的时候，计数器开始响了，正在此时他的螺丝刀一下掉到了地上，没法拧了，顿时那间屋子全被钚发的光照亮了。他只好马上用手把这两块钚掰开。当时他们几个人是坐成一圈的，斯洛廷说自己是活不了多久了，但是其余的人还可以多活一段时间，然后他就把每一个人的位置，身体的什么部位对着钚块，都画在了黑板上。

5. 爱开玩笑的费曼

保险柜怎么开了？

核基地里有很多很优秀的人，比如费曼，他很年轻就到这个地方工作了。费曼这个人非常聪明，又非常爱开玩笑。他到原子弹试验场后很不习惯，因为美国人都自由散漫惯了，这里的工作要保密，弄得又是进门卡啦，又是什么别的措施啦，每天工作完了的那些资料都要放进保密箱啦，他都觉得很不习惯。特别是夫人来信了，还有人要拆开看一下，他很不高兴。

有一次他回去探亲的时候，就一连写了好几封信，把每一封信都撕成碎末，塞到信封里面，然后让他夫人每过一个星期给他寄一封。信寄到后，这帮联邦调查局的一查，唉，怎么都是碎末啊。就拼凑，拼了半天也没看出有什么问题。

然后又来了一封，又是碎末。

费曼觉得那些人净搞些形式主义的东西，你看，把大门看得那么严，查得那么严，墙上有个洞他们不管。有一次，他就从大门出去，然后从那个洞钻进来，然后又出去，再钻进来，想吸引警卫的注意。警卫刚开始没注意他，后来终于有人注意到了，说这个人怎么只看见他出去，没看见他进来啊，就把他拦住了，这才发现墙上有个洞。

还有一次，他把保密员锁保险柜的密码，给猜出来了。趁着保密员出去，他就把保险柜一个一个都打开，每个保险柜里都搁了一张纸条，搁进去以后，他就躲起来了。那保密员回来一看，哟，这保险柜怎么打开了，马上就把电铃按响了。保安人员哇地跑过来，研究所里面所有的人都跑出来看，他也跑出来混在里面看。怎么回事啊，一看，保险箱里有个纸条，哦，说看几号保险箱，然后大家就去看那个保险箱，又有一个纸条说看几号保险箱，一直查看，看到最后一个保险箱，箱里的纸条写着：猜猜是谁干的。

被当做学生的教授

第二次世界大战之后，费曼离开了核试验基地，到康奈尔大学工作。第二次世界大战期间美国动员了一两千万人参军。战争一结束，这么多年轻人往哪儿安置啊！工作安排不了，于是进大学。所以大学里简直人满为患，而且多大岁数的人都有。费曼到那儿去报到。报到的时候正好已经下班了，他想先找一个住的地方，就找到学校宿舍的管理员。那个宿舍管理员说："告诉你啊，年轻人，真的是没有地方。"管理员把他当成学生了，他说实在是没有地方，要是剩有一个地方都让他住，但实在是没有地方了。

费曼没办法，就想在树林里坐一宿，第二天早晨再去找系办公室解决。但是晚上坐得很冷，不得不返回宿舍楼。没办法，只好在宿舍楼走廊里的长椅子上睡了一宿。等到天亮一上班，他就去找物理系主任。系主任说："唉？怎么会没有你的房子，单独给你留了房子啊，他们一定是搞错了，以为你是学生。"于是系主任马上打了个电话，然后让费曼赶紧去，说有你的房子。他就去了。去了一看，原来值夜班的管理员下班了，换了个值白班的。值白班的人也不认识他，就对他说："年轻人，我告诉你，真的是没有房子，你知道不知道，昨天有个教授就在那个长椅子上睡了一夜。”费曼说：“我就是那个教授，我不想在那儿再睡一夜了。”管理员恍然大悟，马上给他打开了一个房间。

费曼刚住下，就有人敲门，一开门，是两个高年级的女同学来找他。她们对他说：“你这个岁数上大学呢，是晚了点儿，不过没有关系，如果你有困难的话，我们可以帮助你。”费曼说：“我不是学生，我是教授。”那两个人一听，觉得这家伙是个骗子吧，就走了。因为美国人很讨厌说假话的人。还有一次他跟着大家去参加晚会，有个女生和他跳舞，问他是哪个年级的，他说自己不是学生，是教授。那个女生就说：“那你还造过原子弹吧。”他说：“是啊，我是造过原子弹。”那个女生把手一甩，说：“该死的骗子！”，转身就走了。

“神奇”的制图板

美国的教授还真的什么课都讲，费曼连制图课也上过。他说有些学生学得特别呆板，一点儿不会灵活运用。在制图课上，他拿起制图板，说你们看，制图板上有很多曲线，各式各样的曲线。他说，制图板上的曲线都有一个特点，不管怎么转，它最低的那一点的切线一定是水平的。于是，他看见所有的学生，几十个学生都把自己的制图板拿起来在那儿转，以为这真是制图板上的曲线的特点。大家知道是怎么回事吗？你们学过微积分，不管这曲线怎么转，这极小值处的导数肯定是零啊，最下面的那一点（极小值）的切线当然是水平的。他说你看，这些学生学得真是太呆板了。

谁经历的时间最长？

费曼不仅跟学生开玩笑，还跟爱因斯坦的助手开玩笑。他问人家一个问题，是与双生子佯谬有关的一个问题。他说，有几个人，从地面飞到高空，然后落下来。他可以坐火箭上去，然后落下来；他也可以被扔上去然后落下来；或者通过其他各种各样的途径（方式）升上去然后落下来。如果地面上的人看到他们同时出发，又同时落地，费曼问，根据相对论，他们当中谁经历的时间最长。爱因斯坦的那个助手没答出来。其实按照相对论，当然是沿测地线运动的那个人经历的时间最长，就是抛上去，再作自由落体运动，即一直作惯性运动的那个人，经历的时间最长。可是爱因斯坦的这位助手没有答出来。第二天那助手找到费曼说：“你怎么跟我开这个玩笑啊！”他回去思考了半天，也许还和别人讨论过，最后才明白过来。费曼的意思就是说有些人学得太死，爱因斯坦的这位助手自己就是搞相对论的，这个问题他居然答不出来。

费曼图和路径积分

费曼这人最大的贡献是发明费曼图。基本粒子之间的相互作用计算起来非常困难，他发明了一种图，大大简化了复杂的计算。费曼太聪明了，他创造那种图（费曼图）的时候，奥本海默那么聪明的人都没看懂。

奥本海默在第二次世界大战结束以后，离开了核基地，出来主持非军事的理论物理研究。第二次世界大战结束以后奥本海默曾经光荣了一段时间，因为他是原子弹之父。但是很快就不行了，因为美国的原子弹的机密泄露了。联邦调查局就说："你看看，我们早就说奥本海默靠不住，肯定是他把秘密泄露给苏联了。苏联甚至还搞到了一块原子弹的样品，肯定是奥本海默干的。"于是就向所有的人找证据，要把奥本海默从原子弹试验场弄出去，但又找不到任何证据。在持续的政治迫害下，奥本海默最后不得不离开了原子弹研究基地。费曼等很多人都跟着奥本海默一起离开了，到奥本海默主持的那个研究机构去工作。多年后证明，奥本海默是清白的，原子弹机密不是他泄露的。

费曼发明了费曼图，但是没有人能看懂它。直到有一次，另外一位同样年轻的物理学家，和他一起去开会，走到半路上被洪水给挡住了。两个人只好在一个县城的旅馆里住下，没有地方可去。那个人就说再给我讲讲那个图吧。费曼又讲解了一番，那个人终于听懂了。回去以后那位物理学家就对奥本海默说，费曼讲的是对的，费曼图是对的。

费曼还有一个重大创新——路径积分。根据量子论，基本粒子是没有轨道的，电子从一点运动到另一点，没有轨道。但是狄拉克有个思想，认为没有轨道等价于有无穷多条轨道，就是说从一点到另一点，所有的轨道都有贡献，包括超光速的轨道也有贡献。把这些贡献都加起来，最后的结果，跟没有轨道是一样的。狄拉克曾经提到过这个思想，但是他没有往下做。费曼往下做了，而且做成功了，这叫路径积分量子化。

狄拉克比费曼大很多，有一次，他们俩人见面了，这是第二次世界大战结束以后很久的事。费曼见到狄拉克非常高兴，就不断地跟狄拉克讲他工作的成果,“哎呀你看我干的这个东西都是在你工作的基础上做的……”,怎么怎么样跟他讲。狄拉克就靠在那儿一言不发,图 8-6 是当时有人拍的照片。费曼讲了大概一两个小时,狄拉克一言不发,最后狄拉克终于发言了,他说:“你等一下,我有一个问题。”费曼一听,有个问题,高兴了,要互动一下了。马上就问狄拉克,什么问题。他说:“洗手间在什么地方?”

图 8-6 费曼与狄拉克在交谈

6. 广岛与长崎的蘑菇云

枪法与内爆法(图 8-7)

我们再来看原子弹。原子弹引爆有两种办法,一种引爆法是枪法。两块铀,上面放一点推进剂,就是炸药,这两块铀的任何一块的质量都小于临界质量,炸药一炸,使两块铀合到一起超过临界质量,原子弹就爆炸了。还有一种呢,是铀在中间,周围一个球面上,全是炸药,炸药一炸铀块就往中心挤,一挤紧,铀之间的空隙就小了,那么临界质量的要求就低一点,然后就引爆了。这种方法叫作内爆法。

美国 1945 年 7 月 16 日,试爆了第一颗原子弹,在新墨西哥州,这是一颗采用内爆法的钚弹。当时德国已经投降了,美国准备对日本使用,因为美军跟日

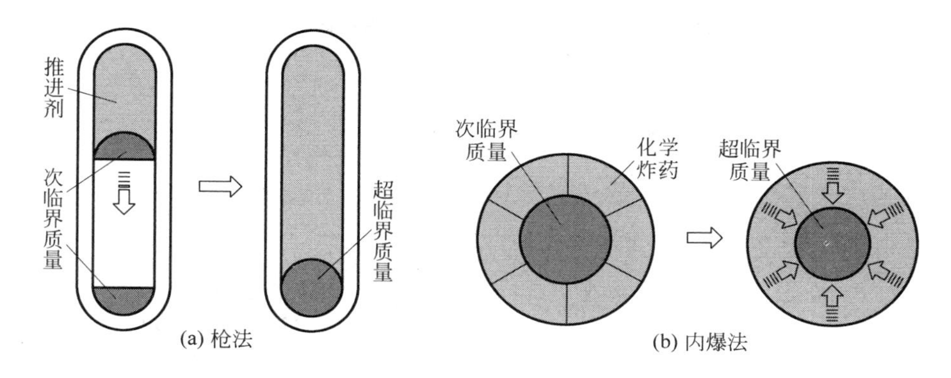

图 8-7　枪法与内爆法

本在海岛争夺战中死的人太多了，包括硫磺岛等很多岛。美国人在有些岛准备拍电影，拍美国军队怎么迅速占领这个岛，结果这个岛，打了一两个月也打不下来，日本军队几乎没有人投降，都打到底。美国人觉得伤亡太惨重了。

广岛

1945 年，美国人决定要使用原子弹来迅速结束战争。讨论是否使用原子弹的时候，奥本海默不同意用。奥本海默认为现在战争已经到最后了，原子弹分不清平民和军队，这样是不人道的，不同意用。但是美国政府，像那个将军，整个战争期间什么都没有干，就主持造了个原子弹，现在要不用一下也是很遗憾的事儿。所以美国人就准备用原子弹。他们选择了四个日本的城市，基本没有被同盟国军队轰炸过的城市，要试一试原子弹的威力。其实，广岛是其中的第二个目标，并不是首选的那个城市。

1945 年 8 月 6 日，美国的一架轰炸机带着原子弹去了，正好第一个目标那里是阴天，看不见下面。于是就奔第二个目标，这个目标就是广岛。广岛本来也阴天，正好一阵风把云吹开了。飞机到那以后就把原子弹抛下去了。日本是拉了防空警报的。后来看见就一架美国飞机，而且转了一下就飞走了。只留下一个降落伞，吊着个东西。日本人以为那是个气象仪器，认为美国飞机是气象飞机，就把警报解除了。很多日本人就从防空洞中出来，这时候原子弹爆炸了(图 8-8)，这是一颗用枪法引爆的铀弹。我看过一个日本记者描写的当时广岛被炸的惨状，确实很厉害。

长崎

图 8-8　广岛的核爆炸

1945 年 8 月 9 日,美国又在长崎扔了一颗,是用内爆法引爆的钚弹。这个原子弹扔的时候苏联已经对日宣战了。苏联原来答应各同盟国的条件就是,德国投降之后不超过三个月,苏联对日宣战。5 月 9 日,德国正式投降。所以 8 月 8 日下午,苏联通知日本,从 8 月 9 日 0 点开始,苏联与日本处于战争状态。8 月9 日呢,美国又在长崎扔了一颗原子弹。现在有很多争议说该不该扔这颗原子弹,当然各人都有自己的理由。一方面确实日本死了很多平民,但是战争如果不尽快结束那不是中国人也在死么,包括美国人都在死。日本的普通炸弹、炮弹、子弹不也在杀人吗?日本军队不是一直在屠杀平民吗?所以对这件事情会有不同的看法。

泰勒与氢弹

原子弹造好后,又开始造氢弹。氢弹是由泰勒设计的。泰勒是杨振宁的博士生导师,杨振宁说,泰勒这个人有个特点,他一天能出十个主意,其中九个半都是错的。但是那半个对的,就会对工作有点促进。泰勒本来在奥本海默手下工作,他所在那个组的组长来找奥本海默,说:“你赶紧把这个人调走,这个人一会儿一个主意,昨天我们刚商量好一个方案,他也同意了,今天刚动手做,他又说不行了,这样下去没法干,你干脆把他调走。”于是奥本海默就把泰勒叫来,对他说:“现在有一件重要工作,需要有一个能干的人单独去完成,我看你比较合适。”这件工作就是研制氢弹。泰勒就去了,当时泰勒不知道是领导嫌他碍事。后来泰勒明白了,这事儿实际上是有人对他有意见。

图 8-9 给出的就是氢弹的原理。当然真正的氢弹的详细原理是比较麻烦的,现在我们给出的是一个示意图。就是质子,结合成氦 4。但是实际上,往往不是用通常的氢,而是用氘(氢的同位素,由一个质子和一个中子组成),或者氚

(氢的另一种同位素,由一个质子和两个中子组成)来进行。

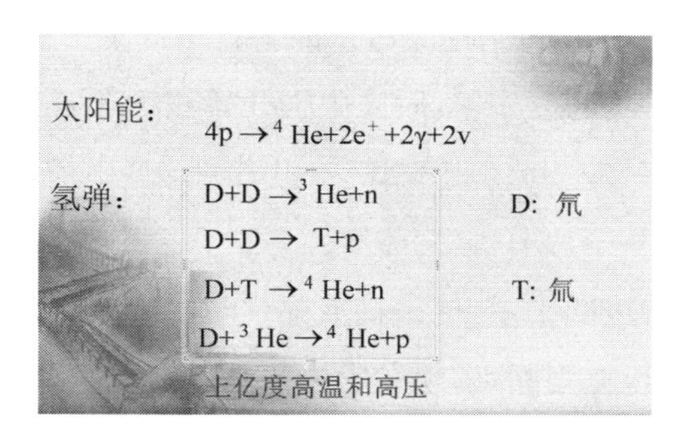

图 8-9 聚变原理

7. 中国研制核武器

为了自身的安全

下面讲一下中国的原子弹研制。其实在“第二次世界大战”结束以后蒋介石就想造原子弹,他派了一些人到国外去考察。但是国民党政权很快垮了。中国共产党刚开始掌握政权的时候并没有想造原子弹,这个想法是朝鲜战争导致的。

朝鲜战争进行期间,美国的报纸上就公开讨论对中国使用原子弹的问题。这件事情谁也不敢说它到底是不是准备扔。而且英国首相听美国扬言要扔原子弹以后立刻飞到美国,告诉美国总统,千万别用啊,说你要一用,苏联就会用,当然苏联原子弹扔不到美国,但是还是扔得到英国的。中国领导人也知道这种情况,但是苏联安慰中国说:“没关系,我们有原子弹。”但中国人觉得,别人有总不如自个儿有使起来顺手,还是自己拥有比较可靠。

钱三强、杨承宗与约里奥·居里

当时中国从国外回来一些核物理学家,如钱三强、何泽慧,从法国回来了,从居里实验室回来了。钱三强回国是在 1946 年左右,日本投降以后他就回来了。他们夫妇临离开法国的时候,约里奥曾经对钱三强讲:“你们两个人都是优秀的青年物理学家,我本来希望你们终生在居里实验室工作,但是我也知道你们很热爱你们的祖国,我也不能强留你们。”随后,在告别宴会上约里奥拿出一个盒子，说："我没有什么礼物可以送给你们，这里面有些标定了放射性强度的放射性元素，这对你们的国家可能是有用的。"就送给钱三强了。钱三强回来以后把它搁在中国科学院的仓库里，后来中国开始核物理研究的时候，把这些东西拿出来用了。钱三强先生的一篇回忆录里讲到这件事情，这对中国还是有一些帮助的。

再比如说杨承宗也回来了，他是搞放射化学的。朝鲜战争爆发以后，他想回来，钱三强跟他说现在别回来，现在国内很乱，根本没有办法开展工作，等一等再回来。他是约里奥夫人的学生。最后，钱三强还托杨承宗，把中国的一些经费交给了约里奥，请他帮助中国购买核仪器，发展一般的科学研究，当时还不是想制造原子弹，只是想买一些仪器，开展核物理研究。因为美国对中国禁运，什么都不让卖给中国。后来杨承宗要回国了，约里奥夫人让他去跟她的丈夫告别一下。约里奥当时在另一个搞核物理的研究所工作。约里奥夫人的研究所是搞放射化学的。杨承宗去见了约里奥，约里奥就请他转告毛泽东，中国要想制止核战争的话，就应该自己拥有核武器。其实原子弹的理论也不是美国人首先创造的，第一个说出原子弹原理的人其实是约里奥。他不见得告诉我们什么秘密，但是他说了这番鼓励中国人的话。

回国后，杨承宗把约里奥的话转达给钱三强，钱三强又转达给周总理，一直转达到党中央。我想这件事情大概也使中国的领导人觉得有了信心，像约里奥这样的专家都认为我们能造原子弹，我们应该相信自己的能力。

中国的"奥本海默"——邓稼先

邓稼先是在那之前回来的。周光召和黄祖洽则是中国自己培养的。邓稼先回国以后在北京大学工作。后来动员他搞原子弹研究的时候，组织上找他谈话，征求他意见。那天晚上他怎么都睡不着，他的夫人问他怎么了，他坐起来说："现在组织上找我谈话了，要我去干一件非常重要的工作。如果我去干呢，我们俩就会长期两地分居，你不会知道我在哪儿，也不会知道我在干什么，但是可以通信。这件工作如果做成，对我们国家是非常重要的，对我也是非常重要的。"他夫人就说："既然对我们国家，对你本人都那么重要，那你就去干吧。"当时，中国知识分子都非常爱国。他的家人真的一直都不知道他在干什么。中国第一颗原子弹爆炸的时候，他岳父还问郭沫若，说："哎呀，这原子弹造得太棒了，也不知道谁是设计这个原子弹的人。"郭沫若说："你去问问你女婿是谁设计的。"

美国一直怀疑中国造原子弹是有苏联帮忙的，另外还可能有其他的人，比如美国有一个学核物理的女研究生叫寒春，在中国帮助搞农业机械化，这个人是费米的研究生，参加过美国的核试验。美国人猜测是不是他们帮助了中国。

邓稼先是杨振宁从小的朋友，是杨振宁的同学。杨振宁回国的时候提出来要见邓稼先，周总理就把邓稼先从核试验场叫回来。杨振宁谈话当中总是问，"也不知道谁是中国的'奥本海默'""不知道中国造原子弹有没有外国人帮忙"，邓稼先都把话给岔开了。后来杨振宁路过上海准备回美国，邓稼先向周总理汇报了跟杨振宁的谈话。周总理说："你可以告诉他，没有外国人参加。"于是邓稼先就写了一封信给杨振宁，总理派了一个信使，坐飞机把信带到上海。杨振宁正在告别宴会上，特使就把那封信交给了杨振宁。信里面说，中国只在原子弹研制的初期得到过苏联的一些帮助，后来就没有了，也没有其他外国人帮忙。当时杨振宁非常激动，立刻就到洗手间去了，他不想让人看到他的眼泪。

中国的核武器的研制，主要依靠自己的力量，寒春并没有参与。因为寒春在参加美国原子弹的研制以后，就觉得不应该再制造杀人武器，她后来搞农业机械化了。苏联后来在技术上对中国完全封锁，但是刚开始我们确实从苏联得到了一些资料，也得到了苏联的一些帮助。

图 8-10　中国的第一次核试验

当原子弹还在研制时期，中国的氢弹研制就开始了。氢弹的设计师是于敏，他是北京大学毕业的。图 8-10 是中国的第一颗原子弹爆炸的景象。

8. 和平利用核能

费米创建的第一座核反应堆

第一座核反应堆，是费米在美国芝加哥大学研制出来的，在第二次世界大战期间就已经开始运作了。大家请看图 8-11，这张图是后来的人画的，当时不准拍照。大部分人都在核反应堆的左边看，右边还有三个人，这三个人是"敢死队"。为什么呢？如果这个反应堆要控制不住了，他们抱着一些能够吸收中子的溶液，可以倒进管道里去，让反应停下来，但是如果核反应停不住，这三个人就完了，来不及跑了。实验成功之后，他们就打电话向美国当局报告，说"那个航海家已经登上了新大陆"。"当地居民呢"，那边问，他们说"十分友好"。这是暗语，意思是实验成功了。

图 8-11　第一座核反应堆

核电的发展

原子弹是快中子引爆，快中子诱发核裂变的概率低，所以铀必须浓缩。而反应堆个头可以大，用慢化剂可以把中子速度减慢，慢中子容易被铀核吸收，裂变概率高，所以对铀的浓度要求不高。图 8-12 是裂变反应堆的示意图。第一座

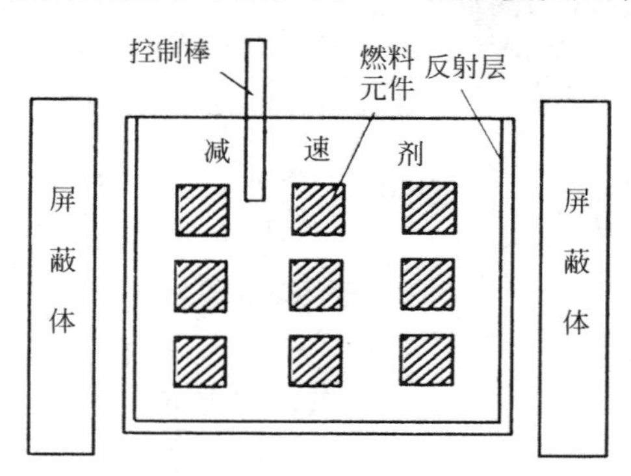

图 8-12　裂变反应堆示意图

核电站是苏联造的。现在核电在法国占80%左右，在美国占20%，其他很多国家也占比不低，但中国核电占的比例并不高。虽然说核电不够安全，但是现在来说大致上还是能控制的。如果不用核电，只能用石油、煤什么的。但石油、煤是会烧光的。烧石油很可惜，石油是很好的化工原料。有人说烧点也不算浪费，能取暖啊。门捷列夫说过一句很有名的话："你要知道钞票也是可以用来生火取暖的。"

取之不尽的聚变能

不过裂变的燃料铀等元素是有限的，在地球上并不多，用不了多少年也会用完。真正可以长期利用的是聚变的原料，这是取之不尽用之不竭的。1升海水中提炼出来的氘用于聚变，相当于300升汽油。对人类来说这是用不完的。问题是没有很好的方法控制热核反应，控制聚变反应。人类知道的唯一的办法就是做成氢弹，咣一下炸了，别的办法都没有。

现在就是要想办法来控制热核反应。另外，用氦3作原料比用氚和氘要好。用氘和氚的话，产物当中有中子，中子穿透力太强，对设备的毁坏很厉害，但是用氦3呢，它的生成物中没有中子，生成的是质子。质子带电，容易屏蔽。月亮上有大量的氦3，所以登月这件事情，从长远看也有实用意义。有人算过，要是运回一飞船的氦3，就够人类使用一年。但是聚变反应控制起来很困难，因为聚变反应需要上亿度的高温。反应的"容器"用什么材料制造，如何使反应发生，又如何控制，如何把能量引出来，都是难题。现在是试图用托卡马克(超强磁场形成的容器)或激光束聚焦，来实现可控热核反应。各个国家都在研究，包括中国也有这类装置。但是，离实用还有很长一段距离。

第八讲附录　汤川对介子质量的估计

在原子核的狭小空间里，聚集着大量的中子与质子，由于核内的质子靠得很近，相互间一定会有很强的正电推斥力。所以科学家们推测，原子核内的核子(质子与中子统称核子)之间应该还存在一种极强的吸引力，能够克服正电荷间的推斥力，科学家们称其为核力。核力应该是一种短程力，只在原子核大小的尺度(10^{-15}米)下存在，超出原子核外就迅速消失。由于它比电磁力强得多，人们称之为强相互作用(强力)。1935 年，日本物理学家汤川秀树提出交换力的思想来解释核力，并因此获得了 1949 年诺贝尔物理学奖。他认为质子与中子等核子之间的核力，是由于交换某种粒子而产生的，汤川还利用测不准关系，预言了这种粒子的质量。

汤川是这样估算传播核力的粒子的质量的：核子间交换粒子的过程能量不守恒，因此只能是测不准关系允许的虚过程，交换的粒子只能是虚粒子，虚粒子可视为以光速 c 传播。核子间的距离大约是原子核半径 r 的大小，因此交换虚粒子的时间大约是

$$\Delta t = \frac{r}{c} \tag{8.4}$$

从式(8.2)的测不准关系

$$\Delta t\Delta E \sim \hbar$$

可估算出被交换粒子的能量为

$$\Delta E \sim \frac{\hbar}{\Delta t} = \frac{\hbar c}{r} \tag{8.5}$$

再从质能关系式(8.3)

$$\Delta E = \Delta m \cdot c^2$$

可知，这种粒子实化后的质量大约为

$$\Delta m = \frac{\Delta E}{c^2} \approx \frac{\hbar}{cr} \approx 200m_e \tag{8.6}$$

式中，m_e 为电子质量。由于这种粒子的质量介于核子和电子之间，汤川称其为介子。

汤川的理论被物理界普遍接受，但是，这种力的规律究竟如何用数学公式来描述，当时在理论上还不清楚。

今天，强相互作用理论已经取得了长足的进展，量子色动力学给出了强作用的严格的数学表达式。新理论继承和发扬了汤川的“交换力”的思想。另外，汤川估计介子质量的方法，对后人也颇有启发作用。

汤川秀树是最早对近代自然科学做出重大贡献的亚洲人之一，他是日本民族的骄傲。在那个种族主义甚嚣尘上的时代，他也为所有黄种人树立种族自信心做出了贡献。

第九讲　漫步太阳系

现在介绍一下太阳系。主要分六个部分讲：太阳与月球、行星与卫星、小行星、彗星、陨星与流星、天文观测简介。

1. 太阳与月球

图 9-1 是太阳系的示意图，中间是太阳，然后是一颗一颗的行星，外边这颗是土星，你一看光环就知道是土星。还有彗星，走的是很扁的椭圆轨道。其实有的彗星走的轨道是抛物线，还有的是双曲线，走这两种轨道的彗星一去就不再返回了。我们最注意的是那批走椭圆轨道的，他们离去后还会再回来。

图 9-1　太阳系示意图

太阳简介

图 9-2 是太阳。太阳表面温度是 6000 开，中心温度是 1500 万开，那里不断地进行着氢聚合成氦的热核反应，维持它的生存。太阳属于主序星，处于恒星的中青年时

代。太阳在这个时期能维持 100 亿年，现在过了 50 亿年，还有 50 亿年基本上会是现在的样子，所以我们都可以放心地活着，没有问题。太阳表面有很多耀斑、黑子（图 9-3），黑子是太阳表面的旋风。黑子的温度都是几千开，只不过比其周围的温度稍微低一点，所以你觉得它好像处于低温。其实不是，也是高温，只不过外面 6000 开，它不到 6000 开就是了。

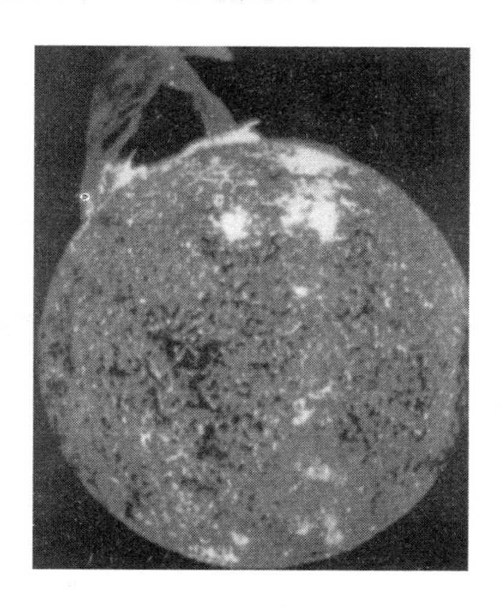

图 9-2　太阳

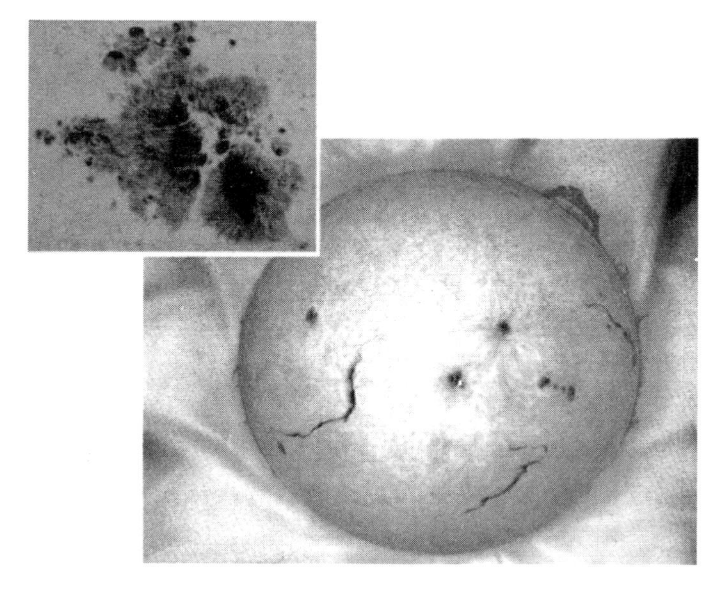

图 9-3　太阳上的黑子

太阳的质量大概占太阳系总质量的98%～99%。你看那一个一个的黑子，都是可以把地球放进去的。太阳的质量相当于33万个地球质量。对于太阳我就简单说这些。你们要是感兴趣，还可以看看其他书籍。我说一些我觉得比较有意思，你们也可能觉得有意思的东西。

月球与探月历程

图9-4是月亮的照片。我们人类在发射月球火箭之前，只看到过月球的正面，也就是左面这一张照片。因为月亮一直是用同一面对着我们的，它围着地球转的公转角速度和自转角速度是一样的，所以老是用这张脸对着我们，我们看到的就老是这个面。

月球正面

月球背面（在地球上看不见）

图9-4　月球的正面与背面

一直到1959年苏联发射月球火箭，它连着发射了三枚，当然也还是隔了一些时间，但隔得不是很长。第一枚从旁边过去了，第二枚直接命中月球，第三枚围着月球转，然后拍回了月球背后的照片，这样我们才看到月球的背面是什么样的。在没有看到月球背面的时候，科幻小说就可以随便想象，例如说：月亮都快裂开了，背后有个大口子。反正谁也看不见，科幻小说可以这样写。

从图9-4中大家可以看到一个一个的环形山。环形山的起因曾有过争议，有两种观点。一种观点认为它是陨石撞的；另一种观点认为这是火山爆发留下的。

主张火山爆发的人说，你仔细看这些环形山，这些环形山中间往往有一个尖，那就是火山口。主张撞击的人就做了一个实验，弄了一摊稀泥，拿块石头往里一扔，"咣当"一砸，石头一弹中间弹起一个尖来。所以那个尖不一定是火山口，不足以说明环形山是火山爆发形成的。

后来的研究表明，环形山基本上都是撞击的结果。这两张图看得还不是很清楚，后面看看水星，就会看得很清楚。

月亮冲着我们的这一面是比较平的，背对我们这一面，跟一个麻子似的，坑坑洼洼的。为什么呢？因为背对我们的这一面，被撞击的概率大多了。要撞地球的很多天体都撞在它上边了。从地球这边撞过去的天体，则被地球挡住，撞在地球上了。所以月亮冲着我们的这一面显得是比较平的。

月亮表面没有空气，也没有水。月球南极的中心，有人认为那里可能有冰，但还没有证实。

图 9-5 和图 9-6 是登月的图片，载人登月是美国完成的。本来美国一心认为航天事业肯定是他们领先，结果没想到苏联捷足先登，先发射人造卫星，然后载人宇宙飞船，然后就是月球火箭。美国人赶紧急起直追，后来美国首先完成了载人登月。登月确实非常了不起。图 9-5 是人类踩在月球上的第一个脚印。这个宇航员在登上月球的时候就说："我迈出的是一小步，但是对于整个人类来说这是一大步。"他说得完全正确。

图 9-5　人类在月面上的第一个脚印

当时，三个宇航员坐着飞船去，围着月亮转的时候两个人下来了，一个人没下来，留在上面看守那艘飞船。登月舱降落之后，一个人小心翼翼地走下来，先踩了踩底下，踩实了然后再走。因为当时很怕底下是松的，如果"咕咚"一下陷

图 9-6　登月的宇航员

下去了，那就麻烦了。结果还好。美国的登月有一次很惊险，他们有一艘阿波罗 13 号飞船，飞上去之后，飞船发生了故障，既去不了月球，也回不了地球，就悬在空中。然后美国总统带头向上帝祈祷，最后终于还是回来了。

宇宙航行绝对是有风险的，所以我们发射飞船也会有风险。

中国的探月工程

近年来，中国的经济和科学技术都有了长足的发展。在发射人造卫星和进行载人航天飞行的同时，中国从 2007 年开始发射了多枚嫦娥系列的探测器，对月球进行了环绕和落月的探测。我们的月球车不仅在月球的正面而且首次在月球背面长时间漫步考察。2020 年我们的返回式月球探测器嫦娥 5 号又从月面取回了 2 千克月壤样品。这是继美国宇航员登月和苏联的返回式探测器之后，时隔 40 多年，人类再次从月球取回岩石和土壤样品。

2. 行星与卫星

地球：我们的家园

我们再来看一看太阳的八颗行星。图 9-7 是地球。这张照片是在月亮的上空拍的地球照片。底下大的部分是月亮的表面，空中悬着的是我们的地球。

其实地球外面的空间充满了各种各样的电磁场(图 9-8)。来自太阳的粒子流形成太阳风。这些喷射出的粒子流是带电的，所以它会对地球的磁场产生影响。这一内容是空间科学研究的重点。

图 9-7　从月亮上看地球

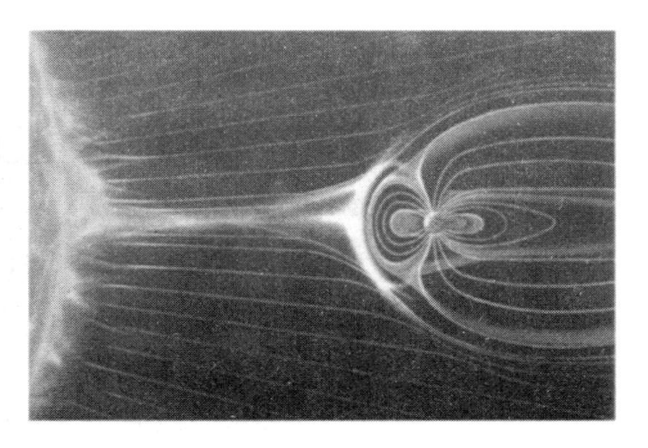

图 9-8　太阳风与地磁场

水星：离太阳最近的行星

图 9-9 是水星。假如不认得月亮的人一看，觉得这东西好像是月亮。水星跟月亮很像，也是没有水没有空气，上面有大量的环形山，环形山中间的尖很明显。这些环形山都是撞击的结果(图 9-10)。

图 9-9　水星

图 9-10　水星的表面

地球的邻居：金星与火星

我们来看一下金星(图 9-11)。我现在讲的顺序是按照各颗行星离太阳的远近，从近到远来讲。离太阳最近的行星是水星，然后是金星。金星是我们肉眼看到的天空中最明亮的一颗行星。这颗星早晨和晚上出现，非常明亮。

图 9-11　金星

人类其实看到的都是金星表面的大气，有很浓厚的云把它盖住，但是人类一开始不知道，后来望远镜的技术提高了，再加上有了其他的探测手段之后，人们才知道我们看到的并不是金星的固体表面，看到的只是外面一层很浓厚的云。

金星和火星是离地球最近的两颗行星。火星比地球离太阳稍微远一点，而金星则稍微近一点，所以这两颗星，引起人类更多注意。原因之一是推测它们与地球的状况可能相近，也许会有高级生命存在。历史上曾有人猜测是否有火星人和金星人。人类首先注意的是火星，因为火星看得比较清楚。

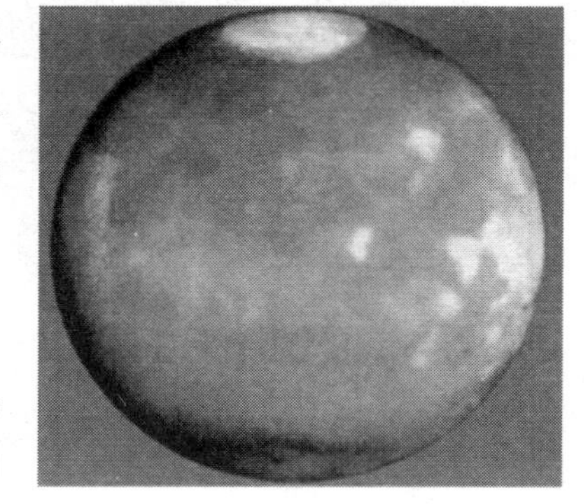

图 9-12　火星极冠

消逝的火星人

火星的大气比较稀薄，它表面是红色的，南北两极都有白色的东西，而且夏天的时候这白色的极冠会缩小，而冬季的时候极冠会加大(图 9-12)。

人们以为那些白色的东西是冰雪。当时望远镜不太好,感觉在火星表面似乎有很多条纹。有一些东西走向的,还有一些南北走向的。最初以为是火星人修的运河。有些天文学家认为火星上这么红,肯定比较干燥。看来火星人科技还是很发达的,他们用两极融化的雪水来灌溉。后来望远镜比较好的时候就看清楚了,那些“线条”不是运河,只不过是火星上的地貌。那是很多小黑点,只不过看不清时误看地连在一起了。火星两极处的白色极冠后来也搞清楚了,那不是水形成的冰,而是二氧化碳形成的干冰。

人们在看东西看不清楚的时候,往往觉得它像什么,越看它就越像什么。后来发现火星的条件比较恶劣,不像我们人类原来想象的那么好。大概有点像南极洲的那种温度,但是大气要稀薄得多,有高级生命的可能性很小。

火星探测器发射以后,大家看清了,火星的表面,就跟戈壁滩一样(图 9-13)。但是人类觉得,火星的表面似乎有被水、被液态的东西冲刷过的迹象,还有很多人寄予希望,在火星的表面底下是不是有大量的水。

图 9-13　探测器在火星表面

如果有水,就可能有生物,而且就可能有比较高级的生物,比病毒要高级一些的。因为宇宙当中肯定有很多病毒,这种最低等的生物肯定广泛存在。但人类感兴趣的不是那些东西,而是比较高级一点的,特别是有没有外星人的问题。

我国在 2020 年发射了第一个火星探测器,开始了自己的火星科学考察。

此外,火星有两颗卫星,刚开始看不太清楚,发现火星的卫星个儿都不大,有人就猜测它们是不是火星人发射的人造卫星。看清以后,其实就是两块大石头,比较小,形状不规则(图 9-14)。

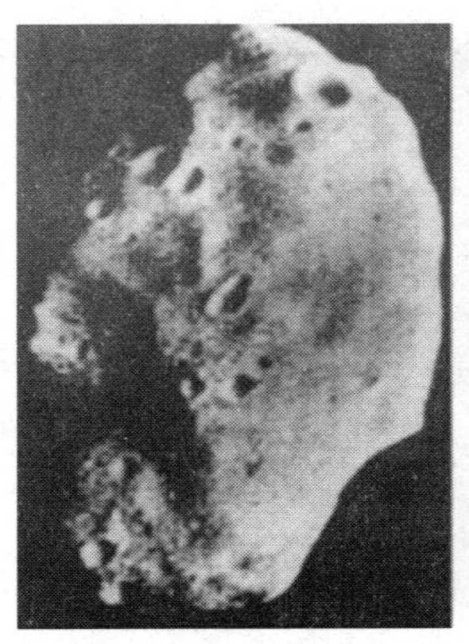
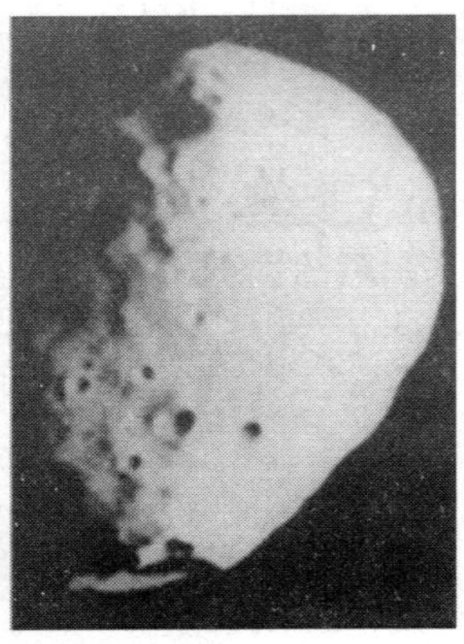

图 9-14　火卫 1 与火卫 2

我有一讲曾经讲过,开普勒曾猜测火星有两颗卫星。他的理由是,地球有一颗卫星,木星当时看到四颗卫星,火星位于地球和木星之间,他认为应该有两颗卫星。他认为上帝在创造宇宙的时候肯定有想法,应该有个规律,上帝一定不会乱造。他推测火星卫星应该有两颗。结果,他还真说对了,火星的卫星还真是两颗。

金星:大气的高压与高温

后来人们认识到,火星上的自然条件比地球恶劣得多,火星人肯定是不存在了。火星上有高级生物的可能性几乎为零,不会有植物、动物。于是,人们就把注意力集中到金星。那时候已经知道金星表面有一层很浓厚的云,看不见金星的地表。而且金星的大气很浓,主要成分是二氧化碳。主要是二氧化碳倒没有关系,地球历史上也曾经有过大气成分主要是二氧化碳的时期,这不是什么大问题。

后来,苏联发射了金星探测器,在上边实现了软着陆。探测器落下去以后才发现,那里条件特别恶劣。金星的表面有 90 个大气压,480 开高温,根本没有液态的水,当然在大气当中还是有水的成分。而且探测器在降落的时候,还要穿过一层浓硫酸构成的云,所以金星上面有生物的可能性微乎其微。大家很失望,看来金星也没有高级的生命。

美国的金星探测器上去了很多，我国目前还没有，大概不久之后会发射的。因为现在我们中国的科学技术和经济正在发展起来，所以我们就有可能进行更多的空间探测。

图 9-15 是金星上的山，这是探测器在金星上降落以后，在金星表面拍摄的。

图 9-15　金星的地表

木星："木纹"与"大红斑"

下边我们再来看一下木星。伽利略使用望远镜的时候，就观测到在木星上边有"木纹"(意为木星上的条纹)。木星图像(图 9-16)中一根一根的横纹，还真的有点像木头纹似的，这是一种巧合。另外，木星左下部有一块大红斑，从伽利略时代就发现的这一块大红斑，一直保持到现在。

图 9-16　木星

后来知道，木星不是一颗固体星，而是一颗流体星。外边的大气，主要由氢组成，还有一些氦。大气下面，有氢组成的海洋，大概有五六万千米深，都是液态的分子氢或者金属氢构成的。中心有铁和硅构成的固体核，跟海洋比，体积就小了不少。木星主要是一颗流体星。人们还发现了木星的几颗卫星。那几颗大的卫星，伽利略的时候就发现了，所以叫作伽利略卫星。

木星既然是一颗流体星,为什么会有一个大红斑老是在那个位置上不动呢?后来人们才知道,那是一个旋风。木星上的大旋风。这个大旋风已经存在几百年了。这个斑为什么是红色的呢?因为含有大量的磷的化合物。这个红斑很大,可以把地球搁进去。

木星的卫星:是否存在生命?

木星的卫星,我们现在兴趣比较大。这些卫星,都是一些固体星。这些固体星,有的表面底下可能有水。因为有些探测器从木星旁边飞过的时候,收集过一些数据,觉得下面可能有液态的水,而且,这些液态水可能有盐分,这样就有了存在生命的可能性。当然,有特别高级生命的可能性并不大。

图 9-17 是木卫一,图 9-18 是木卫二上的冰缝和陨石坑,图 9-19 和图 9-20 是木卫三和木卫四的表面。未来大概会加快对木星卫星的探测,因为那些地方应该是可以降落的。木星表面都是流体,没法儿降落,只可以围绕它转。不过木星的这些固体卫星是有可能降落的。

图 9-17　木卫一

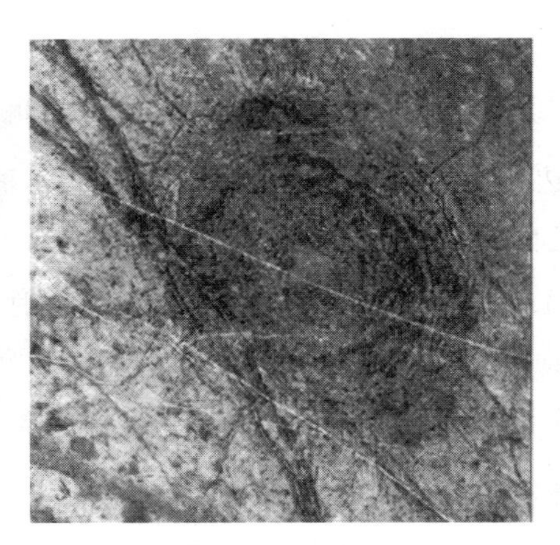

图 9-18　木卫二上的冰缝和陨石坑

近年来,大家对木星有一个怀疑,天文观测发现,木星放出去的热量比它吸收的热量要多,所以有人怀疑木星实际上是一颗恒星。它要真是一颗恒星,太阳和木星就构成一个双星系。但是这个观点并没有引起太大的响应,还需要进一步研究。

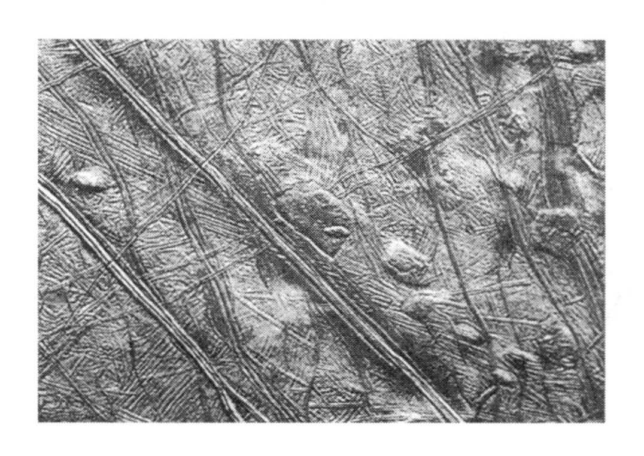

图 9-19　木卫三的局部表面

图 9-20　木卫四的地貌

土星和它的光环

我们再看一下土星(图 9-21)。土星特别引人注目的是它的光环(图 9-22)。这个光环是伽利略首先发现的。但是伽利略没有认出这是光环,只知道土星有附属物。

图 9-21　土星

后来有一个叫惠更斯的人认出来了。惠更斯看出这个附属物是光环的时候,非常高兴,编了一个密语。过了三年,确认是光环以后就公布了密语。过了一段时间之后,这个光环没有了。

为什么光环会没了?因为这个光环很薄,当盘面朝向我们的时候,我们就

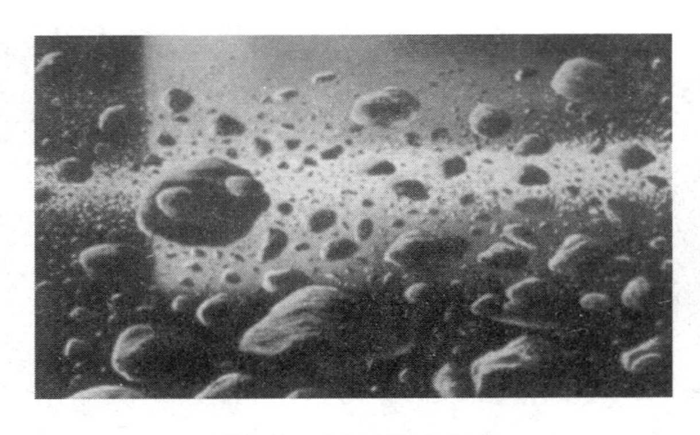

图 9-22　土星光环的组成

可以看见光环。当盘面侧过去，完全从侧面看，很薄很薄的一层，望远镜不太好的时候就看不清楚，所以光环又没了。

那个时候报纸上就开始登，说光环碎了，碎片正在飞向地球。耸人听闻，这样报纸可以卖得快一点。后来，角度又转过来，又看见光环了。流言便不攻自破。

光环是什么东西呢？主要是由冰块、石头块组成的东西(图 9-22)。因为这些碎块太多了，所以从远处看像光环。

天王星：用望远镜发现的第一颗行星

在土星之外是天王星。天王星是用望远镜发现的。肉眼看见的就是金、木、水、火、土五颗行星。金、木、水、火、土这五颗星里，比较难以看见的是水星；我们最容易认出的是金星，一般人都认得，早晨叫启明星，黄昏叫长庚星，都是它；火星有点发红，也容易看出来；木星和土星也能看到，它俩颜色差不多，一般不是很熟悉天文的人不大容易分得清。

水星是很难看得到的，它离太阳太近了。据说哥白尼一辈子都没见过水星。主要是因为东欧这个地方，老是阴天，老是有云，特别是在黎明和黄昏的时候一般都有云，看到水星的可能性就很小。

有了望远镜之后，人们发现了天王星。图 9-23 是用哈勃望远镜拍摄的天王星照片。天王星很有意思，它的自转轨道和公转轨道是垂直的。也就是说它的自转轴是沿着它的公转轨道面的，结果它就躺在公转的轨道上了。

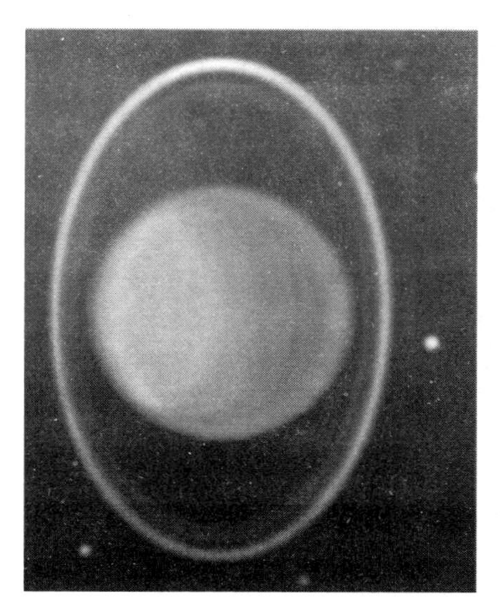

图 9-23　天王星

海王星：万有引力定律预言的行星

下面谈一下海王星。在第二讲中我们谈到过海王星是先预言后发现的，是勒维耶和亚当斯分别根据万有引力定律预言的。

海王星发现以后，万有引力定律就得到了全面的肯定。因为一个真正的定律出来以后，不仅应该能解释已有的现象，最好还能预言新的现象。当时已经知道万有引力可以解释哈雷彗星的轨道，这个时候又把海王星算出来了。

图 9-24 是从海王星的卫星上看海王星，高处的是海王星，这颗卫星是红色的，你看还有一个火山正在爆发，这张照片只是一张示意图，肯定是一张想象的图。

冥王星：被除名的大行星

海王星算出来以后，又有人用类似的方法去预测更远一些的行星。找了半天，后来找到一颗冥王星。但有人说，这个冥王星其实是偶然找到的。在预测的位置没有看见，就往旁边搜寻。找来找去，最后终于找到一个。

图 9-24　从海王卫星上看海王星

但是后来的研究表明像冥王星这样的星太多了，有好几个，而且有的个头比它还大。另外还有其他的原因，总之国际天文学会把冥王星的大行星资格给取消了。对这一决定，美国人很沮丧，因为他们就只发现了冥王星，而这个大行星现在又被取消了。这是因为美国的科学发展比较晚，在大行星的发现上，欧洲国家就捷足先登了。

美国这个国家是崇尚技术的，技术先发展起来，然后科学才发展起来。美国人特别愿意动手，愿意做实验；德国人则愿意思考，想一想这个问题该怎么弄。有人打了一个比方，说前面有一条路，是一个迷宫，一个美国人和一个德国人走到那儿了，美国人毫不考虑就往里走，走到前面一看，堵住了，就回来了；然后再走，堵住了，又回来；再重新走，就一直在那儿尝试。而德国人则坐在路口想，应该怎么走。两国人的风格不一样。美国的科学真正领先大概是在“第二次世界大战”前后，因为那时大批欧洲的第一流学者跑到了美国。

图 9-25 是冥王星，现在已经被取消了大行星的资格，我想还是把它搁在这儿，大家看一看。照片中底下这个天体是冥王星的卫星，叫冥卫。悬在远方的是冥王星。这两颗星挺有意思，它俩脸对脸地转。它们的自转角速度和公转角速度都是一样的。两颗星的自转角速度一样，这两颗星的自转角速度还和公转角速度一样，所以它们俩总是脸对脸，谁都看不见谁的背面。很有意思。

图 9-25　从冥王卫星上看冥王星

太阳的大家庭

我们来看看这八颗行星的轨道。现在对行星是这样称呼的。原来说是九大行星，把冥王星资格取消以后，不就是八大行星了吗！但是国际天文学会决定不再称呼“大行星”，以后就称“行星”。行星只有两类，一类是“行星”，就这八颗；另外还有一类小天体，包括如冥王星大小的矮行星，以及为数众多的“小行星”。

图 9-26 右侧是太阳和几个类地行星，类地行星质量小，密度大，都是固体星。左侧这些主要是跟木星相似的类木行星，它们质量大、密度小，其中两颗最

大的(木星与土星)是流体星。类地行星的轨道分布范围很小。再往外就是木星、土星这样一些星的轨道。

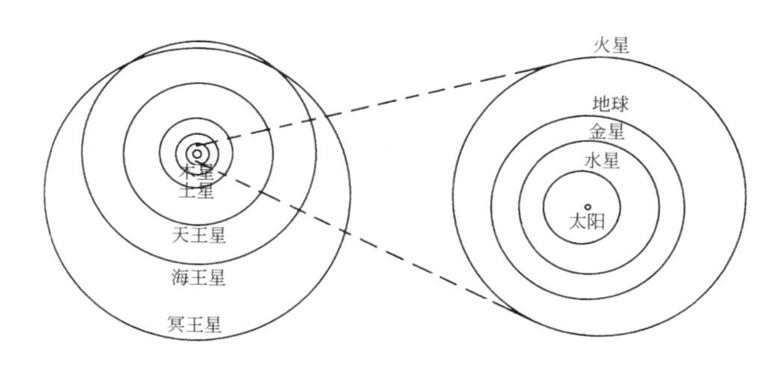

图 9-26　八颗行星及冥王星的公转轨道

表 9-1 是八颗行星的有关数据，大家注意，光环不是土星独有的，木星、天王星、海王星也有，但是不明显。行星的体积是木星最大，土星其次。卫星的数目呢？水星、金星没有卫星，地球有 1 个，火星有 2 个，木星有 79 个，土星有 62 个。这个数据在不断更新，现在发现木星和土星的卫星都在六、七十个以上，还在不断发现新的。我们参编一个课本的时候，有人说要用最新的材料。一查资料，木星有几个新发现的卫星，就加上去了。加上去了之后，书刚一出来，就看到报道说看错了，那些新发现的不是。所以紧跟也不能跟得太紧。还是要等它一段时间再说。

表 9-1　八颗行星的数据

行星	日星距离/万千米	公转周期/地球日	赤道半径/千米	质量/10^{24}千克	平均密度/(克/厘米^3)	逃逸速度/(千米/秒)	卫星数目	光环
水星	5791	88	2440	0.33	5.42	4.25	0	
金星	10820	225	6052	4.87	5.25	10.36	0	
地球	14960	365	6378	5.98	5.52	11.18	1	
火星	22794	687	3397	0.64	3.94	5.02	2	
木星	77833	4333	71492	1900	1.33	59.56	79	有
土星	142940	10760	60268	569	0.69	35.49	62	有
天王星	287099	30685	25559	86.9	1.29	21.30	27	有
海王星	450430	60190	24746	102	1.64	23.50	14	有

3. 小行星

神秘的提丢斯-波特定则

现在我们来讲一下小行星的事情。18 世纪德国有一个中学教师叫提丢斯，他发现，所有的行星到太阳的距离都有一个规律，什么规律呢？他给出了一个公式，叫提丢斯定则。后来柏林天文台的波特又得到了波特定则，波特定则跟提丢斯定则本质是一个，只不过两人给出的公式样子不大一样。提丢斯得到的是这么一个公式：

$$D=(n+4)/10$$

单位是"天文单位"，地球的平均轨道半径在天文学中经常用，叫作一个天文单位。对于水星，把 $n=0$ 代进去。金星把 $n=3$ 代进去；然后加倍，地球 $n=6$，火星 $n=12$。代进去算出来的值，就是相应行星的轨道平均半径。表 9-2 是根据该公式算出来各行星的值与观测值。结果发现水星算出来的值 0.4 跟观测到的值 0.39 非常接近。金星算出来的 0.7，也跟观测到的 0.72 接近。地球是规定的，是 1.0；火星算出的是 1.6，测量值是1.52。中间有一个 $n=24$ 的地方，算出了一个 2.8，但那里没有行星。$n=48$ 的地方有木星。然后有土星，还有天王星。海王星不是太准了。但是到天王星为止，都很准。天王星还没有发现的时候，这个规则就已经总结出来了。出来以后，很多人不信，认为这东西是凑的，正好碰巧了。天王星发现以后，一看，哎哟！还真是对的。于是大家觉得不能不信。

表 9-2　提丢斯-波特定则

行　星	水星	金星	地球	火星	小行星带	木星	土星	天王星	海王星
n	0	3	6	12	24	48	96	192	384
D(计算值)	0.4	0.7	1.0	1.6	2.8	5.2	10.0	19.6	38.8
D(测量值)	0.39	0.72	1.00	1.52	2.3～3.3	5.20	9.56	19.3	30.2

上帝会浪费这片空间吗

不过 $n=24$ 这儿怎么是空的啊？波特说过一句有名的话："难道上帝会浪费这片空间吗？绝对不会。"别的天文学家觉得，上帝未必跟波特想的一样。

不久之后，在那个位置，真的发现了一颗星，命名为谷神星。但这个谷神星比月亮还小很多。不久又发现了一个,命名为智神星。智神星和谷神星加在一块儿,还是比月亮小很多。

大家说,这是怎么一回事儿?有些聪明的脑袋就开始想了:这是不是一个大行星碎了。如果是一个大行星碎了的话,这两颗星的椭圆轨道的交点,就应该是这个大行星碎裂的地方。所以只要把望远镜对准这两个椭圆轨道的交点,等着,这些碎片走啊走啊,一定要返回来。那么你在这儿等着,一定可以等到其他的小行星。

这首先是由一位医生提出来的。这位医生是个天文爱好者,他在病床旁边护理病人的时候,就思考这个问题。然后,晚上的时候,他就用望远镜在那儿找。等了好长时间,终于等到了一个,就是婚神星。不久,有人就报导,另外一个人也找到一个,那人跟他的想法一样,但是望远镜指向的是另外一个交点,也找到了一个小行星,就是灶神星。但是这四颗星加在一起比月亮还是小很多。所以大家觉得,可能还有很多碎块。

现在我们知道,碎块确实非常多,在这个位置有一个小行星带,大概是在 $D=2.3\sim3.3$,就是在 $D=2.8$ 的附近,确实是有大量的小行星存在。

中国人的发现

1928 年的时候,26 岁的张钰哲发现了一颗小行星,发现小行星以后很高兴,他也很爱国,就以“中华号”来命名。后来这颗星找不着了,因为当时中国一直在动荡,对科学也不重视,所以他得不到什么经费。

中国新中国成立以后,开始重视科学,但当时国家很穷,没什么钱。不过找小行星所需的成本不大,紫金山天文台在得到国家的资助后,就开始找,终于把张钰哲发现的“中华号”找到了。此后中国天文界就有一个找小行星的项目,这个项目一直维持下来。

据说中国找了几千颗小行星。现在全世界总共大概发现了二三十万颗小行星,数目还在不断增加。刚开始紫金山天文台找到的,叫紫金一号,紫金二号等等,后来就以科学家的名字命名,比如张衡、李政道、杨振宁等。还有其他很多学者的名字。

后来有一些富人愿意掏钱,掏了钱之后也可以用他的名字命名。还有一颗北师大星，那是因为我们学校在天文界有很多校友，因为我们有天文系嘛！所以我们也有幸有一颗北师大星。其实就是块在天上转的大石头而已！

撞击地球的危险

当然，这种小行星要是撞上地球可不得了。你看图 9-27 显示的这些小行星的轨道，非常乱，说不定什么时候就会撞上地球。要是撞上地球，影响会是很大的。图 9-28 是小行星撞在地球上的示意图。这一撞上，触发大规模的地震和火山爆发那是肯定的。而且大量的水汽和灰尘会飞上天空，飞上天空之后就会挡住太阳光，形成连续若干年的冬天。

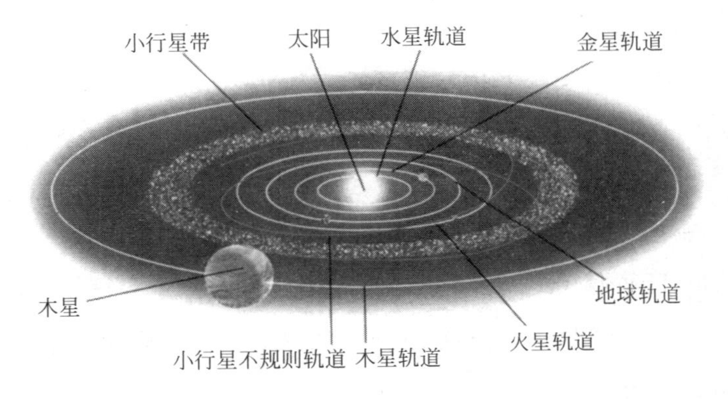

图 9-27　小行星的分布

图 9-28　小行星撞击地球

在研究核战争的时候，研究过核武器对人类会造成什么损害。除去直接的杀伤、放射性和冲击波外，很有可能是大量的原子弹扔下来之后，会形成核冬天，连续几年的冬天。因为灰尘和水汽都飞到天上去以后，把阳光遮住了，植物不能生长，吃的都没有了，生物必定大量灭亡。

苏美两国都研究过，如果他们打起核战争来会怎么样，双方都有不少的原子弹可以扔过去，除去直接杀伤外，必定会造成长期的"核冬天"，甚至可能造成人类的灭亡。所以核战争一般人也不敢轻易打。现在，比较负责任的国家，都是很谨慎的，绝不轻易使用核武器。

我们中国从一开始就宣布：我们发展核武器完全是为了自卫。并且主动承诺我们绝不首先使用核武器，而且也绝不对无核国家、无核地区使用核武器。现在中国大概是唯一一个做出这种承诺的国家，我们发展核武器是为了怕人家对我们用。你要对我们用，那我们也只好送给你了。但你要不用，无论什么情况我们都不用。我想中国这样做是非常正确的。其他国家都不承诺这一点，你要跟我打仗，说不定我什么时候就扔原子弹了。

地球上生物的灭绝，有好多种说法。其中一个说法就是小行星撞击地球。小行星撞击地球以后，会引起长时间的冬天，爬行类动物就不行了。恐龙存在的时候，哺乳类很可怜啊，我们的祖先都是哺乳类！当时都只能躲在洞里头，晚上才敢出来，白天根本不敢出来。爬行类比它们凶猛多了，体积也比它们大得多。行星撞击地球形成的绵延不断的冬天，使恐龙一下子灭绝了。

当然，也有人认为是超新星爆发，射线过来了，造成恐龙灭绝。不过认为恐龙灭绝是因为小行星撞击或彗星的头部撞击地球，引起大的地震和火山爆发，造成长时间的冬天，持这种观点的人现在是多数。因为我们确实在地球上看到几个地方有大的陨石坑，比如说在美洲的一些地方，还有一些撞击的痕迹，那都是人类文明出现之前的撞击。

4. 彗星

彗星由何而来

现在再来看一下彗星。哈雷彗星现在已经没有古时候那样大了，不那么明显了。1986 年，哈雷彗星的彗尾已经开始有一些断裂，它已经比原来小多了。图 9-29 是 1997 年的一颗彗星的情况。彗星其实就是一些脏雪球（图 9-30），它们就是水冰、尘埃、干冰等东西组成的一个个脏雪球。

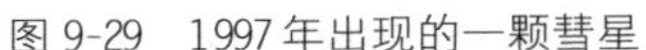

图 9-29　1997 年出现的一颗彗星

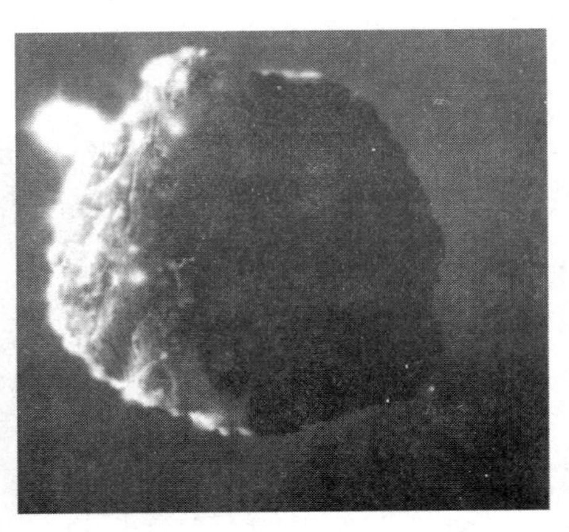

图 9-30　彗星是一个脏雪球

在海王星的轨道之外，有一片彗星的仓库，存在很多的彗星，因为某种扰动，彗星就会从外边掉进来，穿过其他行星的轨道，朝太阳飞过去，然后再绕太阳一圈返回去。彗星的轨道有的是椭圆，有的是双曲线，有的是抛物线。轨道为双曲线和抛物线的彗星回去肯定就再也不会回来了，但是椭圆轨道的彗星还要回来，比如说哈雷彗星就会返回来。

当彗星飞近太阳的时候，被太阳上的光给照化了，照化了以后，气体就出来了。气体出来后，最初以为是光压，光子的压力，让气体背对着太阳出现一个尾巴。现在认为光压不够大，彗尾主要是太阳风造成的，太阳风就是太阳喷射的粒子流。太阳不断向外喷射粒子流，把彗星周围的气体向反方向压，所以彗尾总是背对着太阳。

彗星的撞击

彗星的尾巴很长。1910 年的时候，大概是哈雷彗星，它的尾巴要扫过地球。当时有个天文学家知道了，饭都吃不下去了。觉得这下完了，这么亮的一个尾巴扫过去，不是会把我们给烧完了吗！结果没事儿。为什么呢？因为彗尾非常稀薄，比我们实验室抽的最好的真空还要空，所以扫过去没事儿。但是彗头撞上来可很厉害，我原来不太相信，以为彗头不过是一个冰球，它能怎么样。

1994 年让地球人大开眼界，有一个彗星的头碎了，碎成 20 多块砸在了木星上,在木星上面砸出一洞(图9-31)。砸的能量有多大?这二十几个碎块砸上去以后,相当于20亿颗原子弹(以广岛那颗原子弹为准)那么大的威力。砸后的黑斑存在了好长时间。注意,木星是一个流体星,它不是固体星,但是砸完之后还是留下一个洞。在流体上砸的那个窟窿,可以把地球搁进去。所以彗头要是撞在地球上,事情还真是不可低估。

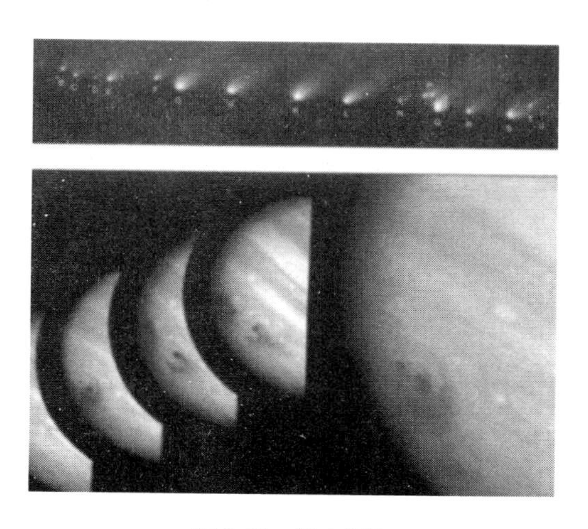

图9-31 彗木相撞

历史上的彗星

在人类历史上,彗星的出现是很引人注目的事情,往往都有一些记录,而且一般的民族都认为,彗星的出现是不吉利的,或者是要打仗了,或者是要有瘟疫了,反正是不吉利。中国人说彗星是扫帚星。

比如说汉朝时,有一本书叫《淮南子》,里面说,武王克商的时候,周武王的军队向商的首都殷和朝歌那一带前进的时候,出现了彗星。这彗星的"把"朝着殷人,殷人要倒霉了。

后来这段记录被用来研究武王克商的年份。因为中国最早的、比较完整的编年史是《资治通鉴》,《资治通鉴》是从公元前403年,韩、赵、卫三分晋国开始往后记的。这一年也被现代历史学家认为是中国进入封建社会的开始。那以后的编年史非常清楚,一年一年非常清楚,以前的不是很清楚。当然还有其他很多史料可以追溯到公元前841年,但是更早以前的记录就不太清楚了。

近来开展的夏商周断代工程就考察这个问题。考察的时候，专家们注意到《淮南子》对彗星的这一记录。研究发现，如果这颗彗星是哈雷彗星的话，它出现的时间应该是公元前1057年。现在根据很多资料研究后，认为武王克商最可能的年份是公元前1046年，差一点。《淮南子》这本书，不是一本专门的史书，它是一本杂书，很有可能是在武王克商的前后有彗星出现。因为彗星出现是一件大事。当时来讲，不论老百姓，还是帝王，都很重视，都在考虑这东西是吉利还是不吉利，都在那儿猜。所以古人印象深刻。

天文用于考古

现在我们判定历史上很多事件的时候，往往要利用天文资料，利用天文学的一些记录和研究成果。

比如说，在判定中国古代历史的时候，有本叫《竹书纪年》的书很重要。《竹书纪年》很奇怪，对它的真伪长期存在争议。现在我们知道是魏国的史书，作为陪葬品埋在魏王墓里，躲过了秦始皇的焚书坑儒。

后来在晋朝的时候，有一个盗墓贼，名叫不准。他把墓掘开去偷东西的时候，火把烧完了，没有照明的东西了，发现旁边有好多竹片，他就拿来点火照明。他把好东西拿走，走出来就把竹片一扔，逃跑了。当地的一些文人一看，这竹片上面有很多古字啊。因为是在秦始皇改革之前的那些文字，也不太认识。后来他们就把这个墓掘开了，用板车拉出好多车竹简。那些竹简上有许多历史记载。

比如说就记载了：周懿王元年，“天再旦于郑”。就是说周懿王的元年，在郑这个地方，也就是河南，天亮了两次。很多人都认为这是瞎说，天怎么会亮两次呢。现代天文学家研究以后，认为如果是在太阳即将出来的时候，发生日全食，就会出现“天再旦”现象。然后中国人就研究了，研究这次日全食发生在什么时间，提出了一个年份。结果日本人提出不同意见：“你们说得不对，你们说的那一次日全食，中国看不见，在太平洋上的人才能看见。”

日本人认为中国能看到的那次日全食，应该发生在公元前899年。于是天文考古就确定了，周懿王元年是公元前899年，这就把中国历史上有确切纪年的时间推到了周懿王元年。

现在的确切纪年已上推到了武王克商的年份，即公元前 1046 年。《竹书纪年》上还有一段话很有用，说商把首都从别的地方迁到殷以后，273 年没有动位置。由此可以把盘庚迁殷的年份定出来，在周武王克商以前 273 年。所以天文对历史研究很重要。

俄罗斯人也利用天文进行历史研究。历史上，蒙古军西征的时候，曾经跟俄罗斯联军进行了一场决战，俄罗斯联军全军覆没。这场败仗在什么时候打的不清楚。后来根据历史的记载，俄罗斯联军在渡过一条大河迎击蒙古军的时候出现了日全食，根据这次日全食就推算出了这一仗是哪年，甚至哪天打的。这在他们历史上是很重要的一件事。

5. 陨星与流星

通古斯陨星之谜

再给大家讲一颗陨星——通古斯陨星。通古斯这个地方位于西伯利亚，我看有的书上说通古斯就是东胡，但有的书上说不是，存在争议。不过西伯利亚就是鲜卑利亚，这一点比较确定，也就是西伯利亚原意为"鲜卑人的故乡"。

十月革命之前，在 1908 年 6 月 30 日早晨，七点多钟的时候，在西伯利亚的上空出现了一颗火流星，轰轰响着从天空飞过(图 9-32)。周围的一些居民(那里居民不是很多，不过还是散居了不少)，看到一个大火球从高空飞过去，进入到森林里，一声巨响，在那里升起了冲天的云柱。在西伯利亚大铁路火车上的

图 9-32　通古斯陨星

人也都看见了。这个火流星"咣"的一声，砸在森林里。爆炸的规模非常之大。沙皇政府当时没有工夫管这个事儿。

十月革命以后，苏联政府想起要研究这件事，就派了考察队到那儿去考察。找到了那个地方，爆炸的半径十几千米。在爆炸半径的范围内，所有的树木都被摧毁。图 9-33 就是撞击后的景象。

图 9-33 撞击后的景象

大家对这颗陨星究竟是什么东西搞不清楚。有人认为这是一颗小行星撞过来了。但是在那里挖了很久也没有挖到什么。而且刚开始负责挖的这位科学家，因为卫国战争爆发参军去了，后来在前线牺牲了。战后又有新的考察队来考察，在那个地方工作了很久，始终找不到陨星碎块。它要是个大陨石，砸了之后总会有东西啊！可是陨石坑底下和周围什么都没有留下，几乎什么东西都没有。树全都倒了，燃烧得很厉害。当时欧洲的很多地方，包括德国的气压计都测到了大气压强的变化，而且爆炸的空气震荡波绕地球一周后（30 小时后），再次被德国波茨坦的气压计记录到，可见这次冲击是非常厉害的。

但为什么没有残留物呢？于是各种科幻小说就出来了。有人说，这是一艘外星人的原子飞船，在这儿失事了，外星人本来想要软着陆，没想到硬着陆了，一下炸了。因为是核爆炸，所以后来没有什么东西留下来，这个地方也确实有点放射性，但放射性很弱很弱。黑洞理论出来以后，又有人说是小黑洞砸在那里面了，从这儿砸进去，从太平洋飞出去了。所以大家谁也没看见它出来。说什么的都有。现在大家比较相信的说法,认为可能是彗星,是彗星头。

五六十年代,苏联的天文学家就说这是彗星头。因为彗星的头一撞,它都是尘埃啊,冰啊什么的,当然就没留下渣子了。后来还有争议,现在大概争议比较小了。多数人认为这可能是彗星的撞击。

流星和流星雨

除去彗星以外,还有流星和流星雨。图 9-34 显示天空中有一颗流星划过。图 9-35 是流星雨。现在的流星雨都不是很壮观,说是流星雨,你等在那儿看,等半天才有一颗流星过来,再等半天,又有一颗。反正你得看半天,才能看到一颗。图 9-35 是一张流星雨的照片。图中弧线都不是流星,而是天上的恒星。这些划出直线的才是流星。拍摄的方法是把照相机固定,然后长时间曝光。由于天上的恒星都在围着北天极转,所以曝光以后,天上的恒星都划出弧线。在长时间曝光中,突然过来一颗很亮的流星瞬间划过天空,划出一段直线,相机拍了下来。再过来一个,又拍下来。

图 9-34　流星

古代的时候,出现过密集的流星雨。图 9-36 是 1833 年的狮子座流星雨,这是一张版画。我相信当时规模可能是比较大,要不然不会叫它流星雨。如果等了 5 分钟才出现一颗,那叫雨吗?我有一次就打算看流星雨,等了好半天才看见一颗,后来也就不想看了。

流星雨是什么,就是地球穿过流星群碰到的微粒。怎么会有流星群呢?流星群就是彗星头碎了以后形成的大量小碎片(图 9-37)。形成流星雨的微粒在

图 9-35　狮子座流星雨

大气中都烧光了，一般不会落到地面上。大的彗头则不一样，那落下来是很厉害的。

图 9-36　1833 年的狮子座流星雨

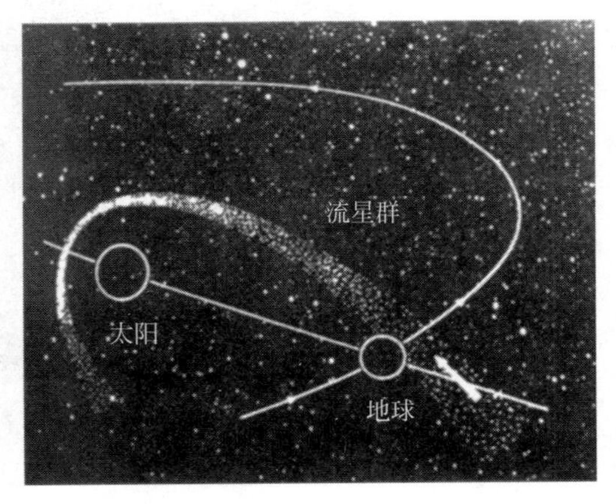

图 9-37　流星群与地球轨道相交示意图

陨铁与陨石

图 9-38 是美国亚利桑那州的陨石坑。这块陨石好像是一块陨铁。美国的一些科学家感兴趣，想研究这个，他们觉得陨铁可能在坑下边，但又没钱去挖，就去跟钢铁大王商量，说："你们要是把这块铁全部挖出来，就不用再炼生铁了，

这是多大的一块铁啊!”

图 9-38　亚利桑那州的陨石坑

企业老板就派了勘探人员来,钻了半天,没有!没有,他们也没有办法。后来科学家们又跟人家说:“我们搞错了,不是在正下方,陨星可能是斜着撞过来的,陨铁可能位于坑的斜下方,你们再来吧,再来继续挖。”

勘探人员又按照学者们的指点往下钻,钻了 400 多米深后,钻头似乎碰到了铁。但是这么深的铁如何才能取出来呢?商业价值已经没有了,资本家们失去了兴趣,不再出资了,因此这块可能存在的陨铁至今还睡在地下深处。

天上掉下来的陨星主要是铁。石质的陨石比较少。图 9-38 是亚利桑那州的陨石坑,你看在太阳照耀下多美啊。所以你们如果到美国去的话,可以到那里看看。图 9-39 是新疆的一块陨铁,重 32 吨。图 9-40 是南非的霍巴陨铁,重 60 吨,是已经发现的世界上最大的陨铁。图 9-41 是陨石。

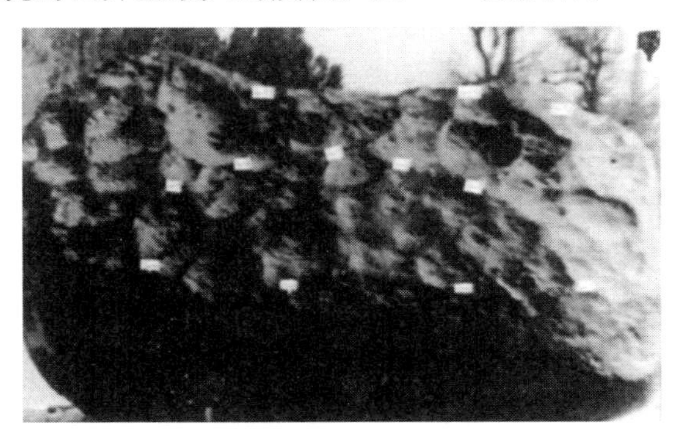

图 9-39　新疆陨铁

图 9-40 南非霍巴陨铁

图 9-41 陨石

6. 天文观测简介

太阳系有多大!

我再简单回顾一下太阳系,地球的半径是 6400 千米,月球的半径是 1700 千米,太阳的半径是 70 万千米,日地距离是 1.5 亿千米,叫一个天文单位。光大概走七八分钟的样子,就可以从太阳到达地球。冥王星距太阳是 40 个天文单位,光走 5 小时。太阳系的直径是多少?大概是 1 光年。太阳的引力的控制范围(半径)大概是半光年。

天文台与望远镜

简单说几句天文仪器。图 9-42 是天文望远镜，我们北师大也有天文望远镜。科技楼上有一个，物理楼上也有一个。上面的圆顶是可以向两边移动张开的，张开后，望远镜就露出来了。我给大家看的资料不是最新的。我想将来会有很多搞天文的同志来做讲座，你们会从他们那里看到许多新资料、新图片。图 9-43 是接收无线电波的装置，叫射电望远镜。它组成一个阵，有时是成十字的阵，组成阵列。还有一种是利用地形修的，反射型的接收无线电的天文望远镜。图 9-44 是波多黎各的直径 308 米的巨型射电望远镜，它就是利用山谷地形修建的。它曾经是世界最大的射电望远镜，现在已经报废。后来中国在贵州利用山谷地形修建了一个直径 500 米的新的世界最大的巨型射电望远

图 9-42　国家天文台的 2.16 米望远镜

图 9-43　密云的射电望远镜

镜(FAST),因为那边的山谷地形和观测条件也不错(图 9-45)。为修建这座望远镜,南仁东教授贡献了自己后半生的全部心血。

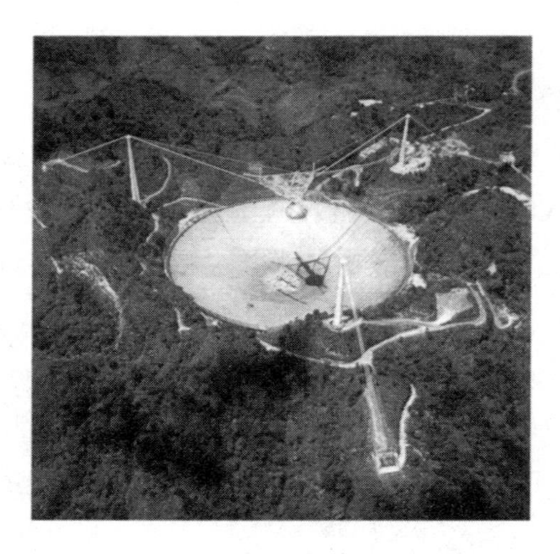

图 9-44　波多黎各的巨型射电望远镜

图 9-45　目前世界最大的射电天文望远镜

我还要重复一句,望远镜不止是在看远方,而且是在看历史。你看到的太阳是 8 分钟以前的太阳。太阳要是炸了,我们 8 分钟以后才知道它炸了。天狼星距离我们 9 光年,是离我们比较近的一颗恒星,它的光到达地球要走 9 年,所以我们看到的天狼星是 9 年前的模样,如果它出现问题,我们 9 年以后才会知道。

今天就讲到这儿，有关的资料在《物理学与人类文明十六讲》里有。你们可以看到各种天文书籍，有问题也可以问问天文系的老师，他们会给你们介绍各种各样的天文读物。现在讲天文的书和杂志很多。一般人对天文都比较感兴趣。

第十讲　时间之谜

现在我们来讲《时间之谜》。先请大家看一首词：

忆昔午桥桥上饮，
坐中多是豪英。
长沟流月去无声，
杏花疏影里，
吹笛到天明。

这首词怎么样？美不美？（听众齐声回答：美！）我青年时代看到这首词就非常欣赏，所以我在自己写的第一本书《探求上帝的秘密》里，就把这首词搁在前面了。其中一个用意是告诉读者，我这本书上讲的可都是豪英啊！另外一个用意是让大家看，“长沟流月去无声”，非常像时间在流逝。我引用这首词有双重含义。

作者陈与义是宋朝人。南宋还是北宋呢？生于北宋，死于南宋。这个人在宋朝的时候当过吏部侍郎，后来当到参知政事。吏部侍郎就是组织部副部长，侍郎就是副部长，尚书是部长。参知政事就是副宰相、副总理这个级别的官。陈与义官当得还是不小的。

1. 时间是什么?

这一讲我主要讲时间。大家看,第一个问题:"时间是什么?"这个问题不好回答。第二个问题:"时间有没有开始与终结?"这是因为彭罗斯和霍金在其中做了研究工作,所以我从一个学物理的人、学相对论的人的角度,来给大家介绍他们究竟证明了什么,以及这个问题究竟应该怎么解决。另外一个问题就是:"时间怎么测量?"你们会看到,时间测量也绝非易事,下面我就给大家讲。你们会觉得这些怎么都成了问题!看来不像问题,但是又确实都是问题。

你们看,一位生活在中世纪的基督教著名学者圣·奥古斯丁说:

> 时间是什么?人不问我,我很清楚;一旦问起,我便茫然。

你们想是不是这样?这个问题真是不好回答。

百花齐放,百家争鸣

首先给大家介绍一下,人类文明出现以后,在出现思想家之后,就有人开始思考时间问题了,比如柏拉图等人。

在人类文明史上,根据现在的记载,什么时候就出现了非常杰出的思想家呢?研究表明,从公元前 600 年到公元前 300 多年这一段时间,是人类历史上非常重要的时期。

公元前 600 年,诞生了犹太教。当时犹太人被巴比伦人抓到了巴比伦城下,逼着他们住在那儿,成为"巴比伦之囚"。当时的犹太人亡了国,他们不得不生活在那个地方,但他们相信耶和华会派人来救他们,也就是他们心目中的上帝会来救他们。于是在那个地方诞生了犹太教,那是公元前 600 年左右的事。犹太教是天主教、基督教和东正教的鼻祖。后边的这些宗教都来自于犹太教。伊斯兰教也受它们的影响。

公元前 500 多年,对于中国来说是非常重要的时期。历史上影响中国人思想的三个最伟大的思想家,都生活在那个时代。一个是孔夫子,一个是老子,还有一个是释迦牟尼。对我们中国人影响最大的宗教是佛教和道教。佛家又叫释家。道教呢,它比较牵强地把自己跟老子联系起来。老子确实是老庄学说的创始人，道家学说是他最早提出来的。孔夫子的思想不是宗教，但是有点像宗教，有人叫它儒教，其实就是孔夫子的儒家。这是对中国影响最大的三套学术理论。

这一历史时期，东、西方都处在战国时代，伴随着刀光剑影，都出现了百花齐放，百家争鸣的局面。

在我们中国，诸子百家出现在春秋到战国的那段时间，公元前500多年到公元前两三百年的时候。

同样的，在西方，希腊也出现了很多的思想家。比如说一个重要的思想家苏格拉底。苏格拉底是一位雄辩家，主张跟学生自由讨论问题。他遭到政敌的攻击，说他是“无神论者”。“无神论者”这个罪状当时很大啊。同时说他败坏青年，最后把他处以死刑，逼他服毒酒自杀。他服毒酒自杀的时候，看守他的人都想让他跑，说：“你要逃走，我们不管。”但是他还是自杀了，他没有跑。

苏格拉底有一个非常杰出的学生，叫柏拉图。据说，他在收柏拉图做学生的头一天晚上，梦见有一只小天鹅落在了他的膝盖上，很快地羽毛就丰满起来，然后唱着优美动听的歌飞上了蓝天。第二天就见到了柏拉图，收了柏拉图这个学生。苏格拉底的著作不是他本人写的，是他的学生整理的。这点很像我们孔夫子的《论语》，不是本人写的，而是后来他的学生根据记录整理出来的。

柏拉图是非常著名的思想家。大家经常谈到的，就是他曾经提到过的理想国，也就是乌托邦。那当然是奴隶社会的理想国。他认为理想的国家应该由哲学家来治理，由哲学家来制定法律，除去哲学家以外，所有的人都必须遵守法律。他认为这是最理想的国家。

柏拉图还提到大西洲的事情。说在海峡的对面有一个繁荣的国家，后来由于火山爆发和地震，一下子就淹没在大海的波涛之中了。这个海峡的对面，指的是哪个海峡？没有说清楚，这个故事对西方影响很大。我们中国人现在也听说了这个大西洲的故事。

据说柏拉图本来很关心政治，后来在他的老师苏格拉底被诬陷致死以后，他对政治大失所望，于是就远离政治。他周游列国到了埃及，在埃及的神庙里，听祭司给他讲了有关大西洲的故事，他把它记录了下来。

柏拉图：时间是永恒的映像

现在来讲柏拉图的哲学观点。柏拉图对时间有一个论述：时间是“永恒”的“映像”。这是怎么回事呢？柏拉图认为：真实的“实在世界”是“理念”，是一种叫理念的抽象东西。我们接触到的万物和整个宇宙，都不是真实、实在的东西，都不过是“理念”的“影子”。“理念”完美而永恒，它不存在于宇宙和时空中。而万物和宇宙是不完美的，是在不断变化的。

大家注意，“理念”是真实存在的东西。我们看见的万物都不过是“理念”的影子。“理念”是永恒的，而万物是变化的。那么理念在永恒，万物在变化，万物就需要有一个跟永恒对应的东西，那就是时间。

所以“时间是永恒的映像”。看看，很深奥啊，是不是！我看了好多次，都看不懂怎么回事儿。造物主给“永恒”创造了一个“动态相似物”，就是时间。

总的来说，柏拉图的观点就是：时间是“永恒”的映像；时间是“永恒”的动态相似物；时间不停地流逝着，模仿着“永恒”；时间无始无终，循环流逝，大概36000年是一个周期。希腊人的时间观是周期的，柏拉图和他的很多优秀的学生都这样认为。

亚里士多德：时间是运动的计数

亚里士多德是柏拉图最优秀的学生，但不是他的学说最满意的继承人。因为亚里士多德把柏拉图的学说颠倒了一个个儿。他认为我们看不见的东西都不是真实的，我们看见的万物才是真实的东西，他不承认有“理念”这个东西。从我们今天的观点来看，柏拉图的理论是唯心的，亚里士多德的理论是唯物的。

亚里士多德这个人学问非常大。柏拉图曾经创立了一个叫阿卡德米的学院，英文的academy这个单词就是从这儿来的，学院这个词就是从这儿来的。而亚里士多德又建立了一个吕克昂学院，也就是所谓逍遥学院。亚里士多德愿意一边走，一边跟他的学生讨论，因此历史上管他们叫逍遥学派。亚里士多德这个人非常聪明，个子不高，说话尖刻，经常得罪人。他对时间有一个论述：时间是运动的计数；时间是运动持续的量度；他也认为时间是循环的。这点跟他的老师是一致的。这就是亚里士多德的时间观。

走向统一的世界

我还要对亚里士多德再介绍两句。亚里士多德是西方著名的君主亚历山大大帝的老师。亚历山大大帝的父亲——腓力二世，是马其顿的国王，腓力请亚里士多德给自己的几个孩子当老师，包括亚历山大。不久之后，腓力二世被刺死。据说是亚历山大的母亲派去的刺客，因为他又娶了一位年轻漂亮的王妃，威胁到亚历山大母子的利益与安全。腓力二世被刺以后，亚历山大就继承了王位，做了马其顿的国王。

亚历山大很能干，很快就统一了希腊。然后进入小亚细亚地区，进入阿拉伯半岛，进入了亚洲。后来又进入非洲。军队还一直往东前进到达印度河流域。他在公元前 300 多年时建立了一个横跨欧、亚、非三洲的大帝国。

当亚历山大走到埃及北部海岸的时候，他站在地中海边，遥望对面的希腊故乡，下令在这个地方建一座城市，以他的名字命名；又下令在这儿修建一座灯塔，也以他的名字命名。让灯塔遥对着大海对面的希腊，他要让航船在老远的地方就能看到这座灯塔，这就是著名的世界七大奇迹之一的亚历山大灯塔。

亚历山大死后，他的部将托勒密在埃及建立了一个以希腊人为统治民族，埃及人为被统治民族的国家，并按照大帝的遗愿，修建了亚历山大城，修建了亚历山大灯塔。而且托勒密一世、托勒密二世热爱科学，他们还建立了亚历山大科学院和图书馆。亚历山大大帝的遗体就被安葬在那座城市。

亚历山大统一西方是在公元前 300 多年。过了不到 100 年，阿育王统一了印度，他推崇佛教。阿育王死后 11 年，秦始皇统一了中国。这三块人类文明最早发展的地区，基本都在公元前二三百年的时候分别实现了统一。

孔子：逝者如斯夫

再来看中国古代的时间观。我不是专门研究历史和哲学的，只能就我所知道的东西讲一讲。《论语》上面讲：

> 子在川上曰：逝者如斯夫！不舍昼夜。

什么意思呢？就是说孔夫子坐在河边上讲，时间，就像这河流一样永远不停地流逝。孔夫子把时间叫作“逝者”，这是很高明的！因为时间除去有一个可以测量的特性以外，它还有一个流逝的特性。时间是不可逆的。对不对？这句话里包含流逝、发展，有这层含义。所以他这样讲是很高明的。

螺旋发展的时间

中国古代受三种思想的影响，一个是释家（佛教），一个是道家，一个是孔夫子即儒家，所以中国古代知识分子的思想是比较复杂的。一般来说，他们认为时间是有周期的，但不是简单的重复，而是螺旋发展的。比如唐朝刘庭芝的诗：

年年岁岁花相似，
岁岁年年人不同。

从中可以看到时间周期的相似性和不断发展性。更妙的是宋朝晏殊的词：

一曲新词酒一杯，
去年天气旧亭台，
夕阳西下几时回。
无可奈何花落去，
似曾相识燕归来，
小园香径独徘徊。

这首词相当美，是吧！“去年天气旧亭台”，这是讲循环的相似；“夕阳西下几时回”，时间不停地向前流逝；“无可奈何花落去”，万物都必须与时俱进；“似曾相识燕归来”，循环的相似。这里最美的两句就是“无可奈何花落去，似曾相识燕归来。”

牛顿的时间观：永远平静流逝的河流

我们再来看看近代西方的时间观。大家都知道，牛顿认为有一个绝对空间和一个绝对时间，不过他还认为存在相对空间和相对时间，但他认为绝对空间和绝对时间是根本的。绝对空间就像一个空的箱子，绝对时间就像河流一样流逝。时间和空间是各自独立的，时空和物质及其运动也没有联系，这就是牛顿头脑中的时间与空间。牛顿曾经用水桶实验论证过绝对空间的存在，但是没有论证过绝对时间的存在。任何人都没有论证过绝对时间的存在。

按照牛顿的观点，时间是均匀的，有方向的，没有起点和终点的，是永远存在的"河流",没有涨落也没有波涛。如果物质消失了,时间和空间还会继续存在。这是牛顿的想法。

不同的声音

和牛顿同时代的莱布尼茨说:时间和空间都是相对的;空间是物体和现象有序性的一种表现;时间是相继发生的事件的罗列;没有物质的话,根本就没有时间和空间;不存在脱离物理实体的时间和空间。这种观点跟牛顿完全对立。这两种观点一直持续到现在都存在。

到了爱因斯坦那个时代,马赫对牛顿的观点提出了尖锐的批判,他认为牛顿的说法不对。马赫认为不存在绝对时间和绝对空间。马赫这个人,就物理水平来说,只能算一个三流物理学家,不是特别棒的,当然也有成就。但是他敢说祖师爷不对,这也很厉害。他的观念对爱因斯坦影响极大,爱因斯坦认为,正是马赫对牛顿绝对时空观的批判,引导自己创建了狭义相对论和广义相对论。

时空的维数

时间是几维的呢?跟牛顿同时代的哲学家——洛克说:时间是一维的。时间为什么是一维的呢?不清楚。反正大家觉得时间是一维的,你也想象不出它是二维或更高维的情况。

空间是几维的呢?空间是三维的,为什么呢?这倒是有一个论证。库仑定律表明,力和距离的平方成反比。如果力和距离的平方成反比的话,空间就一定是三维的,这是李政道先生讲过的。所以,对于"空间是三维的"是有实验支持的,那就是库仑定律,力和距离的平方成反比。

爱因斯坦:时空是一个可弯曲的整体

爱因斯坦的狭义相对论认为,时间和空间是一个整体,是不能分割的。能量和动量也是一个整体,也是不能分割的。他开始把时空连在一起了,叫四维时空;把能量动量连在一起了,叫四维动量。在相对论的研究中,常用这两个概念。

爱因斯坦的广义相对论进一步认为:时空和能量动量之间存在关系。能量动量的存在,造成了时空的弯曲,时空的弯曲反过来影响物质的运动。但是在爱因斯坦的理论中,如果物质消失了,时空依然存在,只不过时空从弯曲的变成了平直的。这是爱因斯坦相对论最后的结果。

爱因斯坦：时空是物质广延性的表现

不过，爱因斯坦晚年的时候对自己的这种描述产生了怀疑。爱因斯坦本人没有写过几本书，他写过一本科普读物，叫《狭义与广义相对论浅说》，还写过一本学术著作叫《相对论的意义》，大概一共就两三本。他主要是发表论文。

爱因斯坦在《狭义与广义相对论浅说》1952 年第 15 版的说明里说了一句话："空间和时间未必能看作是，可以脱离物质世界的真实客体而独立存在的东西。并不是物体存在于空间中，而是这些物体具有空间广延性。这样看来，'关于一无所有的空间'，就失去了意义。"大家注意，他的物理理论（相对论）认为物质可以跟时空脱离。物质没有了，时空依然存在，只不过时空变平了，不再弯曲了。现在，他怀疑自己的这个理论，觉得自己的理论还应该进一步往前发展。

在 1955 年逝世前，爱因斯坦一直坚持认为，时空是物质伸张性和广延性的表现；不存在一无所有的时空；时空应该和物质同生同灭。这个观点跟莱布尼茨的观点有些接近了。他最初的想法体现在狭义相对论与广义相对论中，跟牛顿的观点接近，然后新的哲学思考又跟莱布尼茨的观点接近。我们看到，伟大学者的思想不是永恒不变的，而是在思考中不断发展的。伟大思想家的观点对后世的影响可以延伸很久很久。

量子引力：时间的泡沫与浪花

现在，物理学家正在试图把引力场量子化。大家知道，电磁场、电子场等物质场都已量子化了，而且都很成功。唯独引力场的量子化遇到了极大困难。引力场是时空弯曲的表现，它能不能量子化呢，一直有人在尝试做这方面的工作，但到现在为止都不成功。引力场量子化的各种方案都能取得一定进展，但是最后都会遇到一些难以克服的困难。

所谓量子引力，就是把引力场量子化。在这个理论中，时空是和物质同生同灭的。确实能做到和物质同生同灭，但是又有其他很多困难。比如说，时空在大范围内，我们看着是很平的，就像图 6-14 上面这个图。但是在很小的范围，10^{-30} cm，你就会觉得它有一点波浪式的起伏。10^{-13} cm 是原子核的大小，10^{-30} cm 就更小了。如果是 10^{-33} cm 那就非常非常小了。在这么小的范围内，时空泡沫和浪花之类的东西就都会显现出来(图 6-14)。时空绝不像大家原来想的那么平滑。

2. 时间有没有开始与终结?

我们现在来介绍另外一个问题,就是时间有没有开始和终结。这个问题,自古以来就有一些聪明人讨论,但那都是些神学家和哲学家。

现在搞物理的人出来说了,说时间有开始和结束,所以这个问题就应该引起科学界的重视了。我对这个问题感兴趣也是因为彭罗斯和霍金这些搞物理的人出来研究这一问题。

时空的奇点

时间有没有开始和终结。这个问题是怎么在物理界引起注意的呢?是从研究时空曲率的奇点引起的。

相对论中早就发现,在静态球对称黑洞的中心 $r=0$ 的地方,有一个奇点,那个地方时空弯曲的曲率是无穷大,物质的密度也是无穷大,所以是一个奇点。在旋转的黑洞中心,有一个奇环(图 4-2),那里密度是无穷大,时空的弯曲程度也是无穷大。

大爆炸的宇宙理论有一个初始奇点。如果这个宇宙将来会坍缩回来的话,还会有一个大终结的奇点。广义相对论中最重要的几个解都有奇点。我们知道,点电荷的密度也是无穷大,所以奇点问题并不是只有广义相对论才有的,其他的物理理论也有,只要模型太理想化了就会有。

那么奇点是不是广义相对论本身必然有的东西呢?对于广义相对论中的奇点,有两种看法。一种是苏联的几个物理学家认为,广义相对论中的奇点是因为我们把时空的对称性想得太好了所致,如果时空对称性不是太好,就不会形成奇点。比如说一个星体坍缩,如果不是标准的球对称坍缩的话,构成星体的物质就会在中间错过去,就不会集中形成奇点。如果星体不是标准的旋转对称地坍缩,那它也不会形成奇环。

奇点:时间的起点与终点

但是英国的数学家——彭罗斯,认为这种看法是不对的。他认为,奇点是广义相对论理论本身造成的，是不可避免的。他对这个问题进行了深入研究，而且，他把奇点看成是时间开始和结束的地方，这是他很重要的贡献。

什么意思呢，比如说黑洞的中心有一个奇点，如果你把这个奇点挖掉，时空还是奇异的吗？这个时空是不是就没有奇异性了？他说：不是。挖掉奇点后，时空仍然有奇异性。因为你挖掉之后，时空会留下一个“洞”，这个窟窿你补不上。你补上去，奇点就恢复了。你要是在时空中把它挖掉的话，任何一根曲线到这儿就断掉了。所以他把描述时间发展的曲线看得很重要，时间发展的曲线会不会断掉，非常重要。他认为有奇点的话，时间发展的曲线就会断掉。这条曲线代表的时间过程就走到了尽头，所以他就提出了一个定理，并给出了一个证明。因为时间关系，我就不多讲证明过程了。

这个定理大体上是这样的：一个时空如果它的因果性是正常的，如果它有一点能量，如果它有一点物质，如果广义相对论是正确的，只要满足这些看来合理的条件，就一定会有一个过程，时间是有开始的，或者有结束的，或者是既有开始又有结束的。也就是说时空必定至少有一个奇点。

这个定理的证明是没有问题的。你如果仔细想，这个定理的结论还真是一个大问题，因为它等于证明了一个合理的物理时空，一定有一个时间开始或结束的过程。这是物理学家对时间有没有开始和结束的第一次表态。这个问题当然很重要。

能否避免奇点？

但是为什么会出现这种结论呢？绝大多数人都认为，这是因为在做这个证明的时候，没有把引力场量子化。如果你把引力场量子化的话，就不会出现这个结论。引力场量子化就肯定能避免奇点出现。

我对这个问题很感兴趣，我注意到一个现象，就是：凡是有奇点出现的时候，都伴随着温度出现发散，或者是温度出现绝对零度。所以我非常怀疑，奇点定理的证明是违背了热力学第三定律的。我曾经在一些论文中讨论了这个问题，我和我的研究生田贵花等人曾经发表了一些论文，专门讨论这个东西。但是目前这个问题还没有解决，每个人往往持不同的观点。

我的观点是：如果热力学第三定律正确的话，时间应该没有开始和结束。

就是说如果不能通过有限次操作，使系统温度达到绝对零度或升高到无穷大的话，时间就不应该有开始和结束。这是我的一个猜想，据此我也作了很多论证。这个证明是比较困难的，要用微分几何来求证。

当我们的第一篇论文投到美国的《物理评论》以后，那个杂志社说我们这篇论文，更像数学论文。所以就让我们改投美国的《数学物理杂志》。改投之后，马上就登出来了。这个问题，我这次就谈这么多。

3. 时间的测量

时间的流逝性与测度性

现在来讨论第三个问题：时间测量的问题。时间有两个基本性质，一个是测度性，就是它能不能测量；再有一个就是它的流逝性。现在我们谈到时间性质的时候，往往着眼点都在它的流逝性上。流逝性是跟热力学第二定律有关的，就是表示时间总是不停地、有方向地、不可逆地向前流逝着。

我们知道，在一个孤立系统中，熵总是增加的，在一个绝热的过程中，熵也总是增加的；就是说时间发展有一个方向。大量搞物理的人都在讨论时间的流逝性。但是我现在更感兴趣的是时间的测度性。这方面我有点新的想法。

测度性是什么呢？就是怎么测量时间。我们都知道，用周期运动可以测量时间，这是自古就知道的。比如说，地球的周期运动，自转一圈就是一天，自转两圈就是两天，围太阳公转一圈就是一年。单摆，摆动一下就是一个时间单元，再摆动一下又是一个时间单元。

用周期运动测量时间带来的疑问

有人提了一个问题：你怎么知道周期运动中的第一个周期和第二个周期是严格相等的呢？长度的相等容易弄清楚，比如这一段长度和那一段长度是否相等，可以拿一根尺子，量量这段，然后再量量那段，容易弄清这两段是否相等。

但是时间，你能把已经过去的周期挪回来吗？你能把未来的周期挪过来吗？你没法做到这一点。所以相继的时间段是否相等的问题，是个不能证明的问题。跟牛顿同时代的哲学家洛克就认为，这是不能证明的，你只能规定它们相等。我们只能认为它们相等，实际上是不能证明的。

但是我们搞物理的人对这样的回答无法满意，还是希望知道对这个问题有没有什么办法解决。而且那个时候还产生了一些很混乱的思想，有些哲学家认为时间跟空间不一样，时间带有主观成分，它属于意识的范围，不属于物质。他们认为时间的周期是否相等只能凭直觉，两个钟是否对准了时刻，也只能凭直觉。在相对论诞生之前，这个问题就引起过一些争论。

异地时钟的校准：先约定光速

相对论诞生的前夜，数学家庞加莱曾经谈过：时间必须变成可测量的东西，不能被测量的东西不能成为科学的对象。庞加莱认为时间的测量有两个方面：一个是两个地方的钟，你怎么把它们对好，怎么校准，也就是怎么让它们同时或者同步；再有一个就是我前面说的，同一个钟的第一个周期和第二个周期，你怎么知道它们相等，你要想办法去证明这一点。

庞加莱当时认为，这两个问题还真不好办，他在自己的书中就讲：设想巴黎有一个钟，柏林也有一个钟，怎么把这两个钟对好。他说可以拍一个电报过去，那时还没有电话。拍个电报过去，告诉柏林的人，巴黎现在是几点，柏林的人赶紧把钟拧到那个时刻，这不就对好了吗！这件事说来容易，可是你想过没有，这个电报从巴黎传到柏林还是需要时间的。你知道传过去用了多少时间吗？你要知道电报从巴黎传到柏林所需要的时间，就要首先把两个地方的钟对好，你对好两个钟又需要先知道电报传递的时间，所以这个问题构成逻辑循环，没法儿精确解决。

那么怎样才能解决呢？他说这恐怕要事先有一个“规定”（即“约定”）。我们知道，现在传播速度最快的是电磁波，也就是光波，可以规定光从巴黎传到柏林和从柏林传到巴黎，所用的时间是相同的，可以做这个“规定”，规定真空中的光速是各向同性的。有人说：“你怎么知道光速各向同性？”我并不知道，但是我可以这样“规定”。许多学者仔细研究过这个问题，结论是：只能“规定”。我们规定了真空中光在两个方向的速度是一样的，然后就可以对钟了，就可以把钟校准。他谈了这个问题，但是我没有看到他的书中有特别详细的探讨。

庞加莱对爱因斯坦的启发

真正看到的详细讨论是在爱因斯坦的文章中。爱因斯坦应该知道庞加莱的上述想法。因为在相对论诞生之前，他和他的朋友在“奥林匹亚科学院”的活动中，曾读到过庞加莱的书《科学与假设》。很可能也读过庞加莱的另一篇文章《时间的测量》。

在这篇文章中，庞加莱写了自己对时间校准的上述想法。但是爱因斯坦没有谈他知道庞加莱的这一想法。这个情况可能比较复杂，因为他俩关系不是太好。爱因斯坦本来指望庞加莱支持他的相对论，但庞加莱没有支持，而且对爱因斯坦评价不是很高。

有一次开会，他跟庞加莱见了面，他与庞加莱可能只见过那一次。回来后他就沮丧地对朋友们说：“庞加莱根本不懂相对论。”大概他跟庞加莱谈过，庞加莱没有支持相对论。

欧拉的“好钟”

还有一个问题，就是相继的时间段，怎么知道它们相等。另外一位数学家欧拉，在庞加莱之前就想了一个办法，这个办法是比较怪异的。他说，怎么才能知道钟的第一个周期和第二个周期走得严格相等呢？可以这样判断：作为一个公理，我们可以认为，或者规定惯性定律是正确的，然后就用这个钟来测量走过每一段距离所需要的时间。那时认为长度是可以量的，因为尺子可以来回挪动，长度的测量是没有问题的。

然后你用你的钟来计量时间，用尺子来量长度，看一个作惯性运动的物体是不是在相同的时间段走过相同的距离。如果是的话，就说明你的钟是好的。这个钟是“好钟”。

后来又有人发挥了一下，不过基本仍是欧拉的那种思路。他们认为，一个好的钟应该使运动显得简单。什么意思呢？就是说“好钟”计量的时间应该使能量守恒定律成立，电磁学定律等也成立。但是什么叫运动简单，这个事情也很难说。欧拉他们对这个问题提供了一个思路，很具有启发性，但我觉得这个问题还没有很好解决。

相对论中如何确定“同时”

现在我们来看一看爱因斯坦怎样来校准不同地点的钟。在 A、B 两点，分别有一个钟，A 钟与 B 钟。怎么校准这两个钟呢？图 10-1 左边是空间图，右边是时空图,在空间图中 A 钟发出光信号到 B 钟,B 钟上有一个镜子把光信号反射回去。在时空图中,横坐标是 A、B 两个钟的空间距离,纵坐标是时间。钟 A 在 t_A时刻发一个光信号到 B 钟,B 钟在时刻 t_B接收到,同时有一个镜子将它反射回去,信号在 t'_A 回到 A 钟。爱因斯坦规定光信号从 A 走到 B 的时间,与从 B 走到 A 的时间相等,即 $t_B-t_A=t'_A-t_B$。移项之后 t_B就应该等于$\frac{t_A+t'_A}{2}$,于是他就把 t_A与 t'_A 的中点 $\tilde{t}_A$定义为跟 B 钟的 t_B同时的那个时刻。就用这个办法来把 A、B 两个钟对好。其前提就是规定了光从 A 走到 B 的时间和从 B 走到 A 的时间相等。

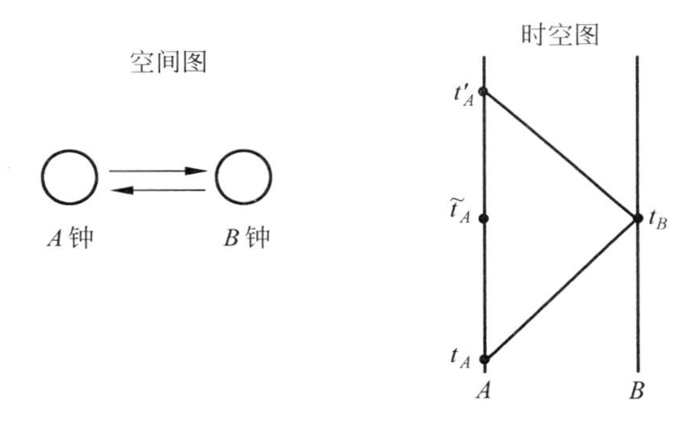

图 10-1　惯性系中异地时钟的校准

爱因斯坦假定:“同时”可以传递

接着爱因斯坦又说:我假定同步性的这个定义是无矛盾的。

第一,我从 A 发射光信号到 B 再反射回来,和从 B 发射光信号到 A 再反射回去是一样的,用这两种方式定义的“同时”是一样的,不会有矛盾。

第二,假如有好几个相同的钟,放在不同地点,你用这种方法把 A 钟和 B 钟对好,再把 B 钟和 C 钟对好,那么 C、A 两个钟就自然对好了,不会有矛盾。

在爱因斯坦创立相对论的第一篇论文中,他就谈到了上述内容。这里特别值得注意的是第二条假定,我再重复一下。这条假定是说有三个钟,A 钟、B 钟、C 钟,A 钟发一个光信号到 B 钟反射回来,把这两个钟对好。B 钟再发射一个光信号到 C 钟再反射回去,把 B 和 C 对好。那么 C、A 这两个钟就自然对好了,不会出现矛盾。

这是爱因斯坦在论文当中讲的，他的这段叙述在相对论发表之后很长一段时间没有引起大家的注意，大家觉得当然是这样，他讲的都对。大家都觉得没有问题。后来发现还真有问题。但爱因斯坦本人并没有说错，他说的上述内容都对，因为他当时是在惯性系中讨论问题。后来发现在弯曲的时空中，或者在平直时空的非惯性系中，“假设二”还真的会出问题，不过在惯性系中没有问题。

朗道：“同时”不一定能传递

苏联著名物理学家朗道提出怀疑，他说 A 钟的时刻和 B 钟的时刻对好，B 钟的时刻和 C 钟的时刻对好，A、C 钟就自然对好了。真是这样吗？在任何情况下都对吗？他在非惯性系或弯曲时空进行探讨，用弯曲的时空坐标来研究，比如说一个转动的圆盘。在一个转动圆盘的边沿上，你放三个钟，盘如果不转，那是惯性系，爱因斯坦说的内容都对。盘要一转，就不是惯性系了，你把 A 钟和 B 钟对好，把 B 钟和 C 钟对好，你就会发现 A 钟和 C 钟并没有对好。居然还有这种事，A 钟和 B 钟对好了，B 钟和 C 钟对好了，A、C 两个钟居然就没对上。

怎样才能对上呢？朗道说你的时间轴，必须跟空间轴垂直。转盘上时间轴和空间轴没有完全垂直，有一个倾斜角度。我们通常看不见时间轴，你如果按相对论，把时间轴和空间轴都画出来，就会发现在转盘情况下，它们不垂直了。如果垂直的话就一定能够把钟对好。

你看 A、B、C 三个钟，A 发射光信号到 B，然后反射回来，对准 A、B 两个钟。然后 B 钟再与 C 钟对好，C 呢再来对 A。对完以后，朗道就发现 A 钟和 B 钟对好了，B 钟和 C 钟对好了，C 钟再跟 A 钟一对，它没有对到 A 钟原来那个时刻 t_A（图 10-2），而对到了另一个时刻 t'_A。什么情况下才能对回这个 t_A 呢？就是时间轴必须跟空间轴垂直才行。这是朗道和栗弗席兹著的《场论》上的内容。你看这个结论，真是非常奇怪。

时间的定义与热力学定律有关吗？

我刚读研究生的时候，对这个问题特别感兴趣，因为刘辽先生在给我们讲广义相对论的时候讲到了这个问题。竟然还有这种事情。A 和 B 对好，B 和 C 对好，A 和 C 两个却对不好。真令人匪夷所思。我当时想，物理学中还有没有别的东西是这样的？想来想去，我猜想热力学第零定律是不是和这个有点

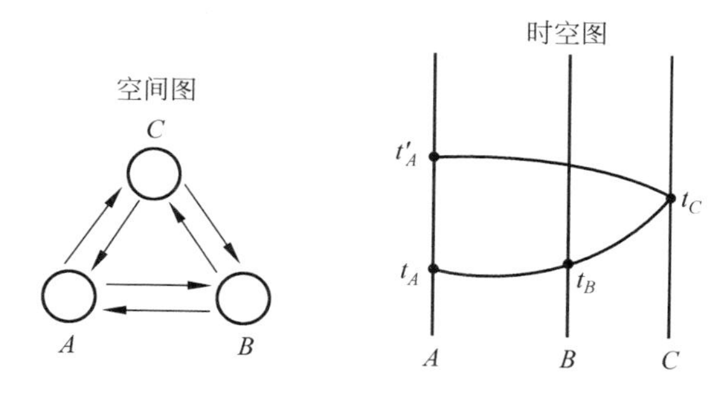

图 10-2　同时的传递性

关联。

热力学第零定律说什么呢？学物理的人都知道，这条定理说：A、B 两个系统达到热平衡，B、C 两个系统也达到热平衡以后，A、C 两个系统就自动地达到了热平衡。这条定律就是说"热平衡是可以传递的"。

朗道把他们的研究内容叫作"同时的传递性"，我就怀疑"同时的传递性"和热力学第零定律之间是不是有关系，就在研究黑洞的同时，不时地考虑这个事情，并真的动手去做了一些证明。

"钟速同步"的传递性

我在对钟这个问题上有一个小的创造。当时我的猜测是，如果在一个参考系中热力学第零定律是正确的话，那么在该参考系中钟就能够对好，如果热力学第零定律不正确的话，钟就对不好，反过来也应该这样，如果在一个参考系中对钟对不好，那么热力学第零定律在这个参考系中就不正确。

但是我做这个证明之时，发现把时刻对好，这个要求太高了。第零定律只需要把三个钟的速率对好就行，不必要求把时刻也对好。我不要求三个钟的时刻能对好，只要求这三个钟的快慢能对好：如果 A 钟走得跟 B 一样快，B 钟跟 C 钟走得一样快，那么 A、C 两个钟就一样快，我称这个性质为"钟速同步的传递性"，并给出了"钟速同步具有传递性"的条件，这个条件是我首先给出来的。这个工作已经肯定是正确的了。感兴趣的读者可参看我与刘文彪教授合著的《广义相对论基础》(清华大学出版社. 2010)；或拙著《弯曲时空中的黑洞》(中国科技大学出版社. 2014)。

后来，梁灿彬、高思杰等在他们的书和文章里做了推广和发展。表明这是一个新的对钟等级，跟朗道提出的不一样。我认为我给出的这个条件是和热力学第零定律等价的，我已在国内外的杂志上发表过几篇文章，当然这个讨论还没有做完。因为热力学在弯曲时空里怎么讨论，现在觉得很困难。

所谓钟的快慢，就像图 10-3 中线段的长短，如果这一段 $t_{A2}-t_{A1}=t_{B2}-t_{B1}$，$t_{B2}-t_{B1}=t_{C2}-t_{C1}$，是不是转回来的这一段 $t'_{A2}-t'_{A1}$ 和这一段 $t_{A2}-t_{A1}$ 是一样的。如果是一样的，就满足了“钟速同步具有传递性”条件，热力学第零定律就会成立。比如说匀速转动的圆盘，虽然“同时不具有传递性”，不能把 A、B、C 三个钟的时刻对好，但却能把这三个钟的钟速对好，也就是说“钟速同步具有传递性”。于是热力学第零定律就在匀速转动的圆盘上成立，如果圆盘不是匀速转动的，一般就不行了，这个条件就满足不了，钟速同步就不再具有传递性，因而热平衡也不会具有传递性。

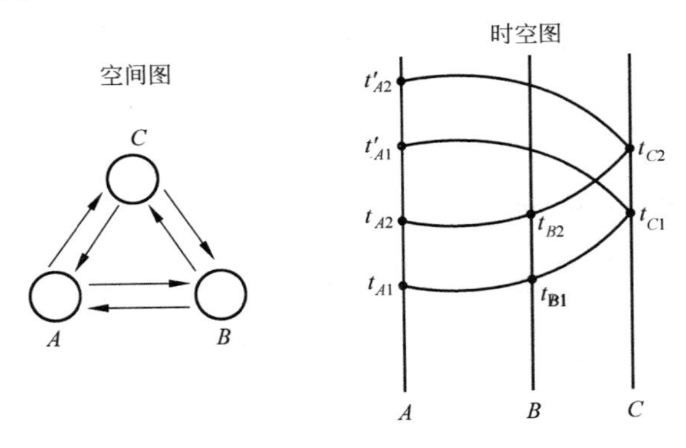

图 10-3 钟速同步传递性的讨论

约定光速：寻找相等的时间段

我还要指出一件事：在“钟速同步具有传递性”的时空中，我们可以用这一对钟的方法，解决“相继时间段相等”的问题。大家再看一下图 10-3，在此图中，把时间段 $t_{A2}-t_{A1}$ 与 B、C 两处的钟速（表现为时间段的长短）相继校准，即使得 $t_{B2}-t_{B1}=t_{A2}-t_{A1}$，$t_{C2}-t_{C1}=t_{B2}-t_{B1}$。再把 C 钟的钟速与 A 钟的钟速校准，即得时间段 $t'_{A2}-t'_{A1}=t_{C2}-t_{C1}$。这时，原来的 t_{A1} 没有对回到原处，而到达了 t'_{A1}，t_{A2} 也未对回到原处，而到达了 t'_{A2}，但满足了 $t'_{A2}-t'_{A1}=t_{A2}-t_{A1}$，这两个时间段相等了。如果我们调节 $t_{A2}-t_{A1}$ 的长短，使其经 B、C 两处再对回 A 处时，t'_{A1} 恰好与 t_{A2} 重合（图 10-4），则线段 $t_{A2}-t_{A1}$ 与 $t'_{A2}-t'_{A1}$ 恰好连接，于是我们得到了相等的“相继时间段”。这正好解决了定义“相继时间段”相等的困难。

事实上，操作可以更简化，只需要对一个时刻即可。如图 10-5 所示，让 A 钟的 t_{A1} 经过与 B、C 钟的时刻对好，回到 A 钟的时刻为 t_{A2}。然后把 t_{A2} 再做一次与 B、C 钟校对，再次对回 A 钟的时刻为 t_{A3}，显然 $t_{A3}-t_{A2}$，即图 10-4 中的 $t'_{A2}-t'_{A1}$，也就是说“钟速同步的传递性”可以保证 $t_{A3}-t_{A2}=t_{A2}-t_{A1}$，也就保证了“相继时间段”的相等。

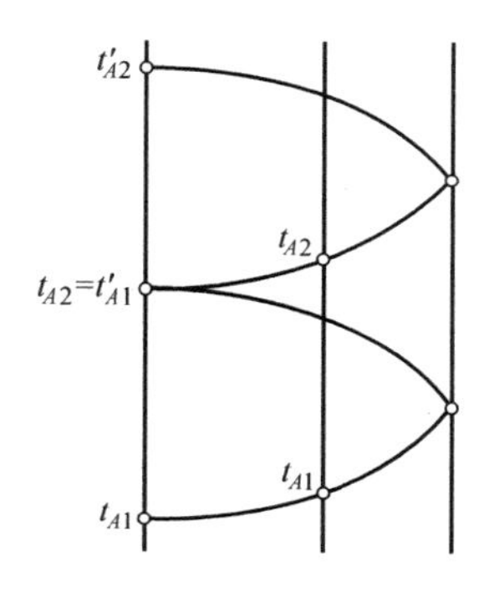

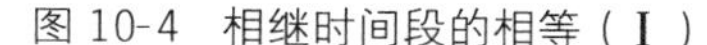
图 10-4　相继时间段的相等（Ⅰ）

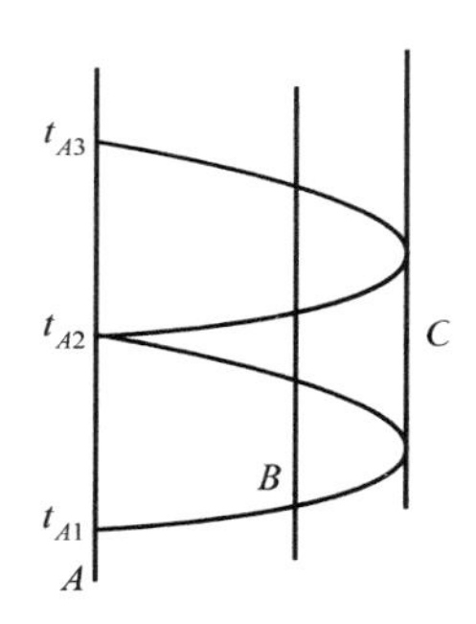

图 10-5　相继时间段的相等（Ⅱ）

时间的性质与热力学密切相关

注意，这一使“相继时间段”相等的操作，与异地时钟校准（包括钟速校准与时刻校准）的操作，用的是同一个“约定”（规定）：往返光速相等（即光速各向同性）。这样，我们就用同一个约定，解决了时间测量的两个问题。

对时间问题我们做了这些讨论，如果感兴趣，你们可以看我们写的书和论文。

一般人都知道热力学跟时间之间是有关系的。随便问一个搞物理的人，他都会告诉你热力学跟时间有关系，但大家主要指的是热力学第二定律。

热力学第二定律告诉我们时间是流逝的，有方向的。另外，搞物理的人还知道，热力学第一定律是能量守恒。能量守恒是和时间的均匀性有关系的。我们现在讨论了两个新问题，时间的无限性是不是和热力学第三定律有关；钟速同步的传递性是不是跟热力学第零定律有关。我认为它们有关。

我曾经在普利高津研究所学习工作了两年多。我本来想把非平衡统计物理的问题搞成相对论性的，但这方面没有取得什么大的进展。但是后来，我对上述两个问题的研究倒是有所进展。虽然都是研究时间，但不是普利高津他们原来讨论、重视的，和热力学第二定律有关的东西，而是跟热力学第三定律和热力学第零定律有关的东西。

我今天的报告就到这儿，你们可能觉得很抽象。谁有什么问题，有没有?

问：您能不能讲一下，物理学家对“时间是什么”这个问题是怎样回答的?爱因斯坦是怎样认识这个问题的?谢谢。

答：其实，物理学家到现在为止，对时间是什么，没有给出很清楚的正面解答。但是你可以从一些物理学家的著作中看出他们的一些想法。

按照牛顿的观点，时间是一条均匀流动的河流，是可以脱离物质而存在的东西；爱因斯坦把时间和空间连到了一起，但是他的相对论也认为时空可以脱离物质而存在。在他的广义相对论中，有物质存在的时空是弯曲的，没有物质存在的时空是平直的。物质如果消失，时空就变平直，但依然存在。当然，在晚年，爱因斯坦的看法有转变，认为物质消失的话，时空也不应该存在。目前很多研究量子引力的人，采用了这一看法。

问：老师，假如时间是有开始和结束的，那么什么使时间开始呢?在时间开始之前是什么样的，因为在时间开始之前是没有时间的。

答：你说得对。在时间开始之前是没有时间的，所以就不存在“时间开始之前是什么样的问题”。至于“什么使时间开始”，有这方面的研究，但还没有得到清楚的答案。

时间是比空间更加值得让人深思的东西。然而，由于绝大多数物理分支都不考虑时间的流逝性，这样时间跟空间就相似了。所以很多搞哲学的人就批评搞物理的人，说你们把“时间”空间化了。

后来我在自己的文章中答复他们，在物理学的大多数分支里，确实是这样，把时间与空间等同看待了，但是热力学第二定律是个例外。第二定律强调时间的流逝性和方向性。第二定律没有把时间空间化。而且，我们现在所知道的几种时间箭头，比如说宇宙学的时间箭头，热力学的时间箭头，心理学的时间箭头，还有什么其他的时间箭头，所有这些时间箭头根本上都起源于热力学第二定律，都可以归结为物理学的时间箭头。所以物理学的热力学分支是描述时间的流逝性的。而且所有其他的，对时间流逝性的论证，本质上都依赖于物理学的热力学分支，也就是说都是依赖热力学第二定律的。

我以前讲过，物理学中，除了热力学第二定律比较特殊以外，还有就是广义相对论比较特殊。因为其他理论都认为时空是平的，物质的存在对时空没有影响。只有广义相对论认为时空是弯曲的，物质的存在对时空的弯曲程度有影响，时空的弯曲也会反作用于运动的物质。

还有什么问题吗？我想今天这一讲，可能给大家提供了很多值得思考的东西。愿意思考的人，可能会觉得比较有趣。

插页诗句的注释与随想

1. 读赵嘏诗《闻笛》

唐代赵嘏(gǔ)的诗《闻笛》,优美高雅,令人赞叹。而且该诗文字朴素,易于欣赏。诗曰:

谁家吹笛画楼中?
断续声随断续风。
响遏行云横碧落,
清和冷月到帘栊。
兴来三弄有桓子,
赋就一篇怀马融。
曲罢不知人在否,
余音嘹亮尚飘空。

由于《全唐诗》中无此诗,有人怀疑它不是赵嘏所作。然而,不管作者是谁,首先应该肯定,它是一首难得的好诗。

本书中那些对科学做过重大贡献的人,就像一个个吹笛的演奏家,时而吹出影响历史进程"响遏行云"的卓越成就,时而吹出增进人类幸福的美妙和声。他们自身的生活,有时曲折、悲壮,有时快乐、优雅,也像一曲曲跌宕起伏、婉转动人的笛音。因此我将赵嘏的这几句诗放在扉页，以飨读者。

诗中“碧落”二字是指道教主张的天的最高层，此句是说，美妙的音响把天上的行云都遏(è)止了，使它们横停在碧落天上，倾听这优美的笛声。

“兴来三弄有桓子”中的桓(huán)子是指东晋时的桓伊，他善于吹笛，曾任淮南太守，在淝水之战中立过功。一次，在江边遇到书法家王羲之的儿子王徽之，徽之请他吹一曲笛子给自己听，桓伊越吹越起劲，一连吹了三遍。王羲之的几个儿子书法都很好，最好的是小儿子王献之。不过他们都不及其父。

“赋就一篇怀马融”中的马融是东汉的大学问家，对《尚书》和《汉书》都颇有研究，他是伏波将军马援的侄孙，马续的弟弟。马续应班昭之邀，为《汉书》写了“天文志”。马融后来随班昭学《汉书》，学问大增。马融曾写过一篇《笛赋》，很有名。此句诗写作者听到如此优美的笛声，不由得想起马融的《笛赋》，自己也想写一篇类似的作品来表达感受。

2. 读王阳明诗《月夜二首》

这两首诗的标题下面有王阳明(即王守仁)自注：“与诸生歌于天泉桥”。据王的学生记载，那一年的中秋之夜，王阳明在天泉桥讲学，饮酒、奏乐、唱歌、吟诗、讲演、探讨。这样的讲学场面，真是别具一格，令人深思，令人向往。王阳明即兴写了这两首诗。第一首是：

万里中秋月正晴，
四山云霭忽然生。
须臾浊雾随风散，
依旧青天此月明。
肯信良知原不昧，
从他外物岂能撄。
老夫今夜狂歌发，
化作钧天满太清。

王阳明是唯心主义哲学家，认为“心”“良知”是最根本的东西。“霭(ǎi)”指云雾，“昧（mèi）”是灰暗的意思，“撄（yīng）”是触犯、扰乱的意思；“钧天”是天上的音乐，“太清”即太空、天空。前四句非常美好，末尾两句最有气魄，表现了王阳明自信、狂放的性格。

第二首是：

处处中秋此月明，

不知何处亦群英？

须怜绝学经千载，

莫负男儿过一生。

影响尚疑朱仲晦，

支离羞作郑康成。

铿然舍瑟春风里，

点也虽狂得我情。

谈谈我对此诗的理解，不一定正确。

前两句的意思是，处处中秋都有此明月，但不知何处也像我们这里一样，聚集着才华横溢的青年。诗中充满了自信、自豪，感觉自己和自己的学子都是世间才俊。第三、四句是勉励年轻人：应珍视这从远古流传、发展起来的学问，男子汉不要辜负了自己的一生。

第五、六句中的朱仲晦即南宋的理学家朱熹，郑康成即东汉的大学问家郑玄。朱熹主张“格物致知”“格物穷理”。所谓格，就是去“想”，去“感通”。王阳明曾和朋友一起，按照朱熹的主张，坐在竹子面前“格”竹子，“格”了三天后那位朋友受不了了，退了下去。王阳明格了七天，什么也没有格出来，还差一点休克了。此后王阳明对朱的观点有了怀疑，所以“影响尚疑朱仲晦”。

郑玄是马融的学生，对《尚书》有很深的研究。《尚书》自古就有“今文《尚书》”和“古文《尚书》”两个版本，历史上一直存在两派学者的争论。郑玄写了《尚书注》，大大推进了“古文《尚书》”的研究、教学与宣传，不过他的《尚书注》有许多观点不同于他的老师马融等老一辈学者，还有一些错误，后来遭到不少人批评。大概王阳明对他评价不太高，觉得他的理论有点破碎，所以“支离羞作郑康成”。

最后两句引用的是《论语·先进篇》中曾点言志的典故，曾点又名曾皙(xī)，是曾参的父亲。一次，他和子路、冉有、公西华一起陪老师孔子坐，孔子让他们谈谈自己的志向，其他三人谈的志向都比较具体，谈话时曾点一直在弹瑟。最后孔子让他也谈一谈，他铿地一声放下瑟，说自己向往的就是在暮春三月，陪着亲友和孩子，在河边洗澡，在祭天求雨的舞雩(yú)台上吹风，然后唱着歌走回来。孔子十分赞扬这超脱、潇洒的精神境界，表示"吾与点也"，他与点的观点一样。王阳明认为这种自信，狂放，轻视物质欲望，追求精神高雅的志向与自己完全一样。

此诗的前四句最好，极有气魄，极有抱负。

王阳明是唯心主义的哲学家，提倡主观唯心主义。我不赞同他的哲学思想，但十分钦佩他的为人和治学精神。王阳明敢于批判学术权威，并独树一帜地构建新的学术思想，创建新的学派。

王阳明不是一个只会做学问的人，他关心世事，为官清廉，能文能武。不仅把地方治理得不错，打仗也很在行。无论是镇压农民起义还是平定藩王叛乱，他都干得很利索。

今天来看，王阳明做的事不一定都对；但从历史的角度看，他称得上是一位伟人。世界上没有完人，只有伟人，而伟人是可以通过奋斗来达到的。

王阳明的这两首优美、豪放的诗，充分阐释和表达了他的治学态度、奋斗精神，以及他对年轻人的勉励。本书中那些做出成就的科学伟人，都具有与王阳明类似的批判精神和奋斗精神。我希望借此机会，把王阳明的这种精神和他对后来学子的勉励介绍给读者。

主要参考书目

科普类

[1] 爱因斯坦. 狭义与广义相对论浅说[M]. 杨润殷,译. 上海：上海科学技术出版社,1964.

[2] 霍金. 时间简史[M]. 许明贤,吴忠超,译. 长沙：湖南科学技术出版社,1994.

[3] 彭罗斯. 皇帝新脑[M]. 许明贤,吴忠超,译. 长沙：湖南科学技术出版社,1994.

[4] 霍金. 霍金讲演录[M]. 杜欣欣,吴忠超,译. 长沙：湖南科学技术出版社,1994.

[5] 霍金,彭罗斯. 时空本性[M]. 杜欣欣,吴忠超,译. 长沙：湖南科学技术出版社,1996.

[6] 陶宏. 每月之星[M]. 上海：开明书店，1949.

[7] 伏龙卓夫・维略明诺夫. 宇宙[M]. 郑文光,译. 北京：中国青年出版社,1958.

[8] 王允然,褚耀泉. 从牛顿定律到爱因斯坦相对论[M]. 北京：科学出版社,1982.

[9] 卢米涅. 黑洞[M]. 卢炬甫,译. 长沙：湖南科学技术出版社,1997.

[10] 索恩. 黑洞与时间弯曲[M]. 李泳,译. 长沙：湖南科学技术出版社,2000.

[11] 吴国盛. 时间的观念[M]. 北京：中国社会科学出版社,1996.

[12] 诺维科夫. 时间之河[M]. 吴王杰,陆雪莹,译. 上海：上海科学技术出版社,2001.

[13] 保罗・戴维斯. 关于时间[M]. 崔存明,译. 长春：吉林人民出版社,2002.

[14] POINCARE H. Science and Hypothesis. London：Walter Scott Publishing,1905. 中译本. 彭加勒. 科学与假设[M]. 李醒民,译. 北京：商务印书馆,2006.

[15] 彭加勒. 科学的价值[M]. 李醒民,译. 北京：商务印书馆,2007.

[16] 赵峥. 探求上帝的秘密[M]. 北京：北京师范大学出版社,2009.

[17] 赵峥. 物理学与人类文明十六讲[M]. 北京：高等教育出版社,2008.

[18] 郑庆璋,崔世治. 相对论与时空[M]. 太原：山西科学技术出版社,1998.

[19] 邓乃平. 懂一点相对论[M]. 北京：中国青年出版社,1979.

[20] 陈应天. 相对论时空[M]. 庆承瑞,译. 上海：上海科技教育出版社,2008.

[21] 吴鑫基,温学诗. 现代天文学十五讲[M]. 北京：北京大学出版社,2005.

[22] 陆埮. 宇宙[M]. 长沙：湖南科学技术出版社,1994.

[23] 刘学富,李志安. 太阳系新探[M]. 北京：地震出版社,1999.

[24] 温伯格. 最初三分钟[M]. 冼鼎钧,译. 北京：科学出版社,1981.

[25] 赵峥. 相对论百问[M]. 北京：北京师范大学出版社,2010.

[26] 郭中一. 科学,从好奇开始[M]. 台北：文经社,2005.

[27] 倪光炯,王炎森. 文科物理[M]. 北京：高等教育出版社,2005.

[28] 倪光炯,王炎森,钱景华,等. 改变世界的物理学[M]. 上海：复旦大学出版社,1998.

历史与科学史

[29] 郭奕玲,沈慧君. 物理学史[M]. 2 版. 北京：清华大学出版社,2005.

[30] 吴国盛. 科学的历程[M]. 长沙：湖南科学技术出版社,1995.

[31] PAIS A. The science and the life of Albert Einstein. Oxford：Oxford Univ. Press, 1982. 中译本. 派斯. 爱因斯坦传[M]. 方在庆,李勇,等译. 北京：商务印书馆, 2004.

[32] 罗伯特·容克. 比一千个太阳还亮[M]. 何纬,译. 北京：原子能出版社,1966.

[33] 艾芙·居里. 居里夫人传[M]. 左明彻,译. 北京：商务印书馆, 1981.

[34] 费米. 原子在我家中[M]. 何芬奇,译. 北京：科学出版社,1979.

[35] 王自华,桂起权. 海森伯传[M]. 长春：长春出版社,1999.

[36] 费曼. 爱开玩笑的科学家费曼[M]. 吴丹迪,吴慧芳,黄涛,译. 北京：科学出版社,1989.

[37] 伽莫夫. 物理学发展史[M]. 高士圻,译. 北京：商务印书馆,1981.

[38] 董光壁,田昆玉. 世界物理学史[M]. 长春：吉林教育出版社,1994.

[39] 范文澜. 中国通史简编[M]. 北京：人民出版社,1965.

[40] 周一良,吴于廑. 世界通史[M]. 北京：人民出版社,1973.

[41] 刘家和. 古代中国与世界[M]. 武汉：武汉出版社,1995.

[42] 樊树志. 国史十六讲[M]. 北京：中华书局,2006.

[43] 李少林. 宋元文化大观[M]. 呼和浩特：内蒙古人民出版社,2006.

科学著作与教材

[44] 爱因斯坦. 相对论的意义[M]. 李灏,译. 北京：科学出版社,1961.

[45] EINSTEIN A. The Principle of Relativity. Dover：Dover Publications，1923. 中译本. 爱因斯坦. 相对论原理[M]. 赵志田,刘一贯,孟昭英,译. 北京：科学出版社,1980.

[46] NEWTON I. Mathematical Principles of Natural Philosophy [M]. Cambridge：Cambridge University Press,1934.

[47] 朗道,栗弗席兹. 场论[M]. 8 版. 鲁欣,任朗,袁炳南,译. 北京：高等教育出版社,2012.

[48] 温伯格. 引力论和宇宙论[M]. 邹振隆,张历宁,等译. 北京：科学出版社,1980.

[49] 刘辽,赵峥. 广义相对论[M]. 2 版. 北京：高等教育出版社,2004.

[50] 梁灿彬,周彬. 微分几何入门与广义相对论[M]. 2 版. 北京：科学出版社,2006.

[51] 俞允强. 广义相对论引论[M]. 北京：北京大学出版社,1987.

[52] 须重明,吴雪君. 广义相对论与现代宇宙学[M]. 南京：南京师范大学出版社,1999.

[53] 鲁菲尼. 相对论天体物理的基本概念[M]. 上海：上海科学技术出版社,1981.

[54] 张元仲. 狭义相对论实验基础[M]. 北京：科学出版社,1994.

[55] 赵峥. 黑洞的热性质与时空奇异性[M]. 北京：北京师范大学出版社,1999.

[56] 刘辽,赵峥,田贵花,等. 黑洞与时间的性质[M]. 北京：北京大学出版社,2008.

[57] 赵峥. 黑洞与弯曲的时空[M]. 太原：山西科学技术出版社,2000.

[58] 赵峥,刘文彪. 广义相对论基础[M]. 北京：清华大学出版社,2010.

[59] WALD R M. General Relativity[M]. Chicago and London：The University of Chicago Press,1984.

[60] HAWKING S W，ELLIS G F R. The large scale structure of space-time [M]. Cambridge：Cambridge University Press,1973.

[61] BIRRELL N D，DAVIES P C W. Quantum Fields in Curved Space[M]. Cambridge：Cambridge University Press,1982.

[62] MILLER A I. Albert Einstein's Special Theory of Relativity[M]. London：Addison-

Wesley Publishing Company Inc，1981.

[63] RINDLER W. Essential Relativity[M]. New York：Springer-Verlag，1977.

[64] MISNER C W，THORNE K S，WHEELER J A. Gravitation[M]. San Francisco：Freeman W H Company，1973.

[65] 王永久. 经典黑洞与量子黑洞[M]. 北京：科学出版社，2008.

[66] 王永久. 经典宇宙与量子宇宙[M]. 北京：科学出版社，2010.

[67] 李政道. 场论与粒子物理学[M]. 北京：科学出版社，1980.

[68] PRIGOGINE I. From being to becoming. San Francisco：Freeman W H and Company，1980. 中译本. 普里戈金. 从存在到演化[M]. 曾庆宏，严士健，马本堃，等译. 上海：上海科学技术出版社，1986.

[69] 喀兴林. 量子力学与原子世界[M]. 太原：山西科学技术出版社，2000.

[70] 曾谨言. 量子力学导论[M]. 2 版. 北京：北京大学出版社，1998.

[71] 裴寿镛. 量子力学[M]. 北京：高等教育出版社，2004.

[72] 赵凯华，罗蔚茵. 新概念物理教程：光学[M]. 北京：高等教育出版社，2004.

[73] 赵凯华，罗蔚茵. 新概念物理教程：量子物理[M]. 北京：高等教育出版社，2001.

[74] 王允然，李淑娴. 力学概论[M]. 合肥：安徽科学技术出版社，1986.

[75] 郭硕鸿. 电动力学[M]. 北京：高等教育出版社，1997.

[76] 梁绍荣，管靖. 基础物理学[M]. 北京：高等教育出版社，2002.

[77] 李鉴增，狄增如，赵峥. 近代物理教程[M]. 北京：北京师范大学出版社，2006.

[78] 何香涛. 观测宇宙学[M]. 北京：科学出版社，2002.

[79] 李宗伟. 天体物理学[M]. 北京：高等教育出版社，2000.

[80] 胡中为，萧耐园，朱慈盛. 天文学教程[M]. 北京：高等教育出版社，2003.

[81] LINEWEAVER C H，DAVIS T M. Misconceptions about the big bang [J]. In Scientific American，2005(3)，36.

后　　记

本书引用了陆埮先生介绍的关于宇宙膨胀的资料，裴寿镛教授提供的关于量子力学的资料，裴申先生和杨静老师提供的天文学资料，杨再石先生提供的宇宙一词的出处。彭秋和教授与李庆康博士对书稿提出了修改建议。刘文彪、朱建阳教授也提供了许多帮助。笔者对他们表示深切感谢。

北京师范大学研究生刘艳芳、本科生游莉莉、张宁、韩晶、陈陟陶花费大量时间，帮助笔者整理文稿，研究生鹿鹏举、谢丽璇也对笔者提供了帮助，笔者在此表示深切谢意。

清华大学出版社朱红莲、石磊、邹开颜等老师大力支持并协助这本演讲集的出版，作者在此深表感谢。